全国高等职业教育"十二五"规划教材
中国电子教育学会推荐教材
全国高职高专院校规划教材·精品与示范系列

省级精品课
配套教材

冲压成形工艺与模具设计

陈传胜　主编
张　青　龚光军　参编

电子工业出版社
Publishing House of Electronics Industry
北京·BEIJING

内 容 简 介

本书按照教育部最新职业教育教学改革要求，根据现代模具工业对从业技术人员所必须具备的知识与技能要求，由具有丰富专业教学及实践经验的著名教师进行编写。本书分为7个项目，以冲压模具设计为主线，简要介绍了塑性成形的基本理论及常用冲压设备的基本知识，详细介绍了典型冲压成形工序的工艺分析与工艺制订及冲压模具结构的分析与设计，并对冲压工艺过程设计做了比较详细的介绍。各章后安排有适量的练习与思考题，便于教学的组织与实施，也便于学生自学。

本书实用性很强，语言简洁，表述准确，通俗易懂，可作为高职高专院校相应课程的教材，以及应用型本科、成人教育、自学考试、电视大学、中职学校及培训班的教材，也可作为模具行业工程技术人员的从业参考书。

本书配有免费的电子教学课件、练习题参考答案和精品课网站，详见前言。

未经许可，不得以任何方式复制或抄袭本书之部分或全部内容。
版权所有，侵权必究。

图书在版编目（CIP）数据

冲压成形工艺与模具设计／陈传胜主编．—北京：电子工业出版社，2012.8
全国高职高专院校规划教材·精品与示范系列
ISBN 978-7-121-18083-5

Ⅰ.①冲… Ⅱ.①陈… Ⅲ.①冲压－工艺学－高等职业教育－教材 ②冲模－设计－高等职业教育－教材 Ⅳ.①TG38

中国版本图书馆 CIP 数据核字（2012）第 201495 号

策划编辑：陈健德（E-mail：chenjd@phei.com.cn）
责任编辑：康　霞
印　　刷：北京七彩京通数码快印有限公司
装　　订：北京七彩京通数码快印有限公司
出版发行：电子工业出版社
　　　　　北京市海淀区万寿路173信箱　邮编100036
开　　本：787×1092　1/16　印张：17　字数：435.2千字
版　　次：2012年8月第1版
印　　次：2019年8月第3次印刷
定　　价：40.00元

凡所购买电子工业出版社图书有缺损问题，请向购买书店调换。若书店售缺，请与本社发行部联系，联系及邮购电话：(010) 88254888。
质量投诉请发邮件至 zlts@phei.com.cn，盗版侵权举报请发邮件至 dbqq@phei.com.cn。
本咨询联系方式：chenjd@phei.com.cn

职业教育　继往开来（序）

自我国经济在 21 世纪快速发展以来，各行各业都取得了前所未有的进步。随着我国工业生产规模的扩大和经济发展水平的提高，教育行业受到了各方面的重视。尤其对高等职业教育来说，近几年在教育部和财政部实施的国家示范性院校建设政策鼓舞下，高职院校以服务为宗旨、以就业为导向，开展工学结合与校企合作，进行了较大范围的专业建设和课程改革，涌现出一批示范专业和精品课程。高职教育在为区域经济建设服务的前提下，逐步加大校内生产性实训比例，引入企业参与教学过程和质量评价。在这种开放式人才培养模式下，教学以育人为目标，以掌握知识和技能为根本，克服了以学科体系进行教学的缺点和不足，为学生的顶岗实习和顺利就业创造了条件。

中国电子教育学会立足于电子行业企事业单位，为行业教育事业的改革和发展，为实施"科教兴国"战略做了许多工作。电子工业出版社作为职业教育教材出版大社，具有优秀的编辑人才队伍和丰富的职业教育教材出版经验，有义务和能力与广大的高职院校密切合作，参与创新职业教育的新方法，出版反映最新教学改革成果的新教材。中国电子教育学会经常与电子工业出版社开展交流与合作，在职业教育新的教学模式下，将共同为培养符合当今社会需要的、合格的职业技能人才而提供优质服务。

近期由电子工业出版社组织策划和编辑出版的"全国高职高专院校规划教材·精品与示范系列"具有以下几个突出特点，特向全国的职业教育院校进行推荐。

（1）本系列教材的课程研究专家和作者主要来自于教育部和各省市评审通过的多所示范院校。他们对教育部倡导的职业教育教学改革精神理解得透彻准确，并且具有多年的职业教育教学经验及工学结合、校企合作经验，能够准确地对职业教育相关专业的知识点和技能点进行横向与纵向设计，能够把握创新型教材的出版方向。

（2）本系列教材的编写以多所示范院校的课程改革成果为基础，体现重点突出、实用为主、够用为度的原则，采用项目驱动的教学方式。学习任务主要以本行业工作岗位群中的典型实例提炼后进行设置，项目实例较多，应用范围较广，图片数量较大，还引入了一些经验性的公式、表格等，文字叙述浅显易懂。增强了教学过程的互动性与趣味性，对全国许多职业教育院校具有较大的适用性，同时对企业技术人员具有可参考性。

（3）根据职业教育的特点，本系列教材在全国独创性地提出"职业导航、教学导航、知识分布网络、知识梳理与总结"及"封面重点知识"等内容，有利于教师选择合适的教材并有重点地开展教学过程，也有利于学生了解该教材相关的职业特点和对教材内容进行高效率的学习与总结。

（4）根据每门课程的内容特点，为方便教学过程，对教材配备相应的电子教学课件、习题答案与指导、教学素材资源、程序源代码、教学网站支持等立体化教学资源。

职业教育要不断进行改革，创新型教材建设是一项长期而艰巨的任务。为了使职业教育能够更好地为区域经济和企业服务，殷切希望高职高专院校的各位职教专家和教师提出建议和撰写精品教材（联系邮箱：chenjd@phei.com.cn，电话：010-88254585），共同为我国的职业教育发展尽自己的责任与义务！

中国电子教育学会

前言

随着我国逐步成为世界性制造业大国,电子、汽车、电机、电器、仪器、仪表及家电等许多行业取得了飞速发展,而这些行业产品的制造在很大程度上都要应用模具技术,从而使得我国模具行业工业产值每年以两位数的速度快速发展。为了应用和开发中、高端模具产品,需要大量懂操作、懂设计的高级技能型人才,高等职业院校为此做了许多工作。

本书按照教育部最新职业教育教学改革要求,根据现代模具工业对从业技术人员所必须具备的冲压模具设计及冲压工艺制订的基本知识、技能和素质要求,由从事一线教学工作的、具有丰富专业教学及实践经验的教师进行编写。

本书充分体现"以理论知识必需、够用为度,以实践动手能力为本"的高技能技术应用型人才培养思想,对冲压工艺与模具设计的相关知识进行适当的组合与重构,减少抽象的理论阐述,增加工程实际案例,并兼顾了教材内容深度与广度的有机结合。

本书以冲压模具设计为主线,简要介绍了塑性成形的基本理论、常用冲压设备的基本知识,详细介绍了典型冲压成形工序的工艺分析与工艺制订及冲压模具结构的分析与设计,并对冲压工艺过程设计做了比较详细的介绍。本书分为7个项目,主要内容包括认识冲压加工、单工序冲孔模具设计、复合冲裁模具设计、弯曲模具设计、拉深工艺与模具设计、其他成形工艺与模具设计及冲压工艺过程设计等。各项目后安排有适量的练习与思考题,便于教学的组织与实施,也便于学生自学。

本书实用性很强,语言简洁,表述准确,通俗易懂,可用做高职高专院校相应课程的教材,以及应用型本科、成人教育、自学考试、电视大学、中职学校及培训班的教材,也可作为模具行业工程技术人员的从业参考书。

本书由安徽职业技术学院陈传胜老师主编和统稿。在编写过程中得到了安徽职业技术学院机械工程系杜兰萍主任、姚道如副主任及教务处领导的大力支持,在此一并表示感谢!项目1、项目4、项目5及附录由陈传胜老师编写,项目2及项目7由张青老师编写,项目3及项目6由龚光军老师编写。

由于编者水平有限,书中错误和不足之处在所难免,衷心希望广大读者及老师给予批评和指正,以便再版时逐渐完善。

为了方便教师教学及学生学习,本书配有免费的电子教学课件及练习题参考答案,请有需要的教师登录华信教育资源网（http://www.hxedu.com.cn）免费注册后再进行下载，有问题时请在网站留言或与电子工业出版社联系（E-mail:hxedu@phei.com.cn）。读者也可通过该精品课网站（http://61.190.12.38/ec2006/C64/kcms-1.htm）浏览和参考更多的教学资源。

编 者

目 录

项目1 认识冲压加工 ... 1
1.1 冷冲压加工的特点及其重要作用 ... 2
1.2 冷冲压工序的分类 ... 3
1.3 冷冲压技术的现状和发展趋势 ... 5
1.4 冲压设备 ... 6
1.4.1 曲柄压力机 ... 6
1.4.2 液压机 ... 13
1.5 金属塑性变形的基本概念 ... 19
1.5.1 弹性变形与塑性变形 ... 19
1.5.2 金属的塑性与变形抗力 ... 21
1.5.3 影响金属塑性的主要因素 ... 21
1.6 金属塑性变形的力学基础 ... 23
1.6.1 点的应力应变状态 ... 23
1.6.2 屈服准则 ... 26
练习与思考题 ... 27

项目2 单工序冲孔模设计 ... 28
项目任务1 ... 28
2.1 冲裁工艺性分析 ... 29
2.1.1 冲裁过程分析 ... 29
2.1.2 冲裁断面质量分析 ... 30
2.1.3 冲裁件的工艺性 ... 31
项目实施1-1 动触片冲裁工艺性分析 ... 33
2.2 必要的冲裁工艺计算 ... 34
2.2.1 冲压力的计算 ... 34
2.2.2 压力中心的计算 ... 38
2.2.3 冲裁模间隙 ... 40
2.2.4 冲裁模具刃口尺寸的计算 ... 45
项目实施1-2 动触片冲裁模具设计的工艺计算 ... 50
2.3 单工序冲裁模具结构 ... 50
2.3.1 无导向的开式单工序冲裁模 ... 50
2.3.2 导板式单工序冲裁模 ... 52
2.3.3 导板式侧面冲孔模 ... 53
2.3.4 斜楔式水平冲孔模 ... 55

2.3.5 导柱式单工序冲裁模 56
　　2.3.6 导柱式冲孔模 57
　　2.3.7 小孔冲模 59
项目实施1-3 动触片冲裁模具的总体结构设计 60
2.4 冲模组成零件的分类与设计 61
　　2.4.1 工作零件 61
　　2.4.2 定位零件 72
　　2.4.3 卸料与推料零件 82
　　2.4.4 模架及导向零件 90
　　2.4.5 其他支撑零件及紧固件 95
项目实施1-4 动触片冲裁模具主要零部件的结构设计 97
练习与思考题 99

项目3 复合冲裁模具设计 101

项目任务2 101
项目实施2-1 拨片冲压件工艺性分析 102
3.1 排样设计 102
　　3.1.1 材料利用率 102
　　3.1.2 排样方法 103
　　3.1.3 排样图 105
　　3.1.4 搭边、步距和料宽 106
项目实施2-2 拨片零件的排样设计 110
项目实施2-3 拨片冲压模具冲压力与压力中心的计算 110
项目实施2-4 拨片零件模具工作零件的设计 111
3.2 模具的总体设计及主要零部件设计 113
　　3.2.1 冲裁模分类 113
　　3.2.2 复合冲裁模的典型结构 114
3.3 其他冲裁模具的典型结构 117
项目实施2-5 拨片冲压模具的总体结构设计及主要零部件设计 124
练习与思考题 126

项目4 弯曲模具设计 128

项目任务3 128
4.1 弯曲变形过程分析和弯曲回弹 129
　　4.1.1 弯曲变形分析 129
　　4.1.2 弯曲变形的特点 130
　　4.1.3 弯曲回弹及其防止措施 132
　　4.1.4 弯曲件的常见缺陷及其防止的工艺措施 139
项目实施3-1 防止仪表板左右安装支架产生弯曲缺陷所采取的措施 140
4.2 弯曲成形工艺设计 141
　　4.2.1 弯曲工艺分析 141
　　4.2.2 最小弯曲半径 144

4.2.3	弯曲件的工序安排	148
4.2.4	弯曲力计算	151
4.2.5	弯曲件展开长度的确定	152

项目实施 3-2 仪表板左右安装支架弯曲工艺性分析 156
项目实施 3-3 仪表板左右安装支架弯曲工艺计算 158

4.3 弯曲模具结构设计 158
    4.3.1 弯曲模结构设计的要点 158
    4.3.2 弯曲模的典型结构 159

项目实施 3-4 仪表板左右安装支架的弯曲模具结构设计 168
项目实施 3-5 仪表板左右安装支架模具的工作零件的尺寸计算 170

练习与思考题 173

项目 5 拉深工艺与模具设计 174

项目任务 4 174

5.1 拉深变形分析 175
    5.1.1 拉深变形过程及毛坯各部分的应力应变状态 175
    5.1.2 拉深起皱与拉裂 177

5.2 拉深工艺设计 179
    5.2.1 拉深件毛坯展开尺寸的计算 179
    5.2.2 无凸缘圆筒形件的拉深 181
    5.2.3 有凸缘圆筒形件的拉深 185
    5.2.4 阶梯形零件的拉深 189

项目实施 4-1 罩杯零件拉深工艺计算 190

5.3 其他旋转体零件的拉深 193
    5.3.1 球面零件的拉深 193
    5.3.2 锥形零件的拉深 194
    5.3.3 抛物面零件的拉深 195

5.4 盒形件的拉深 196
    5.4.1 矩形盒的拉深特点 196
    5.4.2 毛坯尺寸计算与形状设计 196
    5.4.3 盒形件的拉深工艺 198

5.5 拉深模的结构设计 200
    5.5.1 拉深模工作部分的结构和尺寸 200
    5.5.2 典型拉深模具结构 205

项目实施 4-2 罩杯拉深模结构及工作零件的尺寸计算 208

5.6 拉深工艺设计 210
    5.6.1 拉深件的工艺性 210
    5.6.2 压边形式与压边力 211
    5.6.3 拉深力的计算及冲压设备的选用 214
    5.6.4 拉深工艺的辅助工序 215

项目实施 4-3 罩杯零件拉深压边力和拉深力的计算 216

5.7 其他拉深方法 217
    5.7.1 软模拉深 217

  5.7.2 变薄拉深 ·· 219
 练习与思考题 ·· 220

项目 6　其他成形工艺与模具设计 ·· 222

 6.1 胀形 ·· 223
  6.1.1 胀形变形分析 ·· 223
  6.1.2 胀形工艺与模具 ··· 223
 6.2 翻边 ·· 226
  6.2.1 圆孔翻边 ·· 227
  6.2.2 外缘翻边 ·· 231
  6.2.3 非圆孔翻边 ··· 233
  6.2.4 变薄翻边 ·· 233
 6.3 缩口 ·· 234
  6.3.1 缩口的变形程度 ··· 234
  6.3.2 缩口模结构 ··· 235
 练习与思考题 ·· 235

项目 7　冲压工艺过程设计 ··· 236

 7.1 冲压工艺设计内容与流程 ·· 237
 7.2 冲压工艺方案的确定 ·· 239
综合实例 1　托架冲压件工艺设计 ·· 243
综合实例 2　片状弹簧冲压件工艺设计 ·· 246
综合实例 3　玻璃升降器外壳件冲压件工艺设计 ··· 247
 练习与思考题 ·· 254
附录 A　常用冲压设备的规格 ··· 255
附录 B　冲压模具零件的常用公差配合及表面粗糙度 ·· 257
附录 C　冲压常用材料的性能和规格 ··· 258
参考文献 ·· 261

项目1 认识冲压加工

通过本项目的学习,让学生了解冲压加工的特点、冲压工序的分类、常用冲压设备的工作原理和主要结构、金属塑性变形的基本概念,以及塑性变形的力学基础。

1.1 冷冲压加工的特点及其重要作用

冷冲压是利用安装在压力机上的冲模对材料施加压力，使材料在冲模内产生分离或塑性变形，从而获得所需要零件的一种压力加工方法。由于它通常在室温下进行加工，所以被称为冷冲压，又因为冷冲压加工的原材料一般为板料，所以也被称为板料冲压。冷冲压不但可以加工金属材料，而且可以加工非金属材料。

冷冲压生产是利用冲模和冲压设备完成加工的，与其他加工方法相比，它具有如下优点。

(1) 冷冲压所用原材料多是表面质量好的板料或带料，冲件的尺寸精度由冲模来保证，所以产品尺寸稳定，互换性好。

(2) 冷冲压加工不像切削加工那样大量切除金属，从而节省能源和原材料。

(3) 冷冲压生产便于实现自动化，生产率高，操作简便，对工人的技术等级要求也不高。普通压力机每分钟可生产几件到几十件冲压件，而高速冲床每分钟可生产数百件，甚至上千件冲压件。

(4) 可以获得其他加工方法所不能或难以制造的壁薄、质量轻、刚度好、表面质量高及形状复杂的零件，小到钟表的秒针，大到汽车纵梁及覆盖件等。

但是，冷冲压必须具备相应的冲模，而冲模制造的主要特征是单件小批量生产，精度高，技术要求高，是技术密集型产品。因而，在一般情况下，只有在产品生产批量大的情况下，才能获得较高的经济效益。

综上所述，冷冲压与其他加工方法相比，具有独特的特点，所以在国民经济各个领域中得到了广泛应用。相当多的工业部门越来越多地采用冷冲压加工产品零部件，如汽车、拖拉机、电子、航空航天、交通、国防及日用品等行业。在这些工业部门中，冲压件所占的比重都相当大。不少过去用铸造、锻造、切削加工方法制造的零件，现在已被质量轻、刚度好的冲压件所代替。通过冲压加工制造，大大提高了生产率，降低了成本。可以说，如果在生产中不广泛采用冲压工艺，许多工业部门的产品要提高生产率和质量，降低成本，进行产品的更新换代是很难实现的。图1.1所示为常见冲压成形件。

图 1.1　常见冲压成形件

当然，冷冲压加工也存在一些缺点，主要表现在模具加工成本高，冲压加工噪声大，易发生人身伤害事故等方面。随着科学技术的发展，这些缺点会逐渐得到解决。

1.2 冷冲压工序的分类

冷冲压加工的零件，由于其形状、尺寸、精度要求、生产批量及原材料性能等各不相同，因此生产中所采用的冷冲压工艺方法也是多种多样的。概括起来可以分为两大类，即分离工序和成形工序。

1. 分离工序

分离工序是指使板料按一定的轮廓线分离而获得一定形状、尺寸和切断面质量的冲压件的工序，如表1.1所示。

表1.1 分离工序

工序名称	工序简图	特点及应用范围
落料	（废料、零件）	用冲模沿封闭轮廓曲线冲切，封闭线内是制件，封闭线外是废料，用于制造各种形状的平板零件
冲孔	（零件、废料）	将废料沿封闭轮廓从材料或工序件上分离下来，从而在材料或工序件上获得所需要的孔
切断	（零件）	将材料用剪刀或冲模沿敞开轮廓分离，被分离的材料成为工件或工序件，多用于加工形状简单的平板零件
切边		利用冲模修切成形工序件的边缘，使成形零件的边缘修切整齐或切成一定的高度及一定的形状
剖切		用剖切模将成形工序件一分为几，主要用于不对称零件的成双或成组冲压成形后的分离

2. 成形工序

成形工序是指坯料在不破裂的条件下产生塑性变形而获得一定形状和尺寸的冲压件的工序，如表1.2所示。

表1.2 成形工序

工序名称	工序简图	特点及应用范围
弯曲	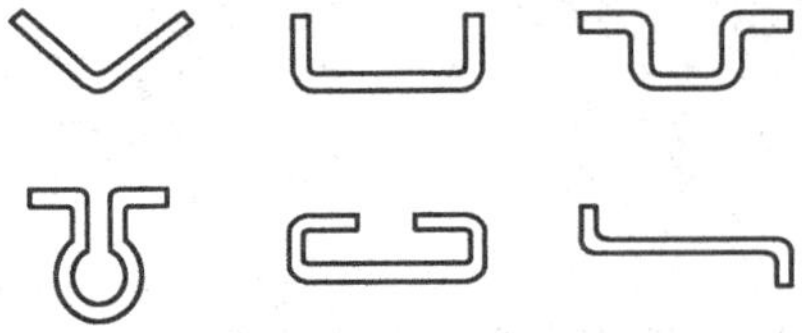	用弯曲模使材料产生塑性变形,从而弯成一定曲率、一定角度的零件,它可以加工各种复杂的弯曲件
卷边	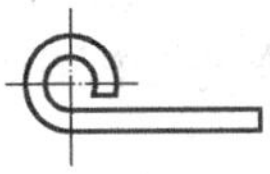	将工序件边缘卷成接近封闭的圆形,用于加工类似铰链的零件
拉弯	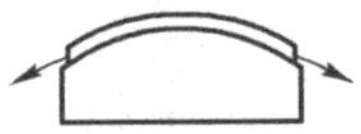	在拉力与弯矩共同作用下实现弯曲变形,使坯料的整个弯曲横断面全部受拉应力作用,从而提高了弯曲件的精度
扭弯		将平直或局部平直工序件的一部分相对另一部分扭转一定角度
拉深	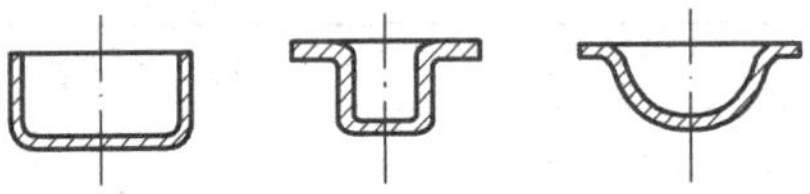	将平板形的坯料或工序件变为开口空心件,或把开口空心件进一步改变形状和尺寸成为另一个开口空心件
变薄拉深	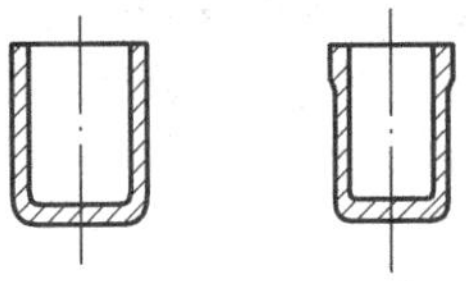	将拉深后的空心工序件进一步拉深成为底部厚度大于侧壁的零件
翻孔	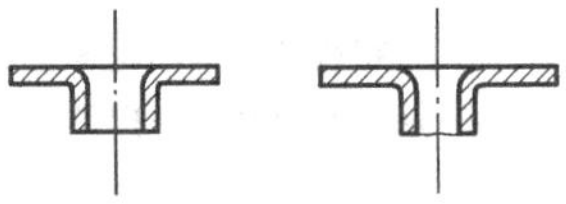	沿内孔周围将材料翻成竖边,其直径比原内孔大
翻边		沿外形曲线周围翻成侧立短边
扩口		将空心件或管状件口部向外扩张,形成口部直径较大的零件
胀形	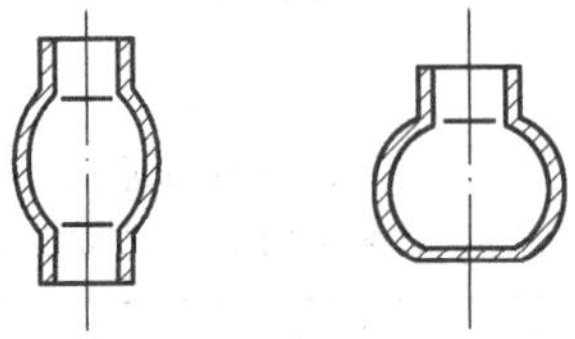	将空心工序件或管状件沿径向往外扩张,形成局部直径较大的零件
起伏	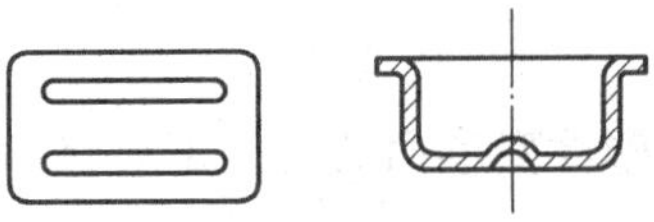	在板材毛坯或零件的表面上用局部成形的方法制成各种形状的凸起与凹陷

续表

工序名称	工序简图	特点及应用范围
缩口缩径		将空心工序件或管状件口部或中部加压使其直径缩小，形成口部或中部直径较小的零件
旋压		用旋轮使旋转状态下的坯料逐步成形为各种旋转体空心件

在实际生产中，当生产批量大时，如果仅以表中所列的基本工序组成冲压工艺过程，则生产效率可能很低，不能满足生产需要。因此，一般采用组合工序，即把两个以上的单独工序组合成一道工序，构成所谓的复合、级进、复合－级进工序。

上述冲压成形的分类方法比较直观，真实地反映出各类零件的实际成形过程和工艺特点，便于制定各类零件的冲压工艺并进行冲模设计，在实际生产中得到了广泛的应用。

1.3 冷冲压技术的现状和发展趋势

随着近代工业的发展，对冷冲压提出了越来越高的要求，因而也促进了冷冲压技术的迅速发展。

1. 冲压工艺方面

提高劳动生产率及产品质量，降低成本和扩大冲压工艺应用范围的各种冲压新工艺和新技术，是研究和发展的大方向。目前，精密冲裁、软模拉深、电磁成形及超塑性成形等在冲压生产中都已得到了广泛应用。

2. 冲模方面

冲模是实现冲压生产的基本条件。在冲模的设计和制造上，目前正朝着以下两方面发展。一方面，为了适应高速、自动、精密、安全等大批量现代化生产的需要，冲模正向高效率、高寿命及自动化的方向发展。另一方面，为了产品更新换代和试制或小批量生产的需要，锌基合金模、聚氨酯橡胶模、薄板冲模、钢带冲模、组合冲模等各种简易冲模及其制造工艺也得到了迅速发展。模具的标准化和专业化生产，已得到模具行业的广泛重视，但总体来说，我国冲模的标准化和专业化水平还是比较低的。模具计算机辅助设计、制造与分析（CAD/CAM/CAE）的研究和应用将极大地提高模具制造的效率与模具的质量，使模具设计与制造技术实现 CAD/CAM/CAE 一体化。目前，模具设计与制造中常用的软件有 AutoCAD、Pro－E、MasterCAM、UG、Cimatron、DellCAM、PressCAD、Moldflow 和 Solidworks。

3. 冲压设备和冲压生产自动化方面

性能良好的冲压设备是提高冲压生产技术水平的基本条件。高精度、高寿命、高效率的冲模需要高精度、高自动化的压力机与之相匹配。目前，这方面主要是从以下两方面予以研究和发展的：

（1）对目前我国大量使用的普通冲压设备加以改进，即在普通压力机的基础上，加上送料装置和检测装置，以实现半自动化或全自动化生产，改进冲压设备的结构，保证必要的刚度和精度，提高其工艺性能，以提高冲压件的精度，延长冲模的使用寿命；

（2）积极发展高速压力机和多工位自动压力机，开发数控压力机、冲压柔性制造系统（FMS）及各种专用压力机，以满足大批量生产的需要。

为了满足大批量生产的需要，冲压生产已向自动化、无人化方向发展。现在已经利用高速冲床和多工位精密级进模实现了单机自动生产，冲压的速度可达每分钟几百至上千次。大型零件的生产已经实现了多机联合生产线，从板料的送进到冲压加工，到最后的检验可全由计算机控制，极大地减轻了工人的劳动强度，提高了生产率。目前已逐渐向无人化生产形成的柔性冲压加工中心发展。

1.4 冲压设备

1.4.1 曲柄压力机

在冲压生产中，最常用的是摩擦压力机、偏心压力机、曲柄压力机（俗称冲床），以及油压机等。下面简要介绍曲柄压力机的工作原理、主要参数及选用等。

1. 曲柄压力机的工作原理

曲柄压力机通过曲柄滑块机构，将电动机的旋转运动转变为冲压加工生产所需要的直线往复运动，在冲压加工生产中广泛用于冲裁、弯曲、拉深及翻边等工序。因此，曲柄压力机又称为通用曲柄压力机，简称通用压力机，它是冲压设备中最基本和应用最广泛的冲压、锻压设备。

曲柄压力机的结构如图 1.2 所示，对应的传动示意图如图 1.3 所示。

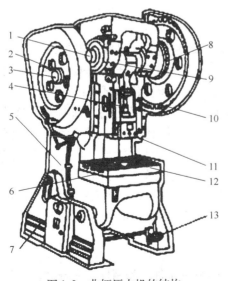

图 1.2 曲柄压力机的结构

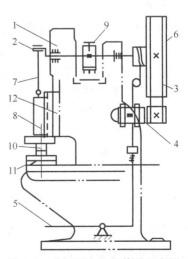

图 1.3 曲柄压力机的传动示意图

工作原理为：曲柄2的右端装有飞轮，由电动机通过减速齿轮传动，并通过与操纵机构相连的离合器的操纵使其与曲柄2脱离或结合。当离合器结合时，曲柄与飞轮一起转动，位于曲柄前的连杆7也被带动并与滑块8连接，由于连杆7的运动，滑块8实现上下往复运动。而上模10固定在滑块8上，下模11固定在压力机工作台上，故滑块8带动上模10与下模11作用，完成冲压工作。当离合器脱离时，曲柄停止运动，并由制动器9作用使其停止在上止点位置。

2. 曲柄压力机的型号

冲压设备的型号是按照机械标准的类、列、组编制的。以曲柄压力机为例，按照《锻压机械型号编制方法JB/GQ2003—84》的规定，曲柄压力机的型号用汉语拼音字母、英文字母和数字表示，例如，JC23-63A型号的意义是：

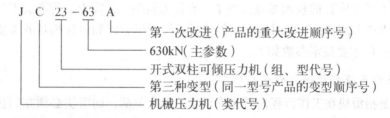

现将型号的表示方法叙述如下：

第一个字母为类代号，用汉语拼音字母表示。在JB/GQ2003—84型谱表的8类锻压设备中，与曲柄压力机有关的有5类，即机械压力机、线材成形自动机、锻机、剪切机和弯曲校正机。它们分别用"机"、"自"、"锻"、"切"、"弯"的汉语拼音的第一个字母表示为J、Z、D、Q、W。

第二个字母代表同一型号产品的变型顺序号。凡主参数与基本型号相同，但其他某些基本参数与基本型号不同的，称为变型。用字母A、B、C…分别表示第一、第二、第三……种变型产品。

第三、第四个数字分别为组、型代号。前面一个数字代表"组"，后面一个数字代表"型"。在型谱表中，每类锻压设备分为10组，每组分为10型。如在"J"类中，第2组的第3型为"开式双柱可倾压力机"。

横线后面的数字代表主参数。一般用压力机的公称压力来作为主参数。型号中的公称压力用工程单位制的"tf"表示，故转化为法定单位制的"kN"时，应把此数字乘以10，如上例的63代表63tf，即630kN。

最后一个字母代表产品的重大改进顺序号，凡型号已确定的锻压机械，若结构和性能上与原产品有显著不同，则称为改进，用字母A、B、C…分别代表第一、第二、第三……次改进。

有些锻压设备，紧接组、型代号的后面还有一个字母，代表设备的通用特性，例如，J21G-20中的"G"代表"高速"；J92K-25中的"K"代表"数控"。通用曲柄压力机型号见表1.3。

表1.3 通用曲柄压力机型号

组		型号	名称	组		型号	名称
特征	号			特征	号		
开式单柱	1	1	单柱固定台压力机	开式双柱	2	8	开式柱形台压力机
		2	单柱升降台压力机			9	开式底传动压力机
		3	单柱柱形台压力机	闭式	3	1	闭式单点压力机
开式双柱	2	1	开式双柱固定台压力机			2	闭式单点切边压力机
		2	开式双柱升降台压力机			3	闭式倒滑块压力机
		3	开式双柱可倾压力机			4	闭式双点压力机
		4	开式双柱转台压力机			5	闭式双点切边压力机
		5	开式双柱双点压力机			6	闭式四点压力机

3. 曲柄压力机的主要技术参数

曲柄压力机（冲床）的技术参数反映了一台压力机的工艺能力、所能加工制件的尺寸范围，以及有关生产率的指标，同时也是人们选择、使用压力机和设计模具的重要依据。曲柄压力机（冲床）的主要技术参数如下。

1) 标称压力 F_g 及标称压力行程 s_g

标称压力是指滑块在工作行程内所允许承受的最大负荷，而滑块必须在到达下止点前某一特定距离之内允许承受标称压力，这一特定距离称为标称压力行程 s_g。标称压力行程所对应的曲柄转角称为标称压力角 α_g。例如，JC23-63压力机的标称压力为630kN，标称压力行程为8mm，即指该压力机的滑块在离下止点前8mm之内，允许承受的最大压力为630kN。

标称压力是压力机的主要技术参数。国产压力机的标称压力已经系列化，如160kN、200kN、250kN、315kN、400kN、500kN、630kN、800kN、1000kN、1600kN、2500kN、3150kN、4000kN、5000kN、6300kN等。

2) 滑块行程 s

滑块行程是指滑块从上止点运动到下止点所经过的距离，其值为曲柄半径的两倍。滑块行程的大小反映出压力机的工作范围。行程大，可压制高度较大的零件，但压力机造价增大，且工作时模具的导柱、导套有可能产生分离，影响冲件的精度和模具的寿命。因此，滑块行程并非越大越好，应根据设备规格大小兼顾冲压生产时的送料、取件及模具寿命等因素来考虑。为了满足生产实际的需要，有些压力机的滑块行程是可调的。

3) 滑块行程次数 n

滑块行程次数是指滑块每分钟往复运动的次数。如果是连续作业，它就指每分钟生产冲件的个数，所以行程次数越大，生产效率就越高，但行程次数超过一定数值后，必须配备自动送料装置。

4) 封闭高度 H 与装模高度 H_1

压力机的封闭高度是指当滑块处于下止点位置时，滑块底面至工作台上表面之间的距离。当封闭高度调节装置将滑块调整到最高位置时（即当连杆调至最短时），封闭高度达到最大值，称为最大封闭高度（见图1.4中的 H_{max}）。与此相应，当滑块调整到最低位置时

（即当连杆调至最长时），封闭高度达到最小值，称为最小封闭高度（H_{min}）。封闭高度调节装置所能调节的距离，称为封闭高度调节量（ΔH）。压力机的装模高度是指当滑块处于下止点时，滑块底面至工作台垫板上表面之间的距离。显然，封闭高度与装模高度之差即等于工作台垫板的厚度 T。装模高度和封闭高度均表示压力机所能使用的模具高度。模具的闭合高度 H_m（模具闭合时，上模座上平面至下模座下平面之间的距离）应小于压力机的最大装模高度或最大封闭高度。

5）工作台面与滑块底面尺寸

工作台（或垫板）上表面与滑块底面尺寸均以"左右×前后"的尺寸来表示，如图1.4所示的 $A \times B$ 和 $F \times E$。这些尺寸决定了模具平面轮廓尺寸的大小。

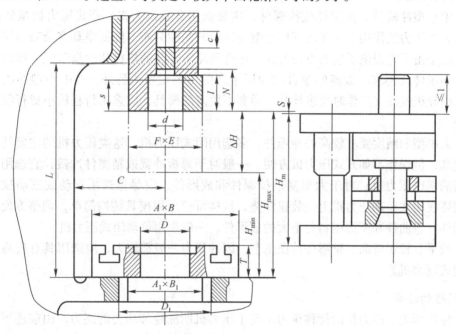

图1.4 压力机的基本参数

6）工作台孔尺寸 $A_1 \times B_1$ 或 D_1

压力机的工作台孔呈方形或圆形，或同时兼顾两种形状，其尺寸用 $A_1 \times B_1$（左右×前后）或 D_1（直径）表示。该尺寸空间是用做向下出料或安装模具顶件装置的。

7）模柄孔尺寸 $d \times l$

模柄孔是用来安装固定模具上模的，其尺寸用 $d \times l$（直径×孔深）来表示。中小型模具的上模部分一般都是通过模柄固定在压力机滑块上的，此时模柄尺寸应与模柄孔尺寸相适应。大型压力机没有模柄孔，而是开设T形槽，用T形槽螺钉紧固上模。

8）立柱间距 A 与喉深 C

立柱间距是指双柱式压力机两立柱内侧之间的距离。对于开式压力机，该项数值主要关系到向后侧送料或出件机构的安装。对于闭式压力机，其值直接限制了模具和加工板料的最宽尺寸。喉深是开式压力机特有的参数，它是指滑块中心线到机身前后方向的距离，如图1.4中的 C。喉深直接限制了加工件的尺寸，也与压力机机身刚度有关。

4. 曲柄压力机的选择

压力机的选择包括对压力机的类型及规格的选择。选择压力机时，首先要清楚地了解被冲压零件的加工特点（包括所采用的冲压工艺性质、生产批量、零件几何形状及尺寸精度要求、操作与出件方式等）和各类压力机的特点（包括结构特点、标称压力及功率大小、行程与行程次数、装模空间与操作空间、配备的辅助装置及功能等），然后进行最适合两者特点的组合。也就是说，要使所选用压力机的性能与冲压加工对压力机的性能要求相适应，尽量不造成欠缺和浪费，最后确定出设备的类型及规格。

1）类型的选择

对于中小型冲裁件、弯曲件或拉深件，主要选用开式压力机。开式压力机虽然刚度不高，在较大冲压力的作用下床身的变形会改变冲模的间隙分布，降低模具寿命和冲压件的表面质量，但是由于它提供了极为方便的操作条件和易于安装的机械化附属装置，所以目前仍是中小型冲压件及要求不太高的半自动冲压生产的主要设备。另外，在中小型冲压件生产中，若采用导板模或在工作时要求导柱、导套不脱离的模具，应选用行程较小或行程可调的压力机。

对于大中型和精度要求较高的冲压件，多选用闭式压力机。这类压力机的主要特点是刚度和精度高，但操作不如开式压力机方便。一般对于薄板冲裁或精密件冲裁，宜选用精度和刚度较高的精密压力机；对于大型复杂拉深件和成形件，应尽量选用双动或三动拉深压力机，否则要在闭式单动压力机上安装拉深垫，这样可使所用模具结构简单，调整方便；其他大型冲裁件、弯曲件和所需压料力不大的成形件，一般采用单动闭式压力机。

对于校平、校正弯曲、整形等冲压工艺，因冲压力一般都较大，应选用具有较高强度和刚度的闭式压力机。

2）规格的选择

（1）标称压力。压力机的标称压力决定了压力机所能施加压力的能力。由前述可知，压力机标称压力是压力机滑块的工作行程内所允许承受的最大负荷。实际上，压力机许用负荷是随滑块行程位置变化的，而冲压力的大小也是随凸模（或压力机滑块）行程变化而变化的。因此，选择压力机标称压力时，应保证在全行程范围内，压力机的许用负荷在任何时刻均大于相应时刻所需变形力的总和。例如，在图 1.5 中，曲线 1、2 和 3 分别表示冲裁、弯曲和拉深时的冲压力与行程之间的关系曲线。从图中可以看出，三种冲压力曲线及压力机的许用负荷曲线都不同步，在进行冲裁和弯曲时，标称压力为 F_{ga} 的压力机能够保证在全部行程内其许用负荷都高于冲压力，因此选用许用负荷曲线 a 的压力机是合适的。但在拉深时，虽然拉深所需的最大冲压力低于 F_{ga}，由于拉深时的最大冲压力出现在拉深行程的中前期，这个最大冲压力超过了相应位置上压力机的许用负荷，因此不能选用标称压力为 F_{ga}（具有曲线 a）的压力机，必须选择标称压力更大（如标称压力为 F_{gb}，具有曲线 b）的压力机。

实际生产中，为了方便起见，压力机的标称压力可按如下经验公式确定。

对于施力行程（滑块实际施压行程）较小的冲压工序（如冲裁、浅弯曲、浅拉深等），有

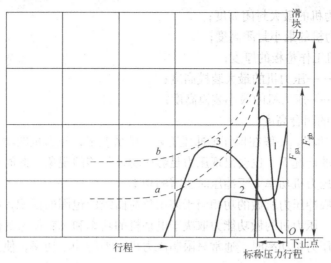

a、b—分别为两种不同型号压力机的许用负荷曲线；
1—冲裁实际压力曲线；2—弯曲实际压力曲线；3—拉深实际压力曲线

图 1.5　压力机许用负荷曲线与冲压力曲线

$$F_g \geq (1.1 \sim 1.3) F_\Sigma \tag{1-1}$$

对于施力行程较大的冲压工序（如深弯曲、深拉深等），有

$$F_g \geq (1.6 \sim 2.0) F_\Sigma \tag{1-2}$$

式中　F_g——压力机的标称压力（kN）；

F_Σ——冲压工艺的冲力（kN）。

（2）滑块行程。滑块行程应保证坯料能顺利地放入模具和冲压件能顺利地从模具中取出，同时还要求考虑模具的结构要求。例如，对于拉深工序，压力机滑块行程应大于拉深件高度的 2 倍，即 $s \geq 2h$（h 为拉深件高度）；采用导板模或其他冲压时不允许模具导柱、导套完全脱离的模具，滑块行程应小于相应的最大开模距离。

（3）行程次数。行程次数主要根据生产率要求、材料允许的变形速度和操作的可能性等来确定。

（4）工作台面尺寸。压力机工作台面（或垫板平面）的长、宽尺寸一般应大于模具下模座的尺寸，且每边留出 60～100mm 的余量，以便于安装固定模具。当冲压件或废料从下模漏料时，工作台孔尺寸必须大于漏料件的尺寸。对于有弹顶装置的模具或采用拉深垫时，工作台孔还应大于弹顶器或相应拉深垫的外形尺寸。

（5）模柄孔尺寸或滑块下底面尺寸。对于中小型压力机，模具的上模部分都是通过模柄固定在压力机滑块上的，因此其模柄孔的直径应与模具模柄直径一致，模柄孔的深度应大于模柄夹持部分的长度；对于大型压力机或部分中型压力机，上模是通过 T 形螺栓固定在滑块下底面上的，这时滑块下底面尺寸应大于上模座尺寸，并保证有一定空间来固定上模座。

（6）封闭高度或装模高度。选择压力机时，必须使模具的闭合高度介于压力机的最大装模高度与最小装模高度之间，模具的闭合高度是指模具在工作行程终了时（即模具处于闭合状态下），上模座的上平面至下模座的下平面之间的距离。一般应满足：

$$(H_{max} - T) - 5 \geq H_m \geq (H_{min} - T) + 10 \tag{1-3}$$

式中　H_{max}——压力机的最大封闭高度；

　　　H_{min}——压力机的最小封闭高度；

　　　T——压力机工作垫板的厚度；

　　　$(H_{max} - T)$——压力机的最大装模高度；

　　　$(H_{min} - T)$——压力机的最小装模高度；

　　　H_m——模具的闭合高度。

(7) 压力机的功率。一般在保证了冲压工艺力的情况下，压力机的功率是足够的。但在某些施力行程较大的情况下，也会出现压力足够而功率不够的现象，此时必须对压力机的功率进行校核，保证压力机功率大于冲压时所需的功率。

曲柄压力机克服冲压力所做的功相当于许用负荷曲线所包围的面积，但这个功并不表示压力机的做功能力。压力机的做功能力取决于电动机的功率和飞轮能量的储存。考虑飞轮的储能效果，在校核压力机功率时，通常只限制压力机的平均冲压功率，使其小于电动机的额定功率。

压力机的平均冲压功率可按一个工作循环所做功的平均量计算，即

$$P_c = \frac{W_1 + W_2}{t\eta} \quad (1-4)$$

式中　P_c——平均冲压功率（W）；

　　　W_1——冲压件的变形功（J）；

　　　W_2——冲压时的压料力、顶件力等弹性力所做的功（J）；

　　　t——压力机一个工作循环的时间（s）；

　　　η——压力机的效率，$\eta = 0.2 \sim 0.45$，实际行程次数比额定行程次数越小，η 越小，
　　　　　施力行程比压力机行程越小，η 越小。

压力机一个工作循环的时间可用下式计算，即

$$t = 1/n' \quad (1-5)$$

式中　n'——压力机滑块的实际行程次数，连续冲压时，等于压力机行程次数 n。

冲压件变形功的计算方法如下。

冲裁时，有

$$W_1 = c_1 Ft \quad (1-6)$$

式中　F——冲裁力（N）；

　　　t——板料厚度（mm）；

　　　c_1——系数，冲裁间隙小时，$c_1 = 0.6 \sim 0.8$；冲裁间隙大时，$c_1 = 0.25 \sim 0.5$。

V 形件弯曲时，有

$$W_1 = c_2 Fh \quad (1-7)$$

式中　F——弯曲力（N）；

　　　h——弯曲工作行程（mm）；

　　　c_2——系数，$c_2 = 0.63$。

圆筒形件拉深时，有

$$W_1 = c_3 Fh \quad (1-8)$$

式中　F——拉深力（N）；

h——拉深工作行程（mm）；

c_3——系数，见表1.4。

表1.4 系数 c_3 与拉深系数的关系

拉深系数	0.55	0.60	0.65	0.70	0.75	0.80
c_3	0.8	0.77	0.74	0.70	0.67	0.64

附录列出了常用压力机的主要技术参数，供设计时选用。

5. 压力机的正确使用与维护

正确使用和维护压力机，能延长压力机的寿命，充分发挥压力机的效能，更重要的是确保工作过程中的人身和设备安全。使用和维护压力机应注意以下几点。

（1）选用压力机时，应使所选压力机的加工能力（标称压力、许用负荷曲线、电动机额定功率等）留有余量。这对延长压力机及模具寿命、避免压力机出现超负荷而受到破坏都是至关重要的。

（2）开机前，应检查压力机的润滑系统是否正常，并将润滑油压送至各润滑点。检查轴瓦间隙和制动器松紧程度是否合适，以及运转部位是否没有杂物等。

（3）在启动电动机后应观察飞轮的旋转方向是否与规定的方向（箭头标注）一致。确认方向一致后方可接通离合器，否则飞轮反会使离合器零件和操纵机构损坏。

（4）空车检查制动器、离合器、操纵机构各部分的动作是否准确、灵活、可靠。检查的方法是先将转换开关置单次行程，然后踩动脚踏板或按动按钮，如果滑块有不正常的连冲现象，则应及时排除故障后再着手下一步的动作。

（5）模具的安装应准确、牢靠，保证模具间隙均匀，闭合状态良好，冲压过程中不移位。模具安装好以后，先手动试转压力机，以检验模具的安装位置是否正确，然后再启动电动机。

（6）冲压过程中，严禁坯料重叠冲压，要及时清理工作台上的冲件及废料。清理时要用钩子或刷子等专用工具，切不可徒手直接进入冲压危险区清理。

（7）随时注意压力机的工作情况，当发生不正常现象（如滑块自由下落、出现不正常的冲击声及噪声、冲件质量不合格、冲件或废料卡在冲模上等）时，应立即停止工作，切断电源，进行检查和处理。

（8）工作完毕后，应使离合器脱开，然后再切断电源，清除工作台上的杂物，用抹布将压力机和冲模擦拭一遍，并在模具刃口及压力机未涂油漆部分涂上一层防锈油。

（9）对压力机进行定期检修保养，包括离合器与制动器的保养、拉紧螺栓及其他各类螺栓的检修、给油装置的检修、供气系统的检修、传动与电气系统的检修、各种辅助装置的检修及定期精度检查等。

1.4.2 液压机

1. 液压机的工作原理

液压机是根据静压传递原理，即帕斯卡原理制成的。它是利用液体的压力能，靠静压作用使工件产生变形的压力机械。因为它传递能量的介质为液体，故称为液压机。

如图1.6所示为液压机的原理图。在两个充满液体的连通容器里，一端装有面积为A_1的小柱塞，另一端装有面积为A_2的大柱塞。柱塞和连通器之间设有密封装置，使连通容器内形成一个密闭的空间。这样，当在小柱塞上施加一个外力F_1时，作用在液体上的单位面积压力为

$$p = F_1/A_1$$

按照帕斯卡原理，这个压力p将传递到液体的各个部位，其数值不变，方向垂直于容器的内表面。因而，在连通容器另一端的大柱塞上，将产生$F_2 = pA_2 = F_1 A_2 / A_1$的向上推力。

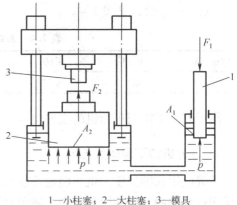

1—小柱塞；2—大柱塞；3—模具

图1.6　液压机原理图

显然，只要在小柱塞上施加一个较小的力，便可在大柱塞上获得一个很大的力。例如，Y32-300液压机，高压泵提供压力油的压力为20MPa，液压缸的工作活塞直径为440mm，则工作活塞能获得3000kN的作用力。

液压机的工作介质主要有两种，一种是乳化液，相应的液压机一般称为水压机；另一种是油液，相应的液压机称为油压机。但两者统称为液压机。

乳化液由2%的乳化脂和98%的软水混合而成，它具有较好的防腐蚀和防锈性能，并有一定的润滑作用。乳化液价格便宜，不燃烧，不易污染工作场地，故耗油量大的，以及热加工用的液压机多为水压机。

油压机应用的工作介质多为机械油，有时也采用涡轮机油或其他类型的液压油。在防腐蚀、防锈和润滑性能方面，油优于乳化液，但油的成本高，也易污染场地。

2. 液压机的特点

液压机与机械压力机相比有如下特点。

（1）容易获得很大的压力。由于液压机采用液压传动静压工作，动力设备可以分别布置，可以多缸联合工作，因而可以制造很大吨位的液压机，如可制造出标称压力达700 000kN的模锻水压机。而机械式压力机因受到零部件的强度限制，不宜制造出很大吨位的压力机。

（2）容易获得很大的工作行程。液压机的名义压力与行程无关，而且可以在行程中的任何位置上停止和返回。这样，对要求工作行程大的工艺（如深拉深），以及模具安装或发生故障进行排除等都十分方便。

（3）容易获得大的工作空间。因为液压机无庞大的机械传动机构，而且工作缸可以任意布置，所以工作空间较大。

（4）压力与速度可以在较大范围内方便地进行无级调节，而且可以按工艺要求在某一行程作长时间的保压。另外，由于能可靠地控制液压，还能可靠地防止过载。

（5）液压元件已通用化、标准化、系列化，给液压机设计、制造和维修带来了方便，并且液压操作方便，便于实现遥控与自动化。

但液压机也存在一些不足之处，主要问题有以下几点。

（1）由于采用高压液体作为工作介质，因而对液压元件精度要求较高，结构较复杂，机

器的调整维修比较困难,并且高压液体的泄漏还难免发生,不但污染工作环境,浪费压力油,对于热加工场所还有火灾的危险。

(2) 液压流动时存在压力损失,因而效率较低,且运动速度慢,降低了生产效率,所以对于快速、小型的液压机,不如曲柄压力机简单、灵活。

由于液压机具有许多优点,所以它在工业生产中得到了广泛应用。尤其在冲压、锻造生产中具有悠久的历史,对于大型件热锻、大件深拉深更显其优越性。随着塑料工业的迅速发展,液压机在塑料成形加工中也占有很重要的地位。此外,液压机在冶金生产和打包、压装等方面都得到了广泛的应用。

3. 液压机的主要技术参数

液压机的技术参数是根据它的工艺用途和结构特点总结的,它反映了液压机的工作能力及特点,是设计和选用液压机的重要依据。因液压机的类型不同,其技术参数的项目也不尽相同。这里主要介绍其共同的主要参数。

1) 标称压力

标称压力是液压机名义上能产生的最大压力,在数值上等于工作液体压力与工作活塞有效工作面积的乘积(取整数)。标称压力是液压机的主要参数,它反映了液压机的主要工作能力,一般用它来表示液压机的规格。

为了充分利用设备,节约高压液体并满足工艺要求,一般大中型液压机将标称压力分为两级或三级,但泵直接传动的液压机不需要从结构上进行压力分级。

2) 工作液压力

液压机的工作液压力是与液压机标称压力和压制能力有关的一个技术参数。工作液压力不宜过低,否则不能满足液压机标称压力的需要。反之,工作液压力过高,液压机密封难以保证,甚至损坏液压密封元件。每台液压机都标注有工作液的最大工作压力。目前,国内液压机所使用的工作液压力有 16MPa、25MPa、30MPa、32MPa、50MPa 等,但多数用 32MPa 左右的工作液压力。使用液压机时,根据冲压所需的实际压力,可适当调整油压,但不能超过其最大值。

3) 最大回程力

上压式液压机压制完成以后,其活动横梁必须回程,回程时要克服各种阻力和运动部件的重力。活动横梁回程所需的力称为回程力。液压机最大回程力约为标称压力的 20%~50%。

4) 最大顶出力

有些液压机在下横梁底部装有顶出缸,以供顶出工件或拉深时使用。最大顶出力与液压机顶出缸活塞有效工作面积及工作液压力有关,顶出力的大小及行程应满足冲压的工艺要求。

5) 其他技术参数

(1) 活动横梁距工作台的最大与最小距离

最大距离反映了液压机在高度方向上工作空间的大小,最小距离限制模具的最小闭合高度。

(2) 最大行程

最大行程指活动横梁位于上限位时活动横梁的立柱导套下平面到立柱限程套上平面的距离，即活动横梁所能移动的最大距离。

(3) 活动横梁运动速度

活动横梁运动速度分为工作行程速度及空行程（充液及回程）速度两种。工作行程速度的变化范围较大，应根据不同的工艺要求来确定。空行程速度一般较高，以提高生产率，但速度太快会在停止或转换时引起冲击及振动。

(4) 立柱中心距

在四柱式液压机中，立柱宽边中心距和窄边中心距分别用 L 和 B 表示。立柱中心距反映了液压机平面尺寸上工作空间的大小。立柱宽边中心距应根据工件及模具的宽度来选用，立柱窄边中心距的选用则应考虑更换及放入各种工具、涂抹润滑剂、观察工艺过程等操作上的要求。此外，立柱中心距对三个横梁的平面尺寸及质量均有影响，对液压机的使用性能及本体结构尺寸有着密切关系。

附录 A 的表 A.2 列出了几种国产通用液压机的主要技术参数，供设计选用时参考。

4. 液压机的型号

液压机型号的表示方法如下：

例如：Y32A—315 表示最大总压力为 3150kN，经过一次变型的四柱立式万能液压机，其中 32 表示四柱立式万能液压机的组型代号。

5. 液压机的结构

液压机类型尽管较多，但其结构组成基本相同，一般均由本体部分、操纵部分和动力部分组成。现以 Y32—300 型万能液压机为例加以介绍。

图 1.7 所示为 Y32—300 型液压机的外形结构图，其机身为四立柱式结构。

1) 本体部分

液压机的本体部分包括机身、工作缸与工作活塞、充液油箱、活动横梁、下横梁及顶出缸等。

(1) 机身

Y32—300 型液压机机身属于四立柱机身，如图 1.8 所示。四立柱机身由上横梁、下横梁和四根立柱组成，每根立柱都有三个螺母分别与上、下横梁紧固连接在一起，组成一个坚固的受力框架。目前，四立柱机身在液压机上应用最广，我国自行设计与制造的 120 000kN 大型水压机也是采用四立柱结构的机身。

液压机的各个部件都安装在机身上，其中上横梁的中间孔安装工作缸，下横梁的中间孔安装顶出缸。活动横梁靠四个角上的孔套装在四立柱上，上方与工作缸的活塞相连接，由其带动上下运动。为防止活动横梁过度降落,导致工作活塞撞击工作缸的密封装置(见图1.8),在四根立柱上各装一个限位套,限制活动横梁下行的最低位置。上、下横梁结构相似,采用铸造方法,铸成箱体结构。下横梁(工作台)的台面上开有T型槽,供安装模具用。

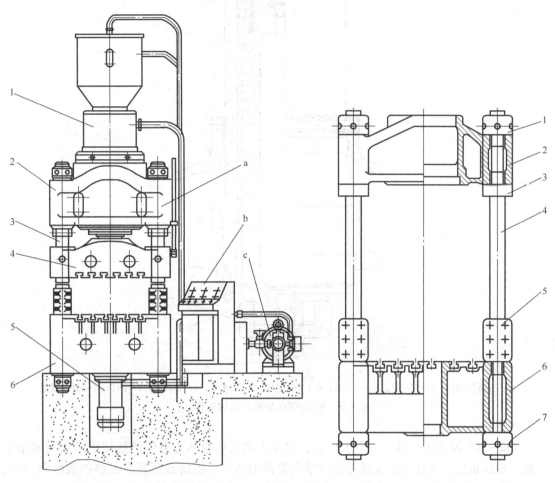

1—工作缸;2—上横梁;3—立柱;4—活动横梁;5—顶出缸;6—下横梁
a—本体部分;b—操纵控制系统;c—动力部分
图1.7 Y32—300型液压机的外形结构图

1、3、7—螺母;2—上横梁;4—立柱;
5—限位套;6—下横梁
图1.8 Y32—300型液压机机身

机身在液压机工作过程中承受全部工作载荷,立柱是重要的受力构件,又兼作活动横梁运动导轨的作用,所以要求机身应具有足够的刚度、强度和制造精度。

(2) 工作缸

工作缸采用活塞式双作用缸,靠缸口凸肩与螺母紧固在上横梁内,如图1.9所示。在工作缸上部装有充液阀和充液油箱。活塞上设有双向密封装置,将工作缸分成上、下腔,在下部缸端盖装有导向套和密封装置,并借法兰压紧,以保证下腔的密封。活塞杆下端与活动横梁用螺栓刚性连接。

当压力油从缸上腔进入时,缸下腔的油液排至油箱,活塞带动活动横梁向下运动,其速度较慢,压力较大。当压力油从液压缸下腔进入时,缸上腔的油液便排入油箱,活塞向上运动,其运动速度较快,压力较小,这正好符合一般慢速压制和快速回程的工艺要求,并提高

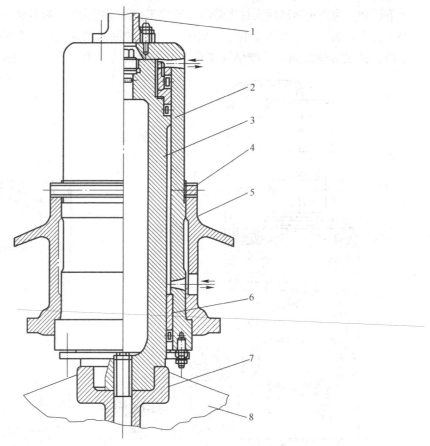

1—充液阀接口；2—工作缸缸筒；3—活塞杆；4—螺母；5—上横梁；6—导向套；7—凸肩；8—活动横梁

图 1.9　Y32—300 型液压机的工作缸

了生产率。

Y32—300 型液压机只有一个工作缸，对于大型且要求压力分级的液压机可采用多个工作缸。液压机的工作缸在液压机工作时承受很高的压力，因而必须具有足够的强度和韧性，同时还要求组织致密，避免高压油的渗漏。目前，工作缸常用的材料有铸钢、球墨铸铁或合金钢，直径较小的液压缸还可以采用无缝钢管。

（3）活动横梁

活动横梁是立柱式液压机的运动部件，它位于液压机本体的中间。活动横梁的结构如图 1.10 所示。为减轻质量又能满足强度要求，采用 HT200 铸成箱形结构，其中间的圆柱孔用来与上面的工作活塞杆连接，四角的圆柱孔内装有导向套，在工作活塞的带动下，靠立柱导向作上下运动。在活动横梁的底面同样开有 T 形槽，用来安装模具。

（4）顶出缸

在机身下部设有顶出缸，通过顶杆可以将成形后的工件顶出。Y32—300 型液压机的顶出缸结构如图 1.11 所示，其结构与工作缸相似，也是活塞式液压缸，安装在工作台底部的中间位置，同样采用缸的凸肩及螺母与工作台紧固连接。

2）动力部分——液压泵

液压机的动力部分为高压泵，它将机械能变为液压能，向液压机的工作缸和顶出缸提供高压液体。Y32—300 型液压机使用的是卧式柱塞泵。

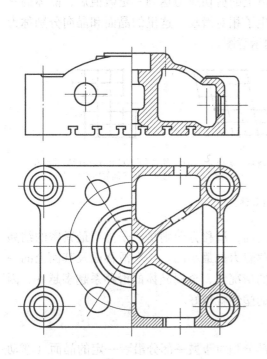

图 1.10 Y32—300 液压机活动横梁

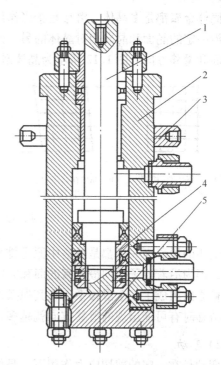

1—活塞杆；2—顶出缸筒；3—螺母；4—活塞；5—缸盖

图 1.11 Y32—300 液压机顶出缸

1.5 金属塑性变形的基本概念

1.5.1 弹性变形与塑性变形

在金属物体中，金属原子之间存在着相当大的引力，足以抵抗重力的作用，所以在没有其他外力作用的条件下，物体将保持原有的形状和尺寸。当物体受到外力作用之后，物体的形状和尺寸将发生变化，这种现象称为变形。变形的实质就是物体内部原子间产生相对位移。

若作用于物体的外力卸载后，由外力引起的变形随之消失，物体能完全恢复自己的原始形状和尺寸，这样的变形称为弹性变形；若作用于物体的外力卸载后，物体并不能完全恢复自己的原始形状和尺寸，这样的变形称为塑性变形（也称残余变形）。

塑性变形和弹性变形一样，它们都是在变形体不破坏的条件下进行的，或在变形体局部区域不破坏的条件下进行的（即连续性不被破坏）。

金属材料在外力的作用下，既能产生弹性变形，又能从弹性变形发展到塑性变形，是一种具有弹塑性的工程材料。

金属塑性变形过程非常复杂，但基本形式主要有滑移、孪动和晶界变形三种。

1)滑移

固体金属都是多晶体。滑移是指当作用在晶体上的剪切应力达到一定数值后,晶体的一部分沿一定的晶面和晶向相对晶体的另一部分产生了相对滑动。这里的晶面和晶向分别称为滑移面和滑移方向。图1.12所示为晶体滑移过程示意图。

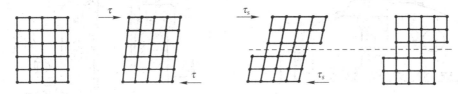

图1.12 晶体的滑移过程

金属的滑移面一般都是晶格中原子排列最密的面,滑移方向则是原子排列最紧密的结晶方向,因为沿着原子排列最紧密的面和方向的滑移阻力是最小的。一个滑移面及其面上的一个滑移方向组成了一个滑移系,在其他条件相同的情况下,金属晶体的滑移系越多越好,因为在滑移时有可能出现的滑移方向就越多,金属的塑性就越好。

2)孪动

孪动是在一定的剪切应力作用下,晶体的一部分相对于另一部分沿着一定的晶面(孪动面)和晶向(孪动方向)发动转动的结果,其过程如图1.13所示。

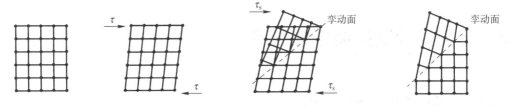

图1.13 晶体的孪动过程

孪动与滑移的主要区别如下:

(1)滑移是平行移动,它的过程是渐进的,而孪动是转动,它的过程是突发的;

(2)孪动时原子相互之间的位置不会产生较大的错动,因此晶体取得较大塑性变形的方式主要是滑移;

(3)孪动后晶体内部将出现空隙,易于造成金属的破坏。

3)晶界变形

滑移和孪动这两种变形方式都是发生在单个晶体内部的,称为晶粒内部变形,简称晶内变形。如今工业上所使用的金属都是多晶体。组成多晶体的各晶粒类似于单晶体,但由于各晶粒的大小、形状和位向都不一样,晶粒之间又有晶界相连,彼此间互相牵制,所以多晶体的变形不如单晶体单纯,塑性不易充分发挥。

多晶体在外力作用下除了每个晶粒会在自身的晶粒内部产生变形以外，晶粒与晶粒之间也会相对移动或转动而产生变形，这种晶粒之间的变形称为晶界变形，所以多晶体的变形从本质上来说是晶粒内变形和晶粒间变形综合作用的结果。

晶界变形将使晶粒间的界面受到破坏，降低晶粒间互相嵌合的作用，易导致金属的破坏。因此，晶界变形所允许的变形量是有限的。凡是能加强晶界结合力、减小晶界变形和有利于晶粒内发生变形的因素，均有利于多晶体进行塑性变形。例如，脆性材料的晶界结合力弱，易产生晶界破坏，所以塑性差；韧性材料由于晶界结合力强，不易产生晶界破坏，所以塑性好。当组成多晶体的晶粒为均匀球状时，晶界对晶粒内变形的制约作用相对减小，因而具有较好的塑性；当变形时所受应力状态为压应力时，可使晶界变形困难，而晶粒内变形易于产生，因而可提高多晶体进行塑性变形的能力。

此外，多晶体塑性变形还受到晶界的影响，因晶界内晶格畸变更加严重，晶界的存在可使多晶体的强度和硬度比单晶体高，所以多晶体内的晶粒越细，晶界区所占比例就越大，金属的强度和硬度也就越高。而且晶粒越细，变形越易分散在许多晶粒内进行，因此变形更均匀，不易造成应力集中而造成金属破坏，这就是一般的细晶粒金属不仅强度和硬度高，而且塑性也好的原因。

1.5.2 金属的塑性与变形抗力

金属的塑性，是指金属在外力的作用下产生永久变形而不破坏其完整性的能力。塑性不仅与物体材料的种类有关，还与变形方式和变形条件有关。例如，在通常情况下，铅具有很好的塑性，但在三向等拉应力的作用下，却会像脆性材料一样破裂，不产生任何塑性变形。又如，极脆的大理石，若给予三向压应力作用，则可能产生较大的塑性变形。这两个例子充分说明：材料的塑性并非某种物质固定不变的性质，而是与材料种类、变形方式及变形条件有关。

金属塑性的好坏，通常用塑性指标来衡量。塑性指标是以材料开始破坏时的变形量来表示的，它可借助于各种试验方法测定。目前应用广泛的是拉伸试验，对应于拉伸试验的塑性指标通常是断后伸长率 δ 和截面收缩率 ψ。除此以外，还有爱力克辛试验、弯曲试验（测定板料胀形和弯曲时的塑性变形能力）和镦粗试验（测定材料锻造时的塑性变形能力）。需要指出的是，各种试验方法都是相对于特定的状况和变形条件的，由此测定的塑性指标仅具有相对的比较意义，它们说明在某种受力状况和变形条件下，这种金属的塑性比另一种金属的塑性高还是低，或者对某种金属来说，在什么样的变形条件下塑性好，而在什么样的变形条件下塑性差。

所谓变形抗力，是指在一定的变形条件（加载状况、变形温度及速度）下，引起物体塑性变形的单位变形力。变形抗力反映了物体在外力作用下抵抗塑性变形的能力。塑性和变形抗力是两个不同的概念。通常说某种材料的塑性好坏是指受力后临近破坏时的变形程度的大小，而变形抗力是从力的角度反映塑性变形的难易程度的，如奥氏体不锈钢允许的塑性变形程度大，说明它的塑性好，但其变形抗力也大，说明它需要较大的外力才能产生塑性变形。

1.5.3 影响金属塑性的主要因素

金属的塑性是可变的。影响金属塑性的因素有很多，除了金属本身的内在因素（晶格类型、化学成分和金相组织等）以外，其外部因素——变形方式（应力与应变状态）、变形条件（变形温度与变形速度）的影响也很大。从冲压工艺的角度出发，材料给定之后，往往着重于外部条件的研究，以便创造条件，充分发挥材料的变形潜力，尽可能地减少冲压工序次数，提高经济效益。

1. 金属的成分和组织结构

组成金属的晶格类型，杂质的性质、数量及分布情况，晶粒大小、形状及晶界强度等不同，金属的塑性就不同。一般来说，组成金属的元素越少（如纯金属和固溶体）、晶粒越细小、组织分布越均匀，则金属的塑性越好。

2. 变形时的应力状态

因为金属的塑性变形主要依靠晶体的滑移作用，而金属变形时的破坏则是由于晶内滑移面上裂纹的扩展及晶界变形时的破坏造成的。压应力有利于封闭裂纹，阻止其继续扩展，有利于增加晶界结合力，抑制晶界变形，减轻晶界破坏的倾向。所以，金属变形时，压应力的成分越多，金属越不易破坏，其可塑性也就越好。与此相反，拉应力则易于扩展材料的裂纹与缺陷，所以拉应力的成分越大，越不利于金属塑性的发挥。

3. 变形温度

变形温度对金属的塑性有重大影响。就大多数金属而言，其总的趋势是：随着温度的升高，塑性增加，变形抗力降低（金属的软化）。温度增高能使金属软化的原因是：随着温度的增加，金属组织发生了回复与再结晶，滑移所需临界切应力降低，使滑移系增加，产生了新的变形方式——热塑性变形（扩散塑性）等。

值得指出的是，加热软化趋势并不是绝对的。有些金属在温升过程中的某些区间，由于过剩相的析出或相变等原因，可能会使金属的塑性降低和变形抗力增加，如碳钢加热到 200～400℃ 之间时，因为时效作用（夹杂物以沉淀的形式在晶界析出），使塑性降低，变形抗力增加，脆性增大，这个温度范围称为蓝脆区。而在 800～950℃ 范围内，又会出现热脆，使塑性降低，原因是铁与硫形成的化合物 FeS 几乎不熔于固体铁中，形成低熔点的共晶体（Fe＋FeS＋FeO），如果处在晶粒边界的共晶体熔化，就会破坏晶粒间的结合。因此，选择变形温度时，碳钢应避开蓝脆区和热脆区。

在冲压工艺中，有时也采用加热冲裁或加热成形的方法来提高材料塑性和降低变形抗力，以增加变形程度和减小冲压力。有些工序（如差温拉深）中还采用局部冷却的方法，以增强变形区的变形抗力，提高坯料危险断面的强度，从而达到延缓破坏、增大变形程度的目的。

4. 变形速度

变形速度是指单位时间内应变的变化量，但在冲压生产中不便控制和计量，故以压力机滑块的移动速度来近似反映金属的变形速度。变形速度对金属塑性的影响比较复杂。一方面，增加变形速度，由于要驱使数目更多的位错同时运动，且要求位错运动的速度增大，容易引起位错塞集，从而导致金属的塑性降低；另一方面，增加变形速度，由于塑性变形功转变为热能的热效应显著，引起金属温度的升高，从而降低变形抗力，提高塑性。对大多数金属来说，塑性随变形速度变化的一般趋势如图 1.14 所示。

目前，常规冲压使用的压力机工作速度较低，对金属塑性变形的影响不大。而考虑速度因素，主要基于冲压件的尺寸和形状：对于小型件的冲压，一般可以不考虑速度因素，只考虑设备的类型、标称压力和功率等；对于大型复杂件，由于冲压成形时坯料各部位的变形程度极不均匀，易造成局部拉裂或起皱，为了便于控制金属的流动情况，宜采用低速成形（如采用液压机或低速压力机冲压）。另外，对于加热成形工序，为了使坯料

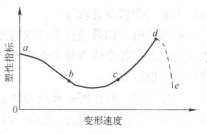

图 1.14 塑性随变形速度的变化趋势

中的危险断面能及时冷却强化，宜用低速；对于变形速度比较敏感的材料（如不锈钢、耐热合金、钛合金等），也宜低速成形，其加载速度一般控制在 0.25m/s 以下。

5. 尺寸因素

同一种材料，在其他条件相同的情况下，尺寸越大，塑性越差。这是因为材料尺寸越大，组织和化学成分越不一致，杂质分布越不均匀，应力分布也不均匀。例如，厚板冲裁，产生剪裂纹时凸模挤入板料的深度与板料厚度的比值（称为相对挤入深度）比薄板冲裁时小。

1.6 金属塑性变形的力学基础

在冲压过程中，材料的塑性变形都是模具对材料施加的外力所引起的内力或应力直接作用的结果。一定的力的作用方式和大小都对应着一定的变形，所以为了研究和分析金属材料的变形性质和变形规律，控制变形的发展，就必须了解材料内各点的应力与应变状态，以及它们之间的相互关系。

1.6.1 点的应力应变状态

1. 点的应力状态

在外力的作用下，引起材料内各质点间相互作用的内力产生一个变化量，该变化量称为内力。单位面积上内力的大小称为应力。材料内某一点的应力大小与分布称为该点的应力状态。

为了分析点的应力状态，通常是通过该点周围截取一个微小的正六面体（称为单元体），一般情况下，该单元体上存在大小和方向都不同的应力，设为 S_x、S_y、S_z（见图 1.15（a）），其中每一个应力又可分解为平行于坐标轴的三个分量，即一个正应力和两个切应力（见图 1.15（b））。由此可见，无论变形体的受力状态如何，为了确定物体内任意点的应力状态，只需知道九个应力分量（三个正应力、六个切应力）即可。又由于所取单元体处于平衡状态，切应力所产生的力在单元体各轴上的力矩必定平衡，因此其中三对切应力应互等，即

$$\tau_{xy} = \tau_{yx}, \tau_{yz} = \tau_{zy}, \tau_{zx} = \tau_{xz}$$

于是，要充分确定变形体内任意点的应力状态，实际上只需知道六个应力分量，即三个正应力和三个切应力就够了。

必须指出，如果坐标系选取的方向不同，虽然该点的应力状态没有改变，但用来表示该点应力状态的各个应力分量就会与原来的数值不同。不过，这些属于不同坐标系的应力分量之间是可以换算的。

可以证明，对任何一种应力状态来说，总存在这样一组坐标系，使得单元体各表面上只有正应力，而没有切应力，如图1.15（c）所示。这时的三个坐标轴称为主轴，三个坐标轴的方向称为主方向，三个正应力称为主应力，三个主应力的作用平面称为主平面。主应力一般按其代数值的大小依次用 σ_1、σ_2、σ_3 表示，即 $\sigma_1 \geq \sigma_2 \geq \sigma_3$。带正号的为拉应力，带负号的为压应力。以主应力表示点的应力状态称为主应力状态，表示主应力个数及其符号的简图称为主应力图。一个应力状态只有一级主应力状态，而主方向可通过对变形过程的分析确定或通过试验确定。用主应力来表示点的应力状态，可以大大简化分析和运算过程。

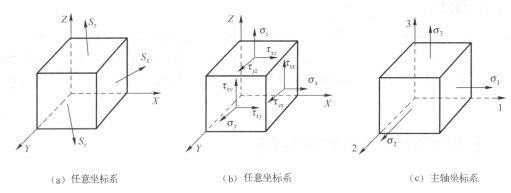

(a) 任意坐标系　　　　(b) 任意坐标系　　　　(c) 主轴坐标系

图1.15　点的应力状态

可能出现的主应力图共有9种，即4种三向应力图（又称立体主应力图），3种双向主应力图（又称平面主应力图）及两种单向主应力图（又称线性主应力图），如图1.16所示。

在一般情况下，点的应力状态为三向应力状态。但在大多数平板材料成形中，其厚度方向的应力往往较其他两个方向的应力小得多，因此可把厚度方向的应力忽略不计，近似看做平面应力状态。平面应力问题的分析计算比三向应力问题简单，这就为分析解决冲压成形问题提供了方便。

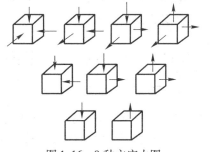

图1.16　9种主应力图

在单元体中，除了主平面上不存在切应力以外，其他方向的截面上都有切应力，而且在与主平面成45°的截面上切应力达到最大值，称为主切应力。主切应力作用平面称为主切应力面。主切应力及其作用平面共有三组，如图1.17所示。

经过分析推导，主切应力平面上的主切应力及正应力值分别为

$$\tau_{12} = \frac{\pm(\sigma_1 - \sigma_2)}{2}, \tau_{23} = \frac{\pm(\sigma_2 - \sigma_3)}{2}, \tau_{31} = \frac{\pm(\sigma_3 - \sigma_1)}{2} \tag{1-9}$$

其中，绝对值最大的主切应力称为该点的最大切应力，用 τ_{max} 表示，若 $\sigma_1 \geqslant \sigma_2 \geqslant \sigma_3$，则

$$\tau_{max} = \frac{\pm(\sigma_1 - \sigma_3)}{2} \tag{1-10}$$

最大切应力与金属的塑性变形有着十分密切的关系。

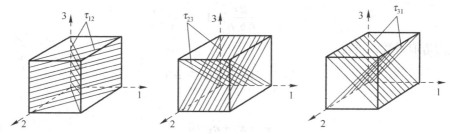

图 1.17 主切应力及主切应力面

2. 点的应变状态

实际上，只要变形体内存在应力必定伴随有应变，点的应变状态也是通过单元体的变形来表示的。与点的应力状态一样，当采用主轴坐标系时，单元体就只有三个主应变分量 ε_1、ε_2 和 ε_3，而没有切应变分量，如图 1.18 所示。一种应变状态只有一组主应变。

应变的大小可以通过物体变形前后尺寸的变化量来表示。如图 1.19 所示，设变形前的尺寸为 l_0、b_0 和 t_0，变形后的尺寸为 l、b 和 t，则三个方向的主应变可分别用相对应变（也称条件应变）和实际应变（也称对数应变）表示如下：

相对应变：

$$\delta_1 = \frac{l - l_0}{l_0} = \frac{\Delta l}{l_0}, \quad \delta_2 = \frac{b - b_0}{b_0} = \frac{\Delta b}{b_0}, \quad \delta_3 = \frac{t - t_0}{t_0} = \frac{\Delta t}{t_0} \tag{1-11}$$

实际应变：

$$\varepsilon_1 = \int_{l_0}^{l} \frac{\mathrm{d}l}{l} = \ln \frac{l}{l_0}, \quad \varepsilon_2 = \int_{b_0}^{b} \frac{\mathrm{d}b}{b} = \ln \frac{b}{b_0}, \quad \varepsilon_3 = \int_{t_0}^{t} \frac{\mathrm{d}t}{t} = \ln \frac{t}{t_0} \tag{1-12}$$

其中，相对应变只考虑了物体变形前后尺寸的变化量，而实际应变考虑了物体的变形是一个逐渐积累的过程，它反映了物体变形的实际情况。δ 或 ε 为正时表示伸长变形，为负时表示压缩变形。

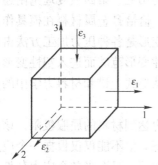
图 1.18 点的应变状态

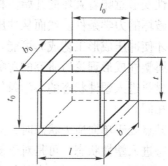
图 1.19 变形前后尺寸的变化

实际应变与相对应变之间的关系为

$$\varepsilon = \ln(1 + \delta)$$

由上式可知，只有当变形程度很小时，δ 才近似等于 ε；变形程度越大，δ 和 ε 的差值也越大。一般把变形程度在 10% 以下的变形情况称为小变形问题，变形程度在 10% 以上称为大变形问题。板料冲压成形一般属于大变形问题。

金属材料在塑性变形时，体积变化很小，可以忽略不计，则有 $l_0 b_0 t_0 = lbt$，即

$$\frac{lbt}{l_0 b_0 t_0} = 1$$

等式两边取对数，可得

$$\ln\frac{l}{l_0} + \ln\frac{b}{b_0} + \ln\frac{t}{t_0} = 0$$

即

$$\varepsilon_1 + \varepsilon_2 + \varepsilon_3 = 0 \tag{1-13}$$

这就是塑性变形时的体积不变定律，它反映了三个主应变之间的数值关系。

根据体积不变定律，可以得出如下结论。

(1) 塑性变形时，物体只有形状和尺寸发生变化，而体积保持不变。

(2) 不论应变状态如何，其中必有一个主应变的符号与其他两个主应变的符号相反，这个主应变的绝对值最大，称为最大主应变。

(3) 当已知两个主应变数值时，便可算出第三个主应变。

(4) 任何一种物体的塑性变形方式只有三种，与此相应的主应变的状态图也只有三种，如图 1.20 所示。

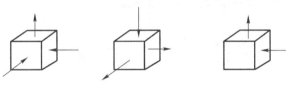

图 1.20　三种主应变图

1.6.2　屈服准则

从材料力学的研究范围来看，总的来说是弹性变形的范畴，不希望材料出现塑性变形，因为材料的塑性变形意味着破坏的开始。材料力学中的第三、第四强度理论阐述的就是引起塑性材料流动破坏的力学条件。然而从冲压工艺来看，恰恰是金属材料在模具作用下产生塑性变形的特点才使冲压成形工艺成为可能。金属塑性变形是各种压力加工方法得以实现的基础。因此，金属塑性成形理论所研究的对象已超出弹性变形范畴而进入塑性变形范畴，屈服条件正是研究材料进入塑性状态的力学条件，因而它从形式上讲和材料力学中的第三、第四强度理论大致相同。

当物体中某点处于单向应力状态时，只要该向应力达到材料的屈服极限，该点就开始屈服，由弹性状态进入塑性状态。可是对于复杂应力状态，就不能仅仅根据一个应力分量来判断一点是否已经屈服，而要同时考虑其他应力分量的作用。只有当各个应力分量之间符合一定的关系时，该点才开始屈服。这种关系称为屈服准则，或称为屈服条件、塑性条件。

屈雷斯加（H Tresca）通过对金属挤压的研究于 1864 年提出：当材料（质点）中的最大剪应力达到某一定值时，材料就开始屈服。通过单向挤压等简单试验可以确定该值就是材

料屈服极限的一半，即 $\sigma_s/2$。设 $\sigma_1 \geqslant \sigma_2 \geqslant \sigma_3$，则按上述观点可以得出屈雷斯加屈服准则的数学表达式为

$$\tau_{max} = \frac{\sigma_1 - \sigma_3}{2} = \frac{\sigma_s}{2}$$

或

$$\sigma_1 - \sigma_3 = \sigma_s \tag{1-14}$$

屈雷斯加屈服准则形式简单，概念明确，较为充分地指出了塑性材料进入塑性的力学条件。在事先知道主应力次序的情况下，使用该准则是十分方便的。然而该准则显然忽略了中间主应力 σ_2 的影响，实际上在一般的三向应力状态下，中间主应力 σ_2 对于材料的屈服也是有影响的。

密席斯（Von Mises）于1913年提出另一屈服准则：当材料（质点）中的等效应力达到某一定值时，材料就开始屈服。同样，通过单向拉、压等简单试验可以确定该定值，其实就是材料的屈服极限 σ_s。于是按此观点可写出密席斯屈服准则的数学表达式如下：

$$\sigma_i = \sqrt{\frac{1}{2}\left[(\sigma_1-\sigma_2)^2 + (\sigma_2-\sigma_3)^2 + (\sigma_3-\sigma_1)^2\right]} = \sigma_s \tag{1-15}$$

或

$$(\sigma_1-\sigma_2)^2 + (\sigma_2-\sigma_3)^2 + (\sigma_3-\sigma_1)^2 = 2\sigma_s^2 \tag{1-16}$$

以后的大量试验表明，对于绝大多数金属材料，密席斯准则比屈雷斯加准则更接近于试验数据。这两个屈服准则实际上相当接近，在有两个主应力相等的应力状态下两者还是一致的。

为了使用上的方便，密席斯准则可以改写成接近于屈雷斯加准则的形式：

$$\sigma_1 - \sigma_2 = \beta\sigma_3 \tag{1-17}$$

式中　β——与中间应力 σ_2 有关的系数，$\beta = 1 \sim 1.155$。

经过计算可求出，当单向拉伸（$\sigma_1 > 0$，$\sigma_2 = \sigma_3 = 0$）、单向压缩（$\sigma_1 = \sigma_2 = 0$，$\sigma_3 < 0$）、双向等拉（$\sigma_1 = \sigma_2 > 0$，$\sigma_3 = 0$）、双向等压（$\sigma_1 = 0$，$\sigma_2 = \sigma_3 < 0$）时，$\beta = 1$，如在软凸模胀形、外缘翻边时。纯剪（$\sigma_1 = -\sigma_3$，$\sigma_2 = 0$）、平面应变 $\left(\sigma_2 = \frac{\sigma_1 + \sigma_3}{2}\right)$ 时，$\beta = 1.155$，如在宽板弯曲时。在应力分量未知情况下，可取平均值 $\beta = 1.1$，如在缩口、拉深时。

练习与思考题

1-1　影响金属塑性和变形抗力的因素有哪些？

1-2　请说明屈服条件的含义，并写出其条件公式。

1-3　什么是材料的力学性能？材料的力学性能主要有哪些？

1-4　什么是加工硬化现象？它对冲压工艺有何影响？

1-5　什么是板厚方向性系数？它对冲压工艺有何影响？

1-6　什么是板平面各向异性指数 Δr？它对冲压工艺有何影响？

1-7　如何判定冲压材料的冲压成形性能的好坏？

项目2 单工序冲孔模设计

项目任务1

通过对动触片（见图2.1）零件的冲孔模具设计，掌握冲裁模具的一般设计方法，学会设计简单的冲孔模。零件形状如图2.1所示，材料为铝，厚度 $t=0.4\mathrm{mm}$，要求冲出中间的异形孔，冲裁模具采用凸凹模配合加工的方法制造。

通过动触片单工序冲孔模具设计，使学生熟悉资料的收集和查询，了解冲裁变形过程，熟悉冲裁工艺设计和冲裁工艺方案的拟定，熟练掌握冲裁模具的结构设计及冲裁模具工作零件的结构设计，掌握冲裁模具的装配与检验。

零件名称：动触片

材料：Al

技术要求：

1. 未注过渡圆角按 $R0.2$ 或倒角 $0.1\times45°$；
2. 未注公差尺寸按 IT13 级制造。

该零件中大的非圆孔，用单工序冲孔模具加工，暂不考虑三个 $\phi1.5$ 的小孔，试设计该单工序冲孔模具。

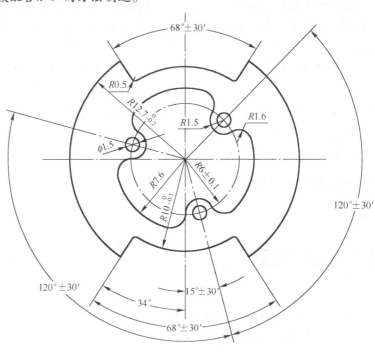

图2.1 动触片

项目2 单工序冲孔模设计

2.1 冲裁工艺性分析

2.1.1 冲裁过程分析

冲裁是利用模具使材料产生分离的一种冲压工序,包括落料、冲孔、切口、剖切和修边等。用它可以制作零件,或为弯曲、拉伸、成形等工序准备毛坯。从板料冲下所需形状的零件(或毛坯)叫落料,在工件上冲出所需形状的孔(冲去的为废料)叫冲孔。

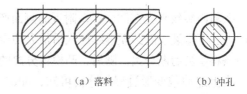

图2.2 垫圈的落料与冲孔

图2.2所示的垫圈即由落料和冲孔两道工序完成。

冲裁是冲压工艺中最基本的工序之一,它既可以冲出成品零件,又可以为弯曲成形等其他工序制备毛坯,因此在冲压加工中应用非常广泛。

图2.3所示为简单冲裁模。模具的工作零件是凸模和凹模,且凹模洞口的直径比凸模直径略大,组成具有一定间隙的上、下刃口。冲裁时,先将条料置于凹模上面并定位,当滑块带动上模部分下行时,凸模便快速冲穿条料进入凹模,使条料分离而完成冲裁。卡在凹模洞口中的这部分材料即为我们所需要的工件,按照前面的定义,此工序为落料。如果凸模、凹模的间隙合理,冲裁变形过程大致可以分为如下三个阶段(图2.4)。

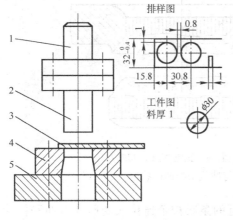

1—模柄;2—凸模;3—条料;4—凹模;5—下模座

图2.3 简单冲裁模

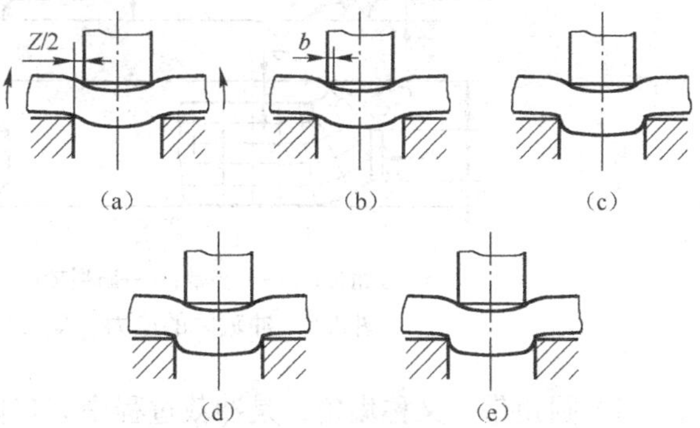

图2.4 冲裁变形过程

1. 弹性变形阶段(见图2.4(a))

在凸模压力下,条料产生弹性压缩、拉伸和弯曲变形,凹模上的条料则向上翘曲,材料越硬,间隙越大,弯曲和上翘越严重。同时,凸模稍许挤入条料上部,条料的下部则略挤入凹模洞口内,但条料内的应力未超过材料的弹性极限,所以压力去掉之后,条料立即恢复原状。

2. 塑性变形阶段(见图2.4(b))

因条料发生弯曲,凸模沿宽度为 b 的环形带继续加压,当条料内的应力达到材料的屈服

29

极限时，便开始进入塑性变形阶段。凸模挤入条料上部，同时条料下部挤入凹模洞口内，形成光亮的塑性剪切面。随着凸模继续下行，塑性变形程度增大，变形区的材料硬化加剧，冲裁变形抗力不断增大，直到刃口附近侧面的条料由于拉应力的作用出现微裂纹时，塑性变形阶段便告结束，此时冲裁变形抗力达到最大值。由于凸模、凹模间存在间隙，故在这个阶段条料还伴随着弯曲和拉伸变形。间隙越大，弯曲和拉伸变形越大。

3. 断裂分离阶段（见图2.4（c）、（d）、（e））

条料内裂纹首先在凹模刃口附近的侧面产生，紧接着才在凸模刃口附近的侧面产生。已形成的上、下微裂纹随凸模继续压入沿最大切应力方向不断向条料内部扩展，当上、下裂纹相遇时，条料便被剪断分离。随后，凸模将分离的条料推入凹模洞口内，冲裁过程便告结束。

由上述冲裁变形过程的分析可知，冲裁过程的变形是很复杂的，冲裁变形区为凸、凹模刃口连线的周围材料部分，其变形性质以塑性剪切变形为主，还伴随有拉伸、弯曲与横向挤压等变形，所以冲裁件及废料的平面常有翘曲现象。

2.1.2 冲裁断面质量分析

1. 断面特征

冲裁变形区的应力、变形情况与冲裁件切断面的状况如图2.5所示。从图中可以看出，冲裁件的切断面具有明显的区域性特征，它由圆角带、光亮带、断裂带和毛刺四个部分组成。

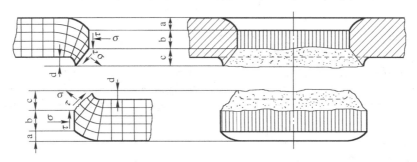

a—圆角带；b—光亮带；c—断裂带；d—毛刺；σ—正应力；τ—切应力

图2.5　冲裁区的应力、变形情况与冲裁切断面的状况

（1）圆角带，又称塌角，是冲裁过程中刃口附近的条料被牵连拉入变形（弯曲和拉伸）的结果。

（2）光亮带是指紧挨塌角并与条料平面垂直的光亮部分，它是在塑性变形过程中凸模（或凹模）挤压切入条料，使其受到剪切应力τ和挤压应力σ的作用而形成的。

（3）断裂带。它是表面粗糙且带有锥度的部分，是由于刃口处的微裂纹在拉应力σ的作用下不断扩展断裂而形成的。

（4）毛刺。冲裁毛刺是在刃口附近的侧面上条料出现微裂纹时形成的，当凸模继续下行时，便使已经形成的毛刺拉长并残留在冲裁件上，这也是普通冲裁中毛刺的不可避免性。不过，当间隙合适时，毛刺的高度很小，易于去除。

由此可见，冲裁件的断面并不整齐，仅较短一段光亮带是柱体。若不计弹性变形的影响，冲孔件的光亮柱体部分尺寸近似等于凸模尺寸；而落料件则近似等于凹模尺寸。

2. 影响断面质量的因素

冲裁断面上的塌角、光亮带、断裂带和毛刺4个部分在整个断面上各占的比例不是一成不变的，其中光亮带所占比例的多少决定冲裁件断面质量的高低。因而，要提高冲裁件的断面质量，就要增大光亮带的宽度，缩小塌角和毛刺高度，并减小冲裁件翘曲。塑性差的材料，断裂倾向严重，断裂带增宽，而光亮带、塌角所占的比例较小，毛刺也较小。反之，塑性较好的材料，光亮带所占的比例较大，塌角和毛刺也较大，而断裂带则小一些。对同一种材料来说，这4个部分的比例又会随材料的厚度、冲裁间隙、刃口锐钝情况、模具结构和冲裁速度等各种冲裁条件的不同而变化。

3. 提高断面质量的措施

由上述分析可知，要提高冲裁件的断面质量，就要增大光面的宽度，缩小塌角和毛刺高度，并减小冲裁件翘曲。增大光面宽度的关键在于增加塑性变形，推迟剪裂纹的发生，因而就要尽量减小条料内的拉应力成分，增强压应力成分和减小弯曲力矩。其主要措施如下。

（1）减小冲裁间隙；
（2）用压料板压紧凹模面上的条料；
（3）对凸模下面的条料用顶板施加反向压力；
（4）合理选择搭边，注意润滑等。

减小塌角、毛刺和翘曲的主要方法如下。
（1）尽可能采用合理间隙的下限值；
（2）保持模具刃口的锋利；
（3）合理选择搭边值；
（4）采用压料板和顶板等措施。

2.1.3 冲裁件的工艺性

冲裁件的工艺性是指冲裁件的结构、形状和尺寸等对冲裁工艺的适应性。在编制冲压工艺规程和设计模具之前，应对冲裁件的形状、尺寸和精度等方面进行分析，从工艺角度分析零件设计得是否合理，是否符合冲裁的工艺要求。

冲裁件的工艺性主要包括以下几个方面。

1. 冲裁件的结构工艺性

（1）冲裁件的形状应力求简单、对称，有利于材料的合理利用。
（2）冲裁件内形及外形的转角处要尽量避免尖角，应以圆弧过渡，如图2.6所示，以便于模具加工，减少热处理开裂，减少冲裁时尖角处的崩刃和过快磨损。圆角半径R的最小值，参照表2.1选取。

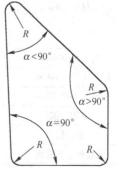

图2.6 冲裁件的圆角图

表2.1 冲裁最小圆角半径 R　　　　　　　　（mm）

零件种类		黄铜、铝	合金钢	软钢	备注
落料	交角≥90°	0.18t	0.35t	0.25t	>0.25
	<90°	0.35t	0.70t	0.5t	>0.5
冲孔	交角≥90°	0.2t	0.45t	0.3t	>0.3
	<90°	0.4t	0.9t	0.6t	>0.6

（3）尽量避免冲裁件上过长的凸出悬臂和凹槽，悬臂和凹槽宽度也不宜过小，其许可值如图2.7（a）所示。

（4）为避免工件变形和保证模具强度，孔边距和孔间距不能过小。其最小许可值如图2.7（a）所示。

（5）在弯曲件或拉深件上冲孔时，孔边与直壁之间应保持一定的距离，以免冲孔时凸模受水平推力而折断，如图2.7（b）所示。

（6）冲孔时，因受凸模强度的限制，孔的尺寸不应太小，否则凸模易折断或压弯。用无导向和有导向的凸模所能冲制的最小尺寸分别见表2.2和表2.3。

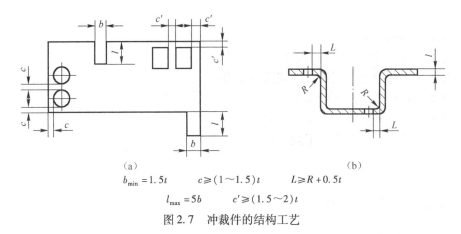

(a)　　　　　　　　　　　　　(b)

$b_{min} = 1.5t$　　$c \geq (1 \sim 1.5)t$　　$L \geq R + 0.5t$

$l_{max} = 5b$　　$c' \geq (1.5 \sim 2)t$

图2.7 冲裁件的结构工艺

表2.2 无导向凸模冲孔的最小尺寸

材料				
钢 $\tau_b > 700$MPa	$d \geq 1.5t$	$b \geq 1.35t$	$b \geq 1.2t$	$b \geq 1.1t$
钢 $\tau_b = 400 \sim 700$MPa	$d \geq 1.3t$	$b \geq 1.2t$	$b \geq 1.0t$	$b \geq 0.9t$
钢 $\tau_b < 400$MPa	$d \geq 1.0t$	$b \geq 0.9t$	$b \geq 0.8t$	$b \geq 0.7t$
黄铜、铜	$d \geq 0.9t$	$b \geq 0.8t$	$b \geq 0.7t$	$b \geq 0.6t$
铝、锌	$d \geq 0.8t$	$b \geq 0.7t$	$b \geq 0.6t$	$b \geq 0.5t$
纸胶板、布胶板	$d \geq 0.7t$	$b \geq 0.6t$	$b \geq 0.5t$	$b \geq 0.4t$
纸	$d \geq 0.6t$	$b \geq 0.5t$	$b \geq 0.4t$	$b \geq 0.3t$

注：t 为板料厚度，τ 为抗剪强度。

项目 2　单工序冲孔模设计

表 2.3　有导向凸模冲孔的最小尺寸

材　料	圆形（直径 d）	矩形（孔宽 b）
硬钢	0.5t	0.4t
软钢及黄铜	0.35t	0.3t
铝、锌	0.3t	0.28t

注：t 为板料厚度。

2. 冲裁件的尺寸精度和表面粗糙度

（1）冲裁件的经济公差等级不高于 IT11 级，一般要求落料件公差等级最好低于 IT10 级，冲孔件最好低于 IT9 级。冲裁所得到的工件公差列于表 2.4 和表 2.5 中。如果工件要求的公差值小于表值，冲裁后需经整修或采用精密冲裁。

表 2.4　冲裁件外形与内孔尺寸公差 Δ　　　　　　（mm）

料厚 t	工件尺寸							
	一般精度的工件				较高精度的工件			
	<10	10～50	50～150	150～300	<10	10～50	50～150	150～300
0.2～0.5	$\dfrac{0.08}{0.05}$	$\dfrac{0.10}{0.08}$	$\dfrac{0.14}{0.12}$	0.20	$\dfrac{0.025}{0.02}$	$\dfrac{0.03}{0.04}$	$\dfrac{0.05}{0.08}$	0.08
0.5～1	$\dfrac{0.12}{0.05}$	$\dfrac{0.16}{0.08}$	$\dfrac{0.22}{0.12}$	0.30	$\dfrac{0.03}{0.02}$	$\dfrac{0.04}{0.04}$	$\dfrac{0.06}{0.08}$	0.10
1～2	$\dfrac{0.18}{0.06}$	$\dfrac{0.22}{0.08}$	$\dfrac{0.30}{0.16}$	0.50	$\dfrac{0.03}{0.04}$	$\dfrac{0.06}{0.06}$	$\dfrac{0.10}{0.10}$	0.12
2～4	$\dfrac{0.24}{0.08}$	$\dfrac{0.28}{0.12}$	$\dfrac{0.40}{0.20}$	0.70	$\dfrac{0.06}{0.04}$	$\dfrac{0.08}{0.08}$	$\dfrac{0.10}{0.12}$	0.15
4～6	$\dfrac{0.30}{0.10}$	$\dfrac{0.31}{0.15}$	$\dfrac{0.50}{0.25}$	1.0	$\dfrac{0.08}{0.05}$	$\dfrac{0.12}{0.10}$	$\dfrac{0.15}{0.15}$	0.20

注：1. 分子为外形公差，分母为内孔公差。
　　2. 一般精度的工件采用 IT8～IT7 级精度的普通冲裁模；较高精度的工件采用 IT7～IT6 级精度的高级冲裁模。

表 2.5　冲裁件孔中心距公差　　　　　　（mm）

料厚 t	普通冲裁			高级冲裁		
	孔距尺寸			孔距尺寸		
	<50	50～150	150～300	<50	50～150	150～300
<1	±0.10	±0.15	±0.20	±0.03	±0.05	±0.08
1～2	±0.12	±0.20	±0.30	±0.04	±0.06	±0.10
2～4	±0.15	±0.25	±0.35	±0.06	±0.08	±0.12
4～6	±0.20	±0.30	±0.40	±0.08	±0.10	±0.15

注：适用于本表数值所指的孔应同时冲出。

（2）冲裁件的断面粗糙度与材料塑性、材料厚度、冲裁模间隙、刃口锐钝情况，以及冲模结构等有关。当冲裁厚度为 2mm 以下的金属板料时，其断面粗糙度 R_a 一般可达 12.5～3.2μm。

项目实施 1-1　动触片冲裁工艺性分析

设计模具时，首先应根据生产批量、零件图纸及零件的技术要求进行工艺性分析，判断该冲裁件进行冲裁加工的难易程度，对不适合冲裁或难以保证加工要求的部位，提出改进方案，与设计者协商。

本道工序只要求冲零件内部的异形孔，该孔由不同尺寸圆弧组成，不存在难加工部位，异形孔尺寸未注公差，按 IT14 级选取，普通冲裁方式就可达到图样要求。其他尺寸标注、生产批量等情况，也符合冲裁工艺的要求。

2.2 必要的冲裁工艺计算

2.2.1 冲压力的计算

冲压力是冲裁力、卸料力、推件力和顶件力的总称。

1. 冲裁力

在冲裁过程中，冲裁力是随凸模进入材料的深度（凸模行程）而不断变化的，通常所说的冲裁力是指冲裁过程中凸模对板料施加的最大压力，它是选用压力机和设计模具的重要依据之一。

用普通平刃口模具冲裁时，其冲裁力 F 一般按下式计算：

$$F = KLt\tau_b \tag{2-1}$$

式中，F 为冲裁力（N）；L 为冲裁周边长度（mm）；t 为材料厚度（mm）；τ_b 为材料抗剪强度（MPa）；K 为系数。

系数 K 是考虑到实际生产中，模具间隙值的波动和不均匀、刃口的磨损、板料的力学性能，以及厚度波动等因素的影响而给出的修正系数。一般取 $K = 1.3$。

为计算简便，也可按下式估算冲裁力：

$$F \approx Lt\sigma_b \tag{2-2}$$

式中，σ_b 为材料的抗拉强度（MPa）。

2. 卸料力、推件力及顶件力的计算

在冲裁结束时，从板料上冲裁下来的冲件（或废料）由于径向发生弹性变形而扩张，会塞在凹模洞口内或者条料上的孔则沿径向发生弹性收缩而紧箍在凸模上。为了使冲裁工作继续进行，必须将工件或废料从模具内卸下或推出。

卸料力是将条料或制件从凸模上卸下所需要的力；推件力是将梗塞在凹模内的料顺冲裁方向推出所需要的力；逆冲裁方向将料从凹模内顶出所需要的力称为顶件力（见图 2.8）。

卸料力、推件力和顶件力是由压力机和模具的卸料、推件和顶件装置传递的，所以在选择压力机公称压力和设计以上机构时，都需要对这三种力进行计算。影响这些力的因素较多，主要有材料的力学性能和料厚，冲件形状和尺寸大小，凸、凹模间隙大小，凹模洞口的结构，排样搭边值大小及润滑情况等。生产中常用下列经验公式计算：

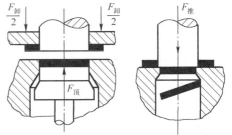

图 2.8 卸料力、推件力和顶件力

卸料力 $\qquad F_{卸} = K_{卸} F \qquad$ (2-3)
推件力 $\qquad F_{推} = nK_{推} F \qquad$ (2-4)
顶件力 $\qquad F_{顶} = K_{顶} F \qquad$ (2-5)

式中，F 为冲裁力（N）；$K_{卸}$、$K_{推}$、$K_{顶}$ 分别为卸料力系数、推件力系数和顶件力系数，其值见表2.6；n 为塞在凹模孔口内的冲件数。有反推装置时，$n=1$；锥形孔口，$n=0$；直刃口，下出件凹模，$n=h/t$。其中，h 是直刃口部分的高度（mm），t 是材料厚度（mm）。

表2.6　卸料力、推件力及顶件力的系数

	料厚 t/mm	$K_{卸}$	$K_{推}$	$K_{顶}$
钢	≤0.1	0.065~0.075	0.1	0.14
	>0.1~0.5	0.045~0.055	0.063	0.08
	>0.5~2.5	0.04~0.05	0.055	0.06
	>2.5~6.5	0.03~0.04	0.045	0.05
	>6.5	0.02~0.03	0.025	0.03
铝、铝合金		0.025~0.08	0.03~0.07	
纯铜、黄铜		0.02~0.06	0.03~0.09	

注：卸料力系数 $K_{卸}$ 在冲多孔、大搭边和轮廓复杂制件时取上限值。

3. 压力机公称压力的确定

冲裁时，压力机的公称压力必须大于或等于总的冲压力（$F_{总}$），$F_{总}$ 为冲裁力和与冲裁力同时发生的卸料力、推件力或顶件力的总和。根据不同的模具结构，冲压力计算应区别对待。

当模具结构采用弹性卸料装置和下出件方式时：

$$F_{总} = F + F_{卸} + F_{推} \qquad (2-6)$$

当模具结构采用弹性卸料装置和上出件方式时：

$$F_{总} = F + F_{卸} + F_{顶} \qquad (2-7)$$

当模具结构采用刚性卸料装置和下出件方式时：

$$F_{总} = F + F_{推} \qquad (2-8)$$

【实例2-1】 计算冲裁图2.9所示零件所需的冲压力。材料为Q235钢，料厚 $t=2$mm，采用弹性卸料装置和下出料方式，凹模刃口直边壁高度 $h=6$mm。

解：冲裁力：由表查出 $\tau_b = 304 \sim 373$MPa，取 $\tau_b = 345$MPa。

$$L = (220-70) \times 2 + \pi \times 70 + 140 + 40 \times 2 = 740 \text{mm}$$

$$F = KLt\tau_b = 1.3 \times 740 \times 2 \times 345 = 663\,780 \text{N}$$

卸料力：由表2.6查出，$K_{卸} = 0.04$

$$F_{卸} = K_{卸} F = 0.04 \times 663\,780 = 26\,551.2 \text{N}$$

推件力：由表2.6查出 $K_{推} = 0.055$

$$n = h/t = 6/2 = 3$$

$$F_{推} = nK_{推} F = 3 \times 0.055 \times 663\,780 = 36\,507.9 \text{N}$$

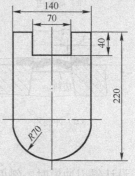

图2.9　冲裁件图

总冲压力：

$$F_{总} = F + F_{卸} + F_{推} = (663\,780 + 26\,551.2 + 36\,507.9) = 726\,839 \text{N} = 7.27 \times 10^5 \text{N}$$

4. 降低冲裁力的方法

在冲裁高强度材料，或者材料厚度大而周边很长的工件时，需要很大的冲裁力。当现场冲压设备的吨位不能满足时，为了不影响生产，充分利用现有冲压设备，研究如何降低冲裁力是一个很重要的现实问题。

分析冲裁力的计算公式可知，当材料的厚度 t 一定时，冲裁力的大小主要与零件的周边长度和材料的强度成正比。因此，降低冲裁力主要从这两个因素着手。采用一定的工艺措施和改变冲模的结构，完全可以达到降低冲裁力的目的。同时，还可以减小冲击、振动和噪声，对改善冲压环境也有积极作用。

目前常用的降低冲裁力的方法有以下几种。

1) 斜刃冲裁法

用平刃口模具冲裁时，沿刃口整个周边同时冲切材料，故冲裁力较大。将凸模刃口改制成具有一定倾斜角的斜刃，则冲裁时整个刃口不是与冲裁件周边同时切入的，而是逐步将材料切离的，这样就如同把冲裁件整个周边分成若干小段进行剪切一样，因而能显著降低冲裁力。

斜刃的形式有多种，如图 2.10 所示。斜刃配置的原则是：必须保证工件平整，只允许废料发生弯曲变形。因此，落料时，凸模应为平刃，将凹模做成斜刃，如图 2.10（a）和（b）所示。冲孔时，凹模应为平刃，凸模为斜刃，如图 2.10（c）、（d）和（e）所示。斜刃还应对称布置，以免冲裁时模具承受单向侧压力而发生偏移，啃伤刃口，如图 2.10（a）～（e）所示。向一边斜的斜刃，只能用于切舌或切开，如图 2.10（f）所示。

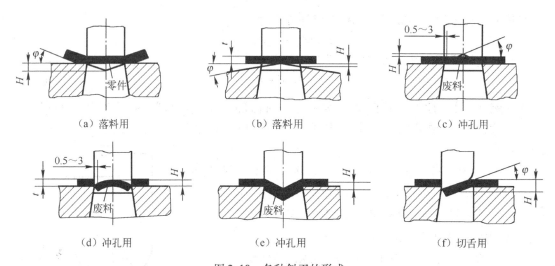

图 2.10 各种斜刃的形式

设计斜刃冲模时，斜刃的倾斜角 φ 越大越省力，但 φ 角过大，由于刃口上单位压力增加会使刃口磨损加剧，降低使用寿命。φ 角也不宜过小，过小的 φ 角起不到减力的作用。斜刃高度 H 值也不宜过大或过小，H 值过大会使凸模进凹模太深，加剧刃口磨损；H 值过小，如 $H<t$，则省力极微，近似平刃口冲裁。斜角 φ 的斜刃高度值的大小与冲裁厚度有关，其数值见表 2.7。

表2.7 斜刃口的设计参数 （mm）

材料厚度 t	斜刃高度 H	倾斜角 φ	斜刃冲裁力为平刃口冲裁力的百分数
<3	$2t$	<5°	30%~40%
3~10	t~$2t$	5°~8°	60%~65%

斜刃口冲裁力可按简化公式计算：

$$F_{斜} = K_{斜} L t \tau_b \qquad (2-9)$$

式中，$F_{斜}$为斜刃冲裁力（N）；L为冲裁件周边长度（mm）；τ_b为材料抗剪强度（MPa）；t为材料厚度（mm）；$K_{斜}$为降力系数。

$K_{斜}$值的大小与斜刃高度H（刃口最高点至最低点之间的距离）有关，其值为：

当$H = t$时，$K_{斜} = 0.4 \sim 0.6$

当$H = 2t$时，$K_{斜} = 0.2 \sim 0.4$

应当指出，斜刃冲模虽能降低冲裁力，但由于凸模进入凹模较深，因此，斜刃冲模较平直刃冲模省力却不省功。

斜刃冲模主要缺点是刃口制造和刃磨较复杂，只适用于冲件形状简单、精度要求不高，以及料不太厚的大件冲裁。

2）阶梯凸模冲裁法

在多凸模的冲模中，将凸模做成不同高度，使工作端面呈阶梯式布置（图2.11），冲裁时使各冲模冲裁力的最大值不同时出现，从而达到降低冲裁力的目的。

阶梯凸模冲裁不仅能降低冲裁力，在直径相差悬殊、距离很近的多孔冲裁中，还能避免小直径凸模由于受材料流动挤压的作用，而产生倾斜或折断现象。为此，一般将小直径凸模做短些。

设计时，各层凸模的布置要尽量对称，使模具受力平衡，如图2.11所示。阶梯凸模高度差H与板料厚度有如下关系：

当$t < 3$时，$H = t$

当$t > 3$时，$H = 0.5t$

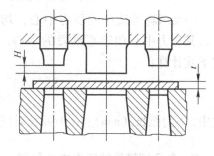

图2.11 凸模的阶梯布置法

阶梯凸模冲裁力的计算是将每一级等高凸模分别计算之后，选择其中最大冲裁力的那一层阶梯进行计算的，以选择压力机为例，其公式如下：

$$F_{阶} = 1.3 F_{\max} \qquad (2-10)$$

式中，$F_{阶}$为阶梯凸模冲裁力（N）；$F_{\max}$为阶梯凸模中同一高度凸模冲裁力之和的最大值（N）。

3）加热冲裁法（红冲）

金属材料在常温时其强度极限是一定的，但是，当金属材料加热到一定温度之后，其强度极限会大大降低。因而加热冲裁可以降低冲裁力，见表2.8。

从表2.8中可以看出，当钢材加热至900℃时，其抗剪强度最低，冲裁最为有利，所以一般加热冲裁是把钢板加热到800~900℃；钢板在200~300℃范围内时，正处于蓝脆阶段，此时材料强度较高，极易碎裂，不宜冲裁。

表2.8 钢在加热状态下的抗剪强度τ_b　　　　　　　　　　　　　　　（MPa）

钢号 \ 加热温度(℃)	200	500	600	700	800	900
Q195、Q215、10、15	360	320	200	110	60	30
Q235、Q255、20、25	450	450	240	130	90	60
Q275、30、35	530	520	330	160	90	70
40、45、50	600	580	380	190	90	70

采用加热冲裁零件，断面塌角较大，一般可达板厚的1/3～1/2，精度低，材料表面易产生氧化皮，而且工艺强度大，同时热冲模要采用耐热钢，所以加热冲裁法目前应用不多。

2.2.2 压力中心的计算

模具的压力中心是指冲压力合力的作用点。为保证压力机和模具的正常工作，应使模具的压力中心与压力机滑块的中心线相重合。否则，冲压时滑块就会承受偏心载荷，导致滑块导轨和模具导向部分不正常磨损，还会使合理间隙得不到保证，从而影响制件质量和降低模具寿命，甚至损坏模具。在实际生产中，可能会出现由于冲裁件的形状特殊或排样特殊，从模具结构设计与制造考虑不宜使压力中心与模柄中心线相重合的情况，这时应注意使压力中心的偏离不至超出所选用压力机允许的范围。

1. 简单几何图形压力中心的位置

一切对称冲裁件的压力中心，均位于冲裁件轮廓图形的几何中心上。当冲裁直线段时，其压力中心位于直线段的中心。当冲裁圆弧线段时，其压力中心位置（见图2.12）按下式计算：

$$y = \frac{180R\sin\alpha}{\pi\alpha} = \frac{Rs}{b} \tag{2-11}$$

式中，b为弧长（mm）；α为弧长对应角度的一半（rad）；其他符号意义如图2.12所示。

2. 多凸模模具的压力中心位置

确定多凸模模具的压力中心，是将各凸模的压力中心确定之后，再计算模具的压力中心（图2.13）。计算其压力中心的步骤如下：

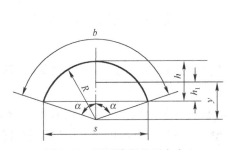

图2.12 圆弧线段的压力中心

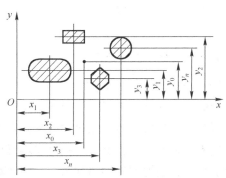

图2.13 多凸模的压力中心

(1) 按比例画出每一个凸模刃口轮廓的位置。

(2) 在任意位置画出坐标轴 x, y。坐标轴位置选择适当可使计算简化。在选择坐标轴位置时，应尽量把坐标原点取在某一刃口轮廓的压力中心，或使坐标轴线尽量多地通过凸模刃口轮廓的压力中心，坐标原点最好是几个凸模刃口轮廓压力中心的对称中心。

(3) 分别计算每一个凸模刃口轮廓的压力中心及坐标位置 x_1, x_2, x_3, …, x_n 和 y_1, y_2, y_3, …, y_n。

(4) 分别计算凸模刃口轮廓的冲裁力 F_1, F_2, F_3, …, F_n 或每一个凸模刃口轮廓的周长 L_1, L_2, L_3, …, L_n。

(5) 对于平行力系，冲裁力的合力等于各分力的代数和，即 $F = F_1 + F_2 + F_3 + \cdots + F_n$。

(6) 根据力学定理，合力对某轴的力矩等于各分力对同轴力矩的代数和，可得压力中心坐标 (x_0, y_0) 计算公式。

$$F_1 x_1 + F_2 x_2 + \cdots + F_n x_n = (F_1 + F_2 + \cdots + F_n) x_0$$

$$F_1 y_1 + F_2 y_2 + \cdots + F_n y_n = (F_1 + F_2 + \cdots + F_n) y_0$$

$$x_0 = \frac{F_1 x_1 + F_2 x_2 + \cdots + F_n x_n}{F_1 + F_2 + \cdots + F_n} = \frac{\sum_{i=1}^{n} F_i x_i}{\sum_{i=1}^{n} F_i} \tag{2-12}$$

$$y_0 = \frac{F_1 y_1 + F_2 y_2 + \cdots + F_n y_n}{F_1 + F_2 + \cdots + F_n} = \frac{\sum_{i=1}^{n} F_i y_i}{\sum_{i=1}^{n} F_i} \tag{2-13}$$

由于冲裁力与周长成正比，所以式中各冲裁力 F_1, F_2, F_3, …, F_n 或分别用冲裁周长 L_1, L_2, L_3, …, L_n 来代替。

$$x_0 = \frac{L_1 x_1 + L_2 x_2 + \cdots + L_n x_n}{L_1 + L_2 + \cdots + L_n} = \frac{\sum_{i=1}^{n} L_i x_i}{\sum_{i=1}^{n} L_i} \tag{2-14}$$

$$y_0 = \frac{L_1 y_1 + L_2 y_2 + \cdots + L_n y_n}{L_1 + L_2 + \cdots + L_n} = \frac{\sum_{i=1}^{n} L_i y_i}{\sum_{i=1}^{n} L_i} \tag{2-15}$$

3. 复杂形状零件模具压力中心的确定

复杂形状零件模具压力中心的计算原理与多凸模冲裁压力中心的计算原理相同（见图 2.14）。其步骤如下：

(1) 选定坐标轴 x 和 y，将刃口轮廓线按基本要素划分为若干简单的线段（圆弧或直线段），如图中 l_1, l_2, …, l_6，并计算出各基本要素的长度。

(2) 确定出各线段的重心位置 (x_i, y_i)。

(3) 将求得数据代入式 (2-14) 和式 (2-15) 中，计算出刃口轮廓的压力中心 (x_0, y_0)。

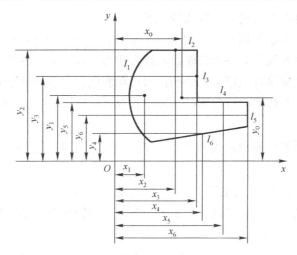

图 2.14 复杂形状凸模压力中心

2.2.3 冲裁模间隙

凸、凹模之间的间隙值对冲裁质量、冲裁力和模具寿命均有很大影响,是冲裁工艺与模具设计中的一个极其重要的工艺参数。

冲裁间隙 Z 是指凸、凹模工作部分尺寸之差,如图 2.15 所示,Z 表示双面间隙,单面间隙用 $Z/2$ 表示,如无特殊说明,冲裁间隙就是指双面间隙。Z 值可为正,也可为负,但在普通冲裁中,均为正值。

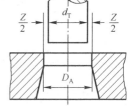

图 2.15 冲裁模间隙图

1. 冲裁间隙的重要性

冲裁间隙对冲裁过程的影响表现在以下几个方面。

1) 对冲裁件质量的影响

在影响冲裁件质量的诸多因素中,间隙是主要的因素之一。冲裁件的质量主要通过切断面质量、尺寸精度和表面平直度来判断。

2) 间隙对断面质量的影响

当间隙过小时,变形区内弯矩小,压应力成分高,由凹模刃口附近所产生的裂纹进入凸模下面的压应力区而停止发展;由凸模刃口附近所产生的裂纹进入凹模上表面的压应力区也停止发展。上、下裂纹不重合。在两条裂纹之间的材料将被第二次剪切。当上裂纹压入凹模时,受到凹模壁的挤压,产生第二光面,同时部分材料被挤出,在表面形成薄而高的毛刺,如图 2.16(a)所示。

当凸、凹模间隙合适时,凸、凹模刃口附近所产生的裂纹在冲裁过程中能会合,此时尽管断面与材料表面不垂直,但还是比较平直和光滑的,毛刺较小,制件的断面质量较好,如图 2.16(b)所示。

当间隙过大时,因为弯矩大,拉应力成分高,塑性变形阶段提前结束,且凸、凹模附近所产生的裂纹也不重合,而是向内错开了一段距离,于是毛面变宽,光面变窄,塌角与斜度增大,形成厚而大的毛刺,如图2.16(c)所示。

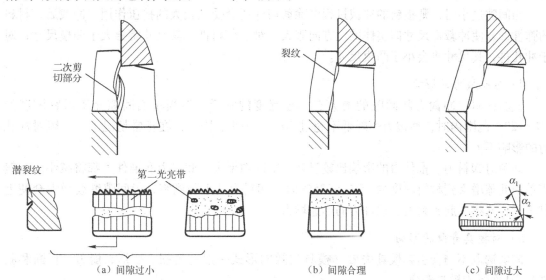

图2.16 间隙对剪切裂纹和断面质量的影响

由于模具制造或装配的误差,造成模具间隙不均匀,可能在凸、凹模之间存在着间隙合适、间隙过大和间隙过小几种情况,因此有可能在冲裁件的整个冲裁轮廓上分布着各种情况的断面。普通冲裁毛刺的允许高度见表2.9。

表2.9 普通冲裁毛刺的允许高度　　　　　　　　　　　　　　　　　(mm)

料厚 t	≈0.3	>0.3～0.5	>0.5～1.0	>1.0～1.5	>1.5～2.0
生产时	≤0.05	≤0.08	≤0.10	≤0.13	≤0.15
试模时	≤0.015	≤0.02	≤0.03	≤0.04	≤0.05

3) 间隙对尺寸精度的影响

冲裁件的尺寸精度是指冲裁件光面的实际尺寸与基本尺寸的差值。差值越小,精度越高。

冲裁断面存在区域性特征,在冲裁件尺寸的测量和使用中,都是以光面的尺寸为基准的。从整个冲裁过程来看,影响冲裁件尺寸精度的因素有以下两大方面。

(1) 冲模本身的制造精度;

(2) 冲裁结束后冲裁件相对于凸模或凹模尺寸的偏差。

冲裁件产生偏离凸、凹模尺寸偏差的原因是由于冲裁时材料所受的挤压变形、纤维伸长和翘曲变形都要在冲裁结束后产生弹性回复,当冲裁件从凹模内推出(落料)或从凸模上卸下(冲孔)时,相对于凸、凹模尺寸就会产生偏差。影响这个偏差值的因素有间隙值、材料性质,以及工件形状与尺寸等,其中间隙值起主导作用。

当冲裁间隙适当时,在冲裁过程中,板料的变形区在剪切作用下被分离,使落料件的尺寸等于凹模尺寸,冲孔件的尺寸等于凸模尺寸。

当间隙过大时,板料在冲裁过程中除受剪切外还产生较大的拉伸与弯曲变形,冲裁后因材料弹性回复,将使冲裁件尺寸向实际方向收缩。对于落料件,其尺寸将会小于凹模尺寸,对于冲孔件，其尺寸将会大于凸模尺寸。

当间隙过小时，则板料的冲裁过程中除剪切外还会受到较大的挤压作用。冲裁后，材料的弹性回复使冲裁件尺寸向实体的反方向胀大。对于落料件，其尺寸将会大于凹模尺寸；对于冲孔件，其尺寸将会小于凸模尺寸。

4）对冲裁力的影响

试验证明，冲裁力随间隙的增大有一定程度的降低，但当单面间隙介于材料厚度的5%～20%范围内时，冲裁力的降低不超过5%～10%。因此，在正常情况下，间隙对冲裁力的影响不大。

间隙对卸料力、推件力的影响比较显著。随间隙增大，卸料力和推件力都将减小。一般当单面间隙增大到材料厚度的15%～25%时，卸料力几乎降到零，但间隙继续增大会使毛刺增大，又将引起卸料力、顶件力的迅速增大。

5）对模具寿命的影响

间隙选取不当会引起模具失效（模具失效的形式一般有磨损、变形、崩刃、折断和胀裂），从而影响模具寿命。

间隙大小主要对模具磨损及凹模胀裂产生影响。间隙增大可使冲裁力、卸料力等减小，模具的磨损也相应减小。但当间隙继续增大时，卸料力增加，又影响磨损。

间隙过小，则会产生凹模胀裂，小凸模折断，以及凸、凹模相互啃刃等异常损坏。

为了降低凸、凹模的磨损，延长模具使用寿命，在保证冲裁件质量的前提下适当采用较大的间隙值是十分必要的。若采用小间隙，就必须提高模具硬度和精度，降低模具的粗糙度值，提高润滑情况，以减小磨损。

2. 合理间隙的选用

由以上分析可见，间隙对冲裁件质量、冲裁力、模具寿命等都有很大影响，但很难找到一个固定的间隙值能同时满足冲裁件质量最佳、冲模寿命最长、冲裁力最小等各方面的要求。因此，在冲压实际生产中，主要根据冲裁件断面质量、尺寸精度和模具寿命这三个因素来综合考虑，给间隙规定一个范围值。只要间隙在这个范围内，就能得到质量合格的冲裁件和较长的模具寿命，这个间隙范围称为合理间隙，这个范围的最小值称为最小合理间隙（Z_{min}），最大值称为最大合理间隙（Z_{max}）。考虑到在生产过程中的磨损会使间隙变大，故设计与制造新模具时应采用最小合理间隙 Z_{min}。确定合理间隙值的方法有理论确定法和经验确定法两种。

1）理论确定法

用理论确定法确定合理间隙值是根据凸、凹模上、下裂纹相互重合的原则进行计算的。图2.17所示为冲裁过程中开始产生裂纹的瞬间状态，根据图中几何关系可求得合理间隙 Z 为

$$Z = 2(t - h_0)\tan\beta = 2t\left(1 - \frac{h_0}{t}\right)\tan\beta \qquad (2-16)$$

式中，t 为材料厚度（mm）；h_0 为产生裂纹时凸模挤入材料的深度（mm）；h_0/t 为产生裂纹时凸模挤入材料的相对深度；β 为剪切裂纹与垂线的夹角。

由上式可看出，合理间隙 Z 与材料厚度 t、凸模相对挤入材料深度 h_0/t、裂纹角 β 有关，而 h_0/t 及 β 又与材料塑性有关，见表 2.10。因此，影响间隙值的主要因素是材料的性质和厚度。材料越厚，塑性就越大；材料越薄，塑性越好的材料，所需间隙 Z 值就越小。由于理论确定法在生产中使用不方便，故目前广泛采用的是经验数据。

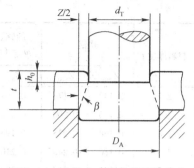

图 2.17　冲裁产生裂纹的瞬间状态

表 2.10　部分材料的 h_0/t 与 β 值

材　料	h_0/t		β	
	退火	硬化	退火	硬化
软钢、纯铜、软黄铜	0.5	0.35	6°	5°
中硬钢、硬黄铜	0.3	0.2	5°	4°
硬钢、硬青铜	0.2	0.1	4°	4°

2）经验确定法

根据研究与实际生产经验，间隙值可按要求分类查表确定。对于尺寸精度、断面质量要求高的冲裁件应选用较小间隙值（表 2.11），这时冲裁力与模具寿命作为次要因素来考虑。对于尺寸精度和断面质量要求不高的冲裁件，在满足冲裁件要求的前提下，应以降低冲裁力，提高模具寿命为主，选用较大的双面间隙值（表 2.12）。

需要指出的是，当模具采用线切割加工时，若直接从凹模中制取凸模，此时凸、凹模间隙取决于电极丝直径、放电间隙和研磨量，但其总和不能超过最大单面初始间隙值。

表 2.11　冲裁模初始双面间隙值 Z（1）　　　　　　　　　　　　（mm）

材料厚度 t	软铝		纯铜、黄铜、软钢 $\omega_c = (0.08 \sim 0.2)\%$		杜拉铝、中等硬钢 $\omega_c = (0.3 \sim 0.4)\%$		硬钢 $\omega_c = (0.5 \sim 0.6)\%$	
	Z_{min}	Z_{max}	Z_{min}	Z_{max}	Z_{min}	Z_{max}	Z_{min}	Z_{max}
0.2	0.008	0.012	0.010	0.014	0.012	0.016	0.014	0.018
0.3	0.012	0.018	0.015	0.021	0.018	0.024	0.021	0.027
0.4	0.016	0.024	0.020	0.028	0.024	0.032	0.028	0.036
0.5	0.020	0.030	0.025	0.035	0.030	0.040	0.035	0.045
0.6	0.024	0.036	0.030	0.042	0.036	0.048	0.042	0.054
0.7	0.028	0.042	0.035	0.049	0.042	0.056	0.049	0.063
0.8	0.032	0.048	0.040	0.056	0.048	0.064	0.056	0.072
0.9	0.036	0.054	0.045	0.063	0.054	0.072	0.063	0.081
1.0	0.040	0.060	0.050	0.070	0.060	0.080	0.070	0.090
1.2	0.050	0.084	0.072	0.096	0.084	0.108	0.096	0.120
1.5	0.075	0.105	0.090	0.120	0.105	0.135	0.120	0.150
1.8	0.090	0.126	0.108	0.144	0.126	0.162	0.144	0.180
2.0	0.100	0.140	0.120	0.160	0.140	0.180	0.160	0.200

续表

材料厚度 t	软铝		纯铜、黄铜、软钢 $\omega_c = (0.08\sim0.2)\%$		杜拉铝、中等硬钢 $\omega_c = (0.3\sim0.4)\%$		硬钢 $\omega_c = (0.5\sim0.6)\%$	
	Z_{min}	Z_{max}	Z_{min}	Z_{max}	Z_{min}	Z_{max}	Z_{min}	Z_{max}
2.2	0.132	0.176	0.154	0.198	0.176	0.220	0.198	0.242
2.5	0.150	0.200	0.175	0.225	0.200	0.250	0.225	0.275
2.8	0.168	0.225	0.196	0.252	0.224	0.280	0.252	0.308
3.0	0.180	0.240	0.210	0.270	0.240	0.300	0.270	0.330
3.5	0.245	0.315	0.280	0.350	0.315	0.385	0.350	0.420
4.0	0.280	0.360	0.320	0.400	0.360	0.440	0.400	0.480
4.5	0.315	0.405	0.360	0.450	0.405	0.490	0.450	0.540
5.0	0.350	0.450	0.400	0.500	0.450	0.550	0.500	0.600
6.0	0.480	0.600	0.540	0.660	0.600	0.720	0.660	0.780
7.0	0.560	0.700	0.630	0.770	0.700	0.840	0.770	0.910
8.0	0.720	0.880	0.800	0.960	0.880	1.040	0.960	1.120
9.0	0.870	0.990	0.900	1.080	0.990	1.170	1.080	1.260
10.0	0.900	1.100	1.000	1.200	1.100	1.300	1.200	1.400

注:1. 初始间隙的最小值相当于间隙的公称数值。
2. 初始间隙的最大值是考虑到凸模和凹模的制造公差所增加的数值。
3. 在使用过程中,由于模具工作部分的磨损,间隙将有所增加,因而间隙的最大数值会超过表列数值。
4. ω_c 为碳的质量分数,用其来表示钢中的含碳量。

表2.12 冲裁模初始双面间隙值 Z (2)   (mm)

材料厚度 t/mm	08、10、35、Q295、Q235A		Q345		40、50		65Mn	
	Z_{min}	Z_{max}	Z_{min}	Z_{max}	Z_{min}	Z_{max}	Z_{min}	Z_{max}
<0.5	极 小 间 隙							
0.5	0.040	0.060	0.040	0.060	0.040	0.060	0.040	0.060
0.6	0.048	0.720	0.048	0.072	0.048	0.072	0.048	0.072
0.7	0.064	0.092	0.064	0.092	0.064	0.092	0.064	0.092
0.8	0.072	0.104	0.072	0.104	0.072	0.104	0.064	0.092
0.9	0.090	0.126	0.090	0.126	0.090	0.126	0.090	0.126
1.0	0.100	0.140	0.100	0.140	0.100	0.140	0.090	0.126
1.2	0.126	0.180	0.132	0.180	0.132	0.180		
1.5	0.132	0.240	0.170	0.240	0.170	0.240		
1.75	0.220	0.320	0.220	0.320	0.220	0.320		
2.0	0.246	0.360	0.260	0.380	0.260	0.380		
2.1	0.260	0.380	0.280	0.400	0.280	0.400		
2.5	0.360	0.500	0.380	0.540	0.380	0.540		
2.75	0.400	0.560	0.420	0.600	0.420	0.600		
3.0	0.460	0.640	0.480	0.660	0.480	0.660		
3.5	0.540	0.740	0.580	0.780	0.580	0.780		

续表

材料厚度 t/mm	08、10、35、Q295、Q235A		Q345		40、50		65Mn	
	Z_{min}	Z_{max}	Z_{min}	Z_{max}	Z_{min}	Z_{max}	Z_{min}	Z_{max}
<0.5	极小间隙							
4.0	0.640	0.880	0.680	0.920	0.680	0.920		
4.5	0.720	1.000	0.680	0.960	0.780	1.040		
5.5	0.940	1.280	0.780	1.100	0.980	1.320		
6.0	1.080	1.440	0.840	1.200	1.140	1.500		
6.5			0.940	1.300				
8.0			1.200	1.680				

注：当冲裁皮革、石棉和纸板时，间隙取 08 钢的 25%。

2.2.4 冲裁模具刃口尺寸的计算

1. 计算原则

凸模和凹模的刃口尺寸和公差直接影响冲裁件的尺寸精度。模具的合理间隙值也靠凸、凹模刃口尺寸及其公差来保证。因此，正确确定凸、凹模刃口尺寸和公差，是冲裁模设计中的一项重要工作。

由于凸、凹模之间存在间隙，所以冲裁件断面都带有锥度，而在冲裁件尺寸的测量和使用中，都是以光面的尺寸为基准的。落料件的光面是因凹模刃口挤切材料而产生的，故落料件光面尺寸与凹模刃口尺寸相等或基本一致；冲孔件的光面是凸模刃口挤切材料而产生的，故冲孔件光面尺寸与凸模刃口尺寸相等或基本一致。因此，确定凸、凹模刃口尺寸应按落料和冲孔两种情况分别进行，并遵循如下原则。

（1）不管落料还是冲孔，冲裁间隙均选用最小合理间隙值 Z_{min}。

（2）设计落料模时先确定凹模刃口尺寸，即以凹模刃口尺寸为基准。又因为落料件尺寸会随凹模刃口的磨损而增大，为保证凹模磨损到一定程度后仍然可以冲出合格零件，故落料凹模刃口的基本尺寸应取工件尺寸范围内的较小尺寸，而落料凸模刃口的基本尺寸则按凹模刃口的基本尺寸减最小合理间隙，即间隙取在凸模上。

（3）设计冲孔模时先确定凸模刃口尺寸，即以凸模刃口尺寸为基准。又因为冲孔件尺寸会随凸模刃口的磨损而减小，为保证凸模磨损到一定程度后仍然冲出合格零件，故冲孔凸模刃口的基本尺寸应取工件尺寸范围内的较大尺寸，而冲孔凹模刃口的基本尺寸则按凸模刃口的基本尺寸加最小合理间隙，即间隙取在凹模上。

（4）为避免冲裁件尺寸偏向极限尺寸（落料时偏向最小尺寸，冲孔时偏向最大尺寸），应使冲裁件的实际尺寸尽量接近冲裁件公差带的中间尺寸，故引入系数 x，其值在 0.5～1 之间，与工件精度有关：可查表 2.13 或按下面关系选取：

工件精度为 IT10 以内 $x = 1$
工件精度为 IT11～IT13 之间 $x = 0.75$
工件精度为 IT14 以上 $x = 0.5$

表2.13 系数 x (mm)

料厚	非圆形			圆形	
	1	0.75	0.5	0.75	0.5
	工件公差 Δ				
1	<0.16	0.17～0.35	≥0.36	<0.16	≥0.16
1～2	<0.20	0.21～0.41	≥0.42	<0.20	≥0.20
2～4	<0.24	0.25～0.49	≥0.50	<0.24	≥0.24
>4	<0.30	0.31～0.59	≥0.60	<0.30	≥0.30

（5）选择模具刃口制造公差时，要考虑工件精度与模具精度的关系，既要保证工件的精度要求，又要保证有合理的间隙值。一般冲模精度较工件精度高2～4级。

对于形状简单的圆形、方形刃口，其制造偏差值可按 IT6～IT7 级来选取；形状复杂的刃口，制造偏差可按工件相应部位公差值的1/4来选取；刃口尺寸磨损后无变化的，制造偏差值可取工件相应部位公差值的1/8并冠以（±）。

（6）工件尺寸公差与冲模刃口尺寸的制造偏差原则上都应按"入体"原则标注为单向公差。"入体"原则是指标注工件尺寸公差时应向材料实体方向单向标注，但对于磨损后无变化的尺寸，一般标注双向偏差。

2. 计算方法

由于冲模加工方法不同，刃口尺寸的计算方法也不同，基本上可以分为以下两类。

1）凸模与凹模分别加工法

采用这种方法时，凸模和凹模分别按图纸加工尺寸，要分别标注凸模和凹模的刃口尺寸与制造偏差（δ_T、δ_A），适用于圆形和简单形状的制件。为了保证初始间隙小于最大合理间隙 Z_{max}，必须满足下列条件：

即
$$|\delta_T| + |\delta_A| + Z_{min} \leqslant Z_{max}$$

$$|\delta_T| + |\delta_A| \leqslant Z_{max} - Z_{min} \tag{2-17}$$

或取
$$\delta_T \leqslant 0.4(Z_{max} - Z_{min}), \delta_A \leqslant 0.6(Z_{max} - Z_{min})$$

根据上述尺寸计算原则，冲裁件和凸、凹模的尺寸与公差分布状态如图2.18所示。由图可以得出下列计算公式。

（1）落料

设落料件的尺寸为 $D_{-\Delta}^{0}$，根据计算原则，落料时以凹模为设计基准。首先确定凹模刃口尺寸，使凹模刃口的基本尺寸接近或等于工件轮廓的最小极限尺寸；将凹模刃口尺寸减去最小合理间隙值即得到凸模刃口尺寸。

$$D_A = (D_{max} - x\Delta)_0^{+\delta_A} \tag{2-18}$$

$$D_T = (D_A - Z_{min})_{-\delta}^{0} = (D_{max} - x\Delta - Z_{min})_{-\delta_T}^{0} \tag{2-19}$$

（2）冲孔

设冲孔件的尺寸为 $d_0^{+\Delta}$，根据计算原则，冲孔时以凸模为设计基准。首先确定凸模刃口尺寸，使凸模刃口的基本尺寸接近或等于工件孔的最大极限尺寸；将凸模刃口尺寸加上最小

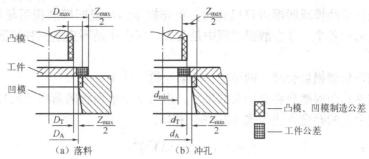

图 2.18 落料、冲孔时各部分尺寸与公差的分布情况

合理间隙值即得到凹模刃口尺寸。

$$d_T = (d_{min} + x\Delta)_{-\delta_T}^{0} \tag{2-20}$$

$$d_A = (d_T + Z_{min})_0^{+\delta_A} = (d_{min} + x\Delta + Z_{min})_0^{+\delta_A} \tag{2-21}$$

(3) 孔心距

孔心距属于磨损后基本不变的尺寸。在同一工步中,在工件上冲出孔距为 $L \pm \dfrac{\Delta}{2}$ 的两个孔时,其凹模孔心距 L_A 可按下式确定。

$$L_A = L \pm \frac{\Delta}{8} \tag{2-22}$$

以上各式中,D_A、D_T 分别为落料凹、凸模刃口尺寸(mm);d_T、d_A 分别为冲孔凸、凹模刃口尺寸(mm);D_{max} 为落料件的最大极限尺寸(mm);d_{min} 为冲孔件孔的最小极限尺寸(mm);L、L_A 分别为工件孔心距、凹模孔心距的公称尺寸(mm);Δ 为工件制造公差(Δ' 为工件偏差,对称偏差时,$\Delta = 2\Delta'$),单位为(mm);Z_{min} 为最小合理间隙,(mm);x 为系数;δ_T、δ_A 为凸、凹模制造偏差,可按 IT6～IT7 级来选取,也可查表 2.14 选取。

表 2.14 规则形状(圆形、方形)冲裁时凸、凹模的制造偏差 (mm)

基本尺寸	凸模偏差 δ_T	凹模偏差 δ_A	基本尺寸	凸模偏差 δ_T	凹模偏差 δ_A
≤18	0.020	0.020	>180～260	0.030	0.045
>18～30	0.020	0.025	>260～360	0.035	0.050
>30～80	0.020	0.030	>360～500	0.040	0.060
>80～120	0.025	0.035	>500	0.050	0.070
>120～180	0.030	0.040			

由此可进一步看出,凸、凹模分别加工法的优点是:凸、凹模具有互换性,制造周期短,便于成批制造。其缺点是:模具的制造公差小,模具制造困难,成本相对较高。特别是单件生产时,采用这种方法更不经济。

2) 凸模与凹模配作法

配作法就是先按零件尺寸制出一个基准模(凸模或凹模),然后根据基准模刃口的实际尺寸再按最小合理间隙配制另一个模。这种加工方法的特点是模具的间隙由配制保证,工艺比较简单,不必校核 $|\delta_T| + |\delta_A| \leq Z_{max} - Z_{min}$ 的条件,并且还可放大基准件的制造公差,使制造容易。设计时,基准件的刃口尺寸及制造公差应详细标注,而配作件上只标注公称尺寸,不注公差,但在图纸上注明:"凸(凹)模刃口尺寸按凹(凸)模实际刃口尺寸配制,保证最小合理间隙值 Z_{min}"。

冲压成形工艺与模具设计

采用配作法计算凸模或凹模刃口尺寸时,首先根据凸模或凹模磨损后轮廓的变化情况,正确判断出模具刃口各个尺寸在磨损过程中是变大、变小还是不变这三种情况,然后分别按不同的公式计算。

(1) 凸模或凹模磨损后会增大的尺寸——第一类尺寸 A

落料凹模或冲孔凸模磨损将会增大的尺寸,相当于简单形状的落料凹模尺寸,所以它的基本尺寸及制造公差的确定方法与式(2-18)相同。

第一类尺寸:
$$A_j = (A_{\max} - x\Delta)^{+\frac{1}{4}\Delta}_{0} \tag{2-23}$$

(2) 凸模或凹模磨损后会减小的尺寸——第二类尺寸 B

冲孔凸模或落料凹模磨损后将会减小的尺寸,相当于简单形状的冲孔凸模尺寸,所以它的基本尺寸及制造公差的确定方法与式(2-20)相同。

第二类尺寸:
$$B_j = (B_{\min} + x\Delta)^{0}_{-\frac{1}{4}\Delta} \tag{2-24}$$

(3) 凸模或凹模磨损后基本不变的尺寸——第三类尺寸 C

凸模或凹模在磨损后基本不变的尺寸,不必考虑磨损的影响,相当于简单形状的孔心距尺寸,所以它的基本尺寸及制造公差的确定方法与式(2-22)相同。

第三类尺寸:
$$C_j = \left(C_{\min} + \frac{1}{2}\Delta\right) \pm \frac{1}{8}\Delta = \left(C_{\max} - \frac{1}{2}\Delta\right) \pm \frac{1}{8}\Delta \tag{2-25}$$

式中,A_j、B_j、C_j 为模具基准件尺寸(mm);$A_{\max}$、$B_{\min}$、$C_{\min}$、$C_{\max}$ 为工件极限尺寸(mm);Δ 为工件公差(Δ' 为工件偏差,对称偏差时,$\Delta = 2\Delta'$),单位为(mm)。

【实例2-2】 冲制图 2.19 所示零件,材料为 Q235 钢,料厚 $t = 0.5\text{mm}$。计算冲裁凸、凹模刃口尺寸及公差。

解: 由图可知,该零件属于无特殊要求的一般冲孔、落料。

外形 $\phi 36^{0}_{-0.62}\text{mm}$ 由落料获得,$2 \times \phi 6^{+0.12}_{0}\text{mm}$ 和 $18 \pm 0.09\text{mm}$ 由冲孔同时获得。查表2.1得

$$Z_{\min} = 0.04\text{mm}, Z_{\max} = 0.06\text{mm}$$

则 $Z_{\max} - Z_{\min} = 0.06 - 0.04 = 0.02\text{mm}$

凸、凹模分别按 IT6 和 IT7 级加工制造。

(1) 冲孔 $2 \times \phi 6^{+0.12}_{0}\text{mm}$

查公差表得:$2 \times \phi 6^{+0.12}_{0}\text{mm}$ 为 IT12 级,取 $x = 0.75$;

$\delta_T = 0.008\text{mm}, \delta_A = 0.012\text{mm}$

校核:$|\delta_T| + |\delta_A| \leq Z_{\max} - Z_{\min}$

$0.008\text{mm} + 0.012\text{mm} \leq 0.06\text{mm} - 0.04\text{mm}$

$0.02\text{mm} \leq 0.02\text{mm}$(满足间隙公差条件)

所以 $d_T = (d_{\min} + x\Delta)^{0}_{-\delta_T} = (6 + 0.75 \times 0.12)^{0}_{-0.008} = 6.09^{0}_{-0.008}\text{mm}$

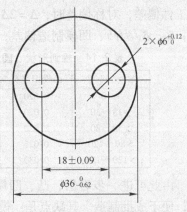

图 2.19 零件图

$$d_A = (d_T + Z_{min})_0^{+\delta_A} = (6.09+0.04)_0^{+0.012} = 6.13_0^{+0.012} \text{mm}$$

(2) 孔距尺寸： $L_d = L \pm \dfrac{\Delta}{8} = (18 \pm 0.125 \times 2 \times 0.09) = (18 \pm 0.023) \text{mm}$

(3) 落料：

查公差表得：$\phi 36_{-0.62}^{0} \text{mm}$ 为 IT14 级，取 $x = 0.5$。$\delta_T = 0.016 \text{mm}$，$\delta_A = 0.025 \text{mm}$；

校核：$|\delta_T| + |\delta_A| \leqslant Z_{max} - Z_{min}$

$0.016 \text{mm} + 0.025 \text{mm} = 0.04 \text{mm} > 0.02 \text{mm}$（不能满足间隙公差条件）。

因此，只有缩小 δ_T、δ_A，提高制造精度，才能保证间隙在合理范围内，由此可取：

$$\delta_T \leqslant 0.4(Z_{max} - Z_{min}) = 0.4 \times 0.02 = 0.008 \text{mm}$$
$$\delta_A \leqslant 0.6(Z_{max} - Z_{min}) = 0.6 \times 0.02 = 0.012 \text{mm}$$

故：
$$D_A = (D_{max} - x\Delta)_0^{+\delta_A} = (36 - 0.5 \times 0.62)_0^{+0.012} = 35.69_0^{+0.012} \text{mm}$$
$$D_T = (D_A - Z_{min})_{-\delta_T}^{0} = (35.69 - 0.04)_{-0.008}^{0} = 35.65_{-0.008}^{0} \text{mm}$$

【实例 2-3】 如图 2.20 所示为某厂生产的中夹板零件图，试计算落料凹、凸模刃口尺寸。

解： 考虑到工件形状比较复杂，采用配作法加工凹、凸模。凹模磨损后其尺寸变化有三种情况，如图 2.21 所示。

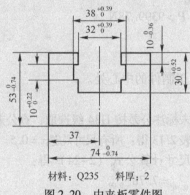

图 2.20 中夹板零件图

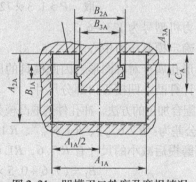

图 2.21 凹模刃口轮廓及磨损情况

(1) 凹模磨损后变大的尺寸：A_1，A_2，A_3

查表 2.13 得：$x_1 = x_2 = 0.5$，$x_3 = 0.75$

由刃口尺寸计算公式 (2-23) 得：

$$A_{1A} = (74 - 0.5 \times 0.74)_0^{+\frac{1}{4} \times 0.74} = 73.63_0^{+0.19} \text{mm}$$
$$A_{2A} = (53 - 0.5 \times 0.74)_0^{+\frac{1}{4} \times 0.74} = 52.63_0^{+0.19} \text{mm}$$
$$A_{3A} = (10 - 0.75 \times 0.36)_0^{+\frac{1}{4} \times 0.36} = 9.73_0^{+0.09} \text{mm}$$

(2) 凹模磨损后变大的尺寸：B_1，B_2，B_3

查表 2.13 得：$x_1 = x_2 = x_3 = 0.75$

由刃口尺寸计算公式 (2-24) 得：

$$B_{1A} = (10 + 0.75 \times 0.22)_{-\frac{1}{4} \times 0.22}^{0} = 10.17_{-0.06}^{0} \text{mm}$$

$$B_{2A} = (38 + 0.75 \times 0.39)_{-\frac{1}{4} \times 0.39}^{0} = 38.29_{-0.10}^{0} \text{mm}$$

$$B_{3A} = (32 + 0.75 \times 0.39)_{-\frac{1}{4} \times 0.39}^{0} = 32.29_{-0.10}^{0} \text{mm}$$

(3) 凹模磨损后无变化的尺寸：C

由刃口尺寸计算公式（2-25）得：

$$C_A = (30 + 0.5 \times 0.52) \pm \frac{1}{8} \times 0.52 = 30.26 \pm 0.07 \text{mm}$$

查表 2.12 得：$Z_{min} = 0.246 \text{mm}$，$Z_{max} = 0.360 \text{mm}$。

凸模刃口尺寸按凹模实际刃口尺寸配制，保证最小合理间隙值 $Z_{min} = 0.246$。

项目实施 1-2　动触片冲裁模具设计的工艺计算

（1）确定冲压力

冲孔力　　　$F = KLt\tau_b = 1.3 \times 45 \times 0.4 \times 300 = 5400 \times 1.3 = 7020 \text{N}$

卸料力　　　$F_{卸} = K_{卸} F = 0.03 \times 7020 = 210.6 \text{N}$

总冲压力　　$F_{总} = F + F_{卸} = 7020 + 210.6 = 7230.6 \text{N}$

压力机的确定：　　　$P > (1.1 \sim 1.3) F_{总}$

取　$P > 1.3 \times 7230.6 \text{N}$，即 $P > 9399.78 \text{N}$

故选取压力机型号为 J23—6.3。

（2）确定模具压力中心

该异形孔属于对称图形，因此模具的压力中心位于制件的中心处。

（3）计算凸、凹模刃口部分尺寸

采用配合加工的方法，冲孔件选取凸模为基准模。未标注公差按 IT14 级选取，查公差表得工件尺寸及公差为：$R7.6_{0}^{+0.36}$、$R1.6_{0}^{+0.30}$、$R1.5_{0}^{+0.30}$。查表 2.13 得：所有尺寸均选 $x = 0.5$。

凸模磨损后减小的尺寸有 $R7.6$，$R1.6$，由刃口尺寸计算公式（2-24）得：

$$B_1 = (7.6 + 0.5 \times 0.36)_{-\frac{1}{4} \times 0.36}^{0} = 7.78_{-0.09}^{0}$$

$$B_2 = (1.6 + 0.5 \times 0.30)_{-\frac{1}{4} \times 0.30}^{0} = 1.75_{-0.075}^{0}$$

凸模磨损后变大的尺寸为 $R1.5$，对应刃口尺寸为：

$$B_3 = (1.5 + 0.5 \times 0.30)_{-\frac{1}{4} \times 0.30}^{0} = 1.65_{-0.075}^{0}$$

查表 2.11 得间隙 $Z_{min} = 0.016 \text{mm}$，$Z_{max} = 0.024 \text{mm}$，凹模刃口尺寸按凸模尺寸配制，保证最小合理间隙值 $Z_{min} = 0.016 \text{mm}$。

2.3　单工序冲裁模具结构

单工序模（又称简单模）是指压力机在一次行程中只完成一道工序的冲裁模。

2.3.1　无导向的开式单工序冲裁模

无导向的开式单工序冲裁模如图 2.22 所示。

项目 2 单工序冲孔模设计

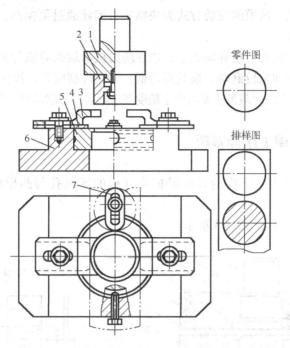

1—模柄；2—凸模；3—卸料板；4—导料板；
5—凹模；6—下模座；7—定位板

图 2.22 无导向开式单工序冲裁模

1）模具组成

（1）上模部分由模柄 1、凸模 2 等组成，通过模柄安装在压力机的滑块上并随压力机滑块作上下运动；

（2）下模部分由固定卸料板 3、导料板 4、凹模 5、下模座 6 和定位板 7 等组成，通过下模座用螺钉、压板固定在压力机的工作台上；

（3）模具的工作零件是凸模 2 和凹模 5；

（4）定位零件是两个导料板 4 和定位板 7；

（5）卸料零件是两个固定卸料板 3；

（6）支撑零件是上模座 1（带模柄）和下模座 6，此外还有紧固螺钉等。

2）工作顺序

工作顺序如下。

（1）条料沿导料板送进，并由定位板 7 定位；

（2）压力机的滑块带动上模部分下行，凸模与凹模配合对条料进行冲裁；

（3）分离后的冲裁件靠凸模直接从凹模洞口依次推出。紧箍在凸模上的条料则在上模回程时由固定卸料板（左右各一块）刮下。照此循环，完成冲裁工作。

3）特点

特点如下。

（1）该模具具有一定的通用性。由图可知，模具的导料板、定位板及固定卸料板在一定的范围内均可调节，凸、凹模的安装方式为快换式，因此通过更换凸、凹模，就可以冲裁相近的不同规格的冲裁件。

（2）上、下模之间没有直接导向关系，依靠压力机滑块的导轨导向。这类模具在使用时安装调整凸、凹模之间间隙较麻烦，模具寿命低，冲裁件精度差，操作也不够安全。

（3）无导向开式单工序冲裁模主要适用于精度要求不高，形状简单，批量小或试制用冲裁件。

2.3.2 导板式单工序冲裁模

导板模的特征：其上、下模的导向是依靠导板的导向孔与凸模的间隙配合（一般为 H7/h6）进行的。

导板式单工序冲裁模如图 2.23 所示。

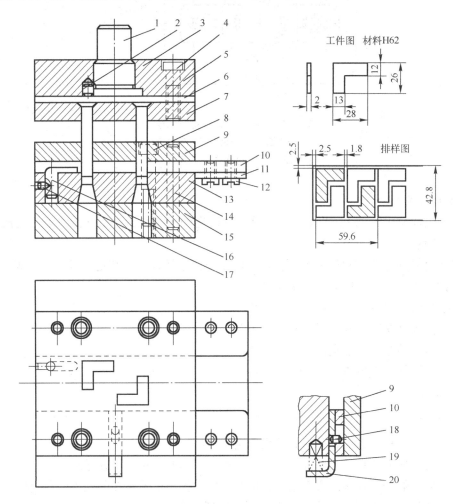

1—模柄；2—止动销；3—上模座；4—内六角螺钉；5—凸模；6—垫板；7—凸模固定板；
8—内六角螺钉；9—导板；10—导料板；11—承料板；12—螺钉；13—凹模；14—圆柱销；
15—下模座；16—固定挡料销；17—止动销；18—限位销；19—弹簧；20—始用挡料销

图 2.23 导板式单工序冲裁模

1) 模具组成

（1）上模部分由模柄 1、上模座 3、垫板 6、凸模固定板 7 和凸模 5 等组成；

（2）下模部分由导板 9、一对导料板 10、固定挡料销 16、凹模 13、始用挡料销 20、下模座 15 及承料板 11 等组成。

（3）工作零件是凸模 5 和凹模 13；

（4）定位零件是导料板 10、始用挡料销 20 和固定挡料销 16；

（5）导向零件是导板 9（兼起固定卸料作用）；

（6）支撑零件是凸模固定板 7、垫板 6、上模座 3、模柄 1、下模座 15，以及承料板 11，它的作用是在冲裁时增大条料的支撑面，使条料送料平稳，故其顶面与凹模顶面在同一平面上。

2) 工作顺序

（1）将条料沿导料板送进，并由始用挡料销进行定位。根据排样的需要，该模具的固定挡料销所设置的位置对首次冲裁起不到定位作用，为此采用了始用挡料销。在首件冲裁之前，用手将始用挡料销压入以限定条料的位置，在后续冲裁中，始用挡料销在弹簧作用下复位，不再起挡料作用（而是靠固定挡料销继续对料边或搭边进行挡料定位）；

（2）凸模由导板导向而进入凹模，完成首次冲裁，冲下一个零件；

（3）条料继续送进，并由固定挡料销定位，进行第二次冲裁，第二次冲裁是落下两个零件，分离后的零件靠凸模从凹模洞口中依次推出，而箍在凸模上的条料则在上模回程时由导板刮下来。

3) 特点

（1）凸、凹模的正确配合是依靠导板导向的，为了保证导向精度和导板的使用寿命，工作过程中不允许凸模离开导板，为此，选用行程较小且可调节的偏心式压力机较合适。为保证在冲裁过程中凸、凹模间隙的均匀分布，其上、下模的导向是依靠导板与凸模的间隙配合（一般为 H7/h6）进行的，且必须小于凸、凹模间隙。

（2）在结构上，为了拆装和调整间隙的方便，固定导板的两排螺钉和销钉内缘之间的距离（见图 2.23 中的俯视图）应大于上模相应的轮廓宽度。

（3）固定挡料销的形状采用钩形结构，主要是使其安装孔离开凹模孔口远一些，减小对凹模孔口强度的影响。

（4）为了保证条料的顺利送进，导料板的高度必须大于固定挡料销高度与条料厚度之和。因为在送料时必须把条料往上抬一下才能推进，故使用不太方便。同时，为使送料平稳，导料板伸长一定长度，下面装一块承料板。

（5）导板模比无导向的开式单工序冲裁模的精度高，寿命也较长，使用时安装较容易，卸料可靠，操作较安全，轮廓尺寸也不大。

2.3.3 导板式侧面冲孔模

导板式侧面冲孔模如图 2.24 所示。

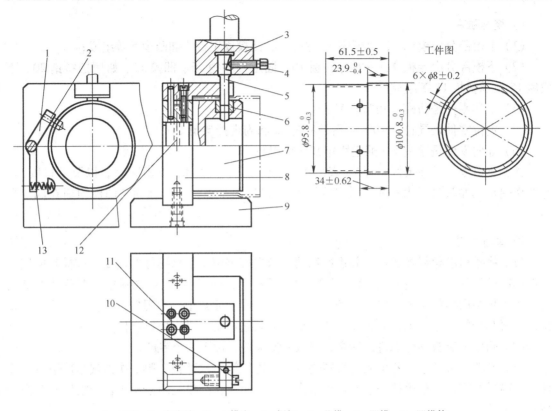

1—摇臂；2—定位销；3—上模座；4—螺钉；5—凸模；6—凹模；7—凹模体；
8—支架；9—底座；10—螺钉；11—导板；12—销钉；13—压缩弹簧

图 2.24 导板式侧面冲孔模

1）模具组成

(1) 上模部分由上模座 3 和凸模 5 等组成；

(2) 下模部分由导板 11、支架 8、凹模体 7、凹模 6、底座 9 和摇臂 1 等组成；

(3) 工作零件是凸模 5 和凹模 6；

(4) 定位零件是支架 8、凹模体 7、定位销 2、摇臂 1 和压缩弹簧 13；

(5) 导向零件是导板 11（兼起固定卸料板的作用）；

(6) 支撑零件是上模座 3 和底座 9 等。

2）冲裁过程

冲裁过程如下。

(1) 拨开定位器摇臂，将工序件套在凹模体上，然后放开摇臂；

(2) 凸模下冲，即冲出第一个孔；

(3) 随后转动工序件，使定位销落入已冲好的第一个孔内，接着冲第二个孔。用同样的方法冲出其他孔。

3）特点

特点如下。

(1) 这种模具结构紧凑，质量轻。

（2）压力机一次行程内只冲一个孔，生产率低。孔距定位由定位销、摇臂和压缩弹簧组成的定位器来完成，保证冲出的6个孔沿圆周均匀分布。如果孔较多，孔距积累误差较大。

（3）凸模与上模座用螺钉紧定，更换凸模较方便。凸模靠导板导向，保证与凹模的正确配合。

（4）凹模嵌在悬壁式的凹模体上，凹模体悬壁固定在支架上，并用销钉固定防止转动。支架与底座以 H7/h6 配合，并用螺钉紧固。工序件的径向和轴向定位由悬壁凹模体和支架来完成。这种冲孔模主要用于生产批量不大，孔距要求不高的小型空心件的侧面冲孔或冲槽。导板模比无导向的开式单工序冲裁模的精度高，寿命也较长，使用时安装较容易，卸料可靠，操作较安全，轮廓尺寸也不大。导板模一般用于冲裁形状比较简单，尺寸不大，厚度大于 0.3mm 的冲裁件。

2.3.4 斜楔式水平冲孔模

斜楔式水平冲孔模如图 2.25 所示。

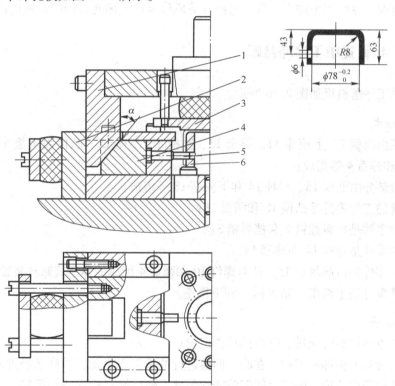

1—斜楔；2—座板；3—弹压板；4—滑块；5—凸模；6—凹模

图 2.25 斜楔式水平冲孔模

1) 结构组成

（1）上模部分由模柄、上模座、斜楔 1 和弹压板 3 等组成；

（2）下模部分由座板 2、滑块 4、凸模 5 和凹模 6 等组成。

2) 工作过程

（1）将拉深工序件反扣在凹模上（凹模在此兼起定位作用）；工序件以内形定位，为了保证冲孔位置的准确，弹压板在冲孔之前就把工序件压紧。

（2）滑块带动上模部分下行，对工件实施冲孔。

（3）滑块带动上模部分回程，滑块的复位依靠橡胶来完成，冲孔废料从模具漏料孔排除。

3）特点

特点如下。

（1）依靠斜楔把压力机滑块的垂直运动变为滑块的水平运动，从而带动凸模在水平方向上进行冲孔。

（2）该模具在压力机一次行程中冲一个孔，凸模与凹模的对准依靠滑块在导滑槽内的滑动来保证。

（3）如果安装多个斜楔滑块机构，可以同时冲多个孔，孔的相对位置由模具精度来保证，其生产率高，但模具结构较复杂，轮廓尺寸较大。

（4）这种模具主要用于冲空心件或弯曲件等成形零件的侧孔、侧槽和侧切口等。

2.3.5　导柱式单工序冲裁模

导柱式单工序落料模如图 2.26 所示。

1）模具组成

（1）上模由模柄 7、上模座 11、导套 13、垫板 8、凸模 12、凸模固定板 5、卸料板 15、卸料螺钉 10 和弹簧 4 等组成；

（2）下模部分由凹模 16、导柱 14 和下模座 18 等组成；

（3）模具的工作零件是凸模 12 和凹模 16；

（4）定位零件是导料螺钉 2 和挡料销 3；

（5）导向零件是导柱 14 和导套 13；

（6）卸料零件是由卸料板 15、卸料螺钉 10 和弹簧 4 组成的弹压式卸料装置；

（7）支撑零件是上模座（带模柄）和下模座。

2）工作顺序

（1）条料沿导料螺钉送进，并由挡料销定位；

（2）滑块带动上模部分下行，在凸、凹模进行冲裁工作之前，导柱已经进入导套，从而保证了在冲裁过程中凸模和凹模之间间隙的均匀性，随后卸料板先压住条料，上模继续下行时进行冲裁分离，此时弹簧进一步被压缩（如图 2.26 左半边所示）；

（3）上模回程时，弹簧推动卸料板把紧箍在凸模上的条料刮下。冲裁好的冲裁件通过凸模依次从凹模的洞中落下。

3）特点

导柱式单工序冲裁模的导向比导板模的导向可靠，精度高，寿命长，使用安装方便，但轮廓尺寸大，模具较重，制造工艺复杂，成本较高。它广泛用于生产批量大，精度要求高的冲裁件。

项目 2　单工序冲孔模设计

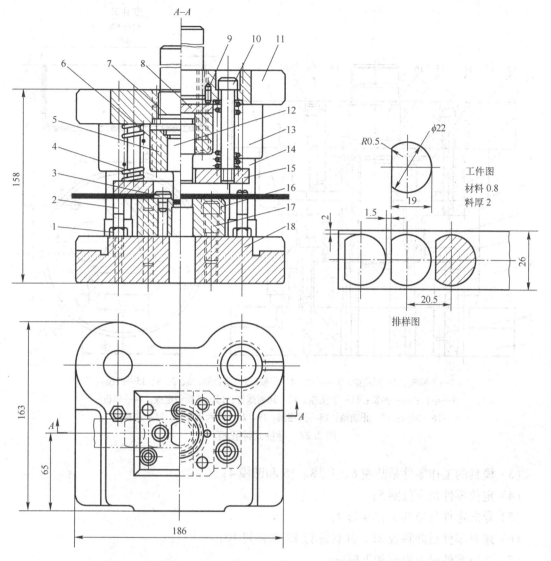

1—螺母；2—导料螺钉；3—挡料销；4—弹簧；5—凸模固定板；6—销钉；7—模柄；
8—垫板；9—止动销；10—卸料螺钉；11—上模座；12—凸模；13—导套；14—导柱；
15—卸料板；16—凹模；17—内六角螺钉；18—下模座

图 2.26　导柱式单工序落料模

2.3.6　导柱式冲孔模

导柱式冲孔模如图 2.27 所示。

1）模具组成

（1）上模部分由模柄 16、止动销 17、上模座 11、导套 9、垫板 14、凸模固定板 13、卸料板 21 和弹簧 10，以及凸模 6、7、8、15 等组成；

（2）下模部分由定位圈 5、圆柱销 2、凹模 4、内六角螺钉 20、导柱 3 和下模座 1 组成；

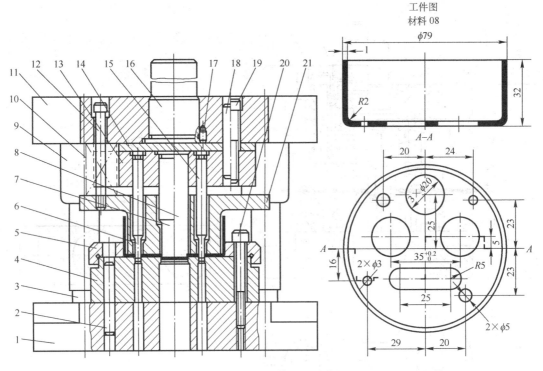

1—下模座；2—圆柱销；3—导柱；4—凹模；5—定位圈；6、7、8、15—凸模；
9—导套；10—弹簧；11—上模座；12—卸料螺钉；13—凸模固定板；14—垫板；
16—模柄；17—止动销；18—圆柱销；19、20—内六角螺钉；21—卸料板

图 2.27　导柱式冲孔模

（3）模具的工作零件是凸模 6、7、8、15 和凹模 4；

（4）定位零件是定位圈 5；

（5）导向零件是导柱 3 和导套 9；

（6）卸料零件是卸料板 21、卸料螺钉 12 和弹簧 10；

（7）支撑零件是上模座和下模座。

2）冲裁过程

（1）将筒形的工序件口朝上放在定位圈内；

（2）滑块带动上模部分下行，在凸、凹模进行冲裁之前，卸料板先压住工序件的底部，上模继续下压时进行冲裁，一次冲裁就可以冲裁出所有的 8 个孔；

（3）当上模回程时，卸料板把箍在凸模上的筒形冲裁件卸下，完成整个冲裁过程；卡在凹模洞口中的废料，则在后续冲裁时由凸模依次推落。

3）特点

特点如下。

（1）这是一副在拉深后的筒形件底部冲孔的模具。冲裁件的底部要求冲出不同形状与大小的孔共 8 个，所以它是一副多凸模的单工序冲裁模。

（2）由于孔边与筒形件壁部距离较近，为了保证凹模有足够强度，采用筒形件口部朝上

放置,并用定位圈5进行外形定位。采用这种结构,凸模必然较长,设计时必须注意凸模的强度和稳定性的问题。

(3)如果孔边与侧壁距离远,则可采用筒形口部朝下,利用凹模进行内形定位,这样可以减小凸模的长度。

2.3.7 小孔冲模

全长导向结构的小孔冲模如图2.28所示。

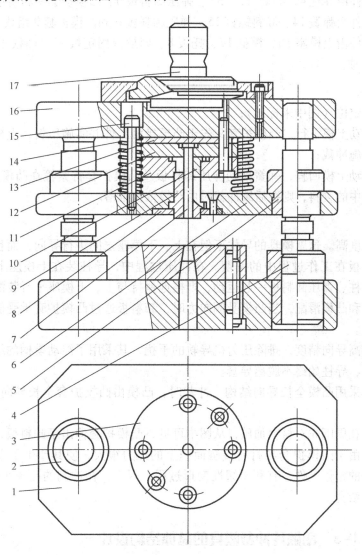

1—下模座;2、5—导套;3—凹模;4—导柱;6—弹压卸料板;7—凸模;
8—托板;9—凸模护套;10—扇形块;11—扇形块固定板;12—凸模固定板;
13—垫板;14—弹簧;15—卸料螺钉;16—上模座;17—模柄

图2.28 全长导向结构的小孔冲模

1)结构组成

(1)上模部分由导柱4、弹压卸料板6、凸模7、托板8、凸模护套9、扇形块10、扇形块固定板11、凸模固定板12、垫板13、弹簧14、卸料螺钉15、上模座16和模柄17等零件组成;

(2)下模部分由下模座1、导套(2、5)、凹模3等零件组成;

(3)工作零件由凸模7和凹模3组成;

(4)定位零件图中未标出;

(5)导向零件由导柱4、导套(2、5)、弹压卸料板6、凸模护套9和扇形块10组成;

(6)卸料零件由弹簧14、卸料螺钉15、弹压卸料板6和凸模护套9组成;

(7)支撑零件由上模座16、模柄17、托板8、扇形块固定板11、凸模固定板12、垫板13和下模座1组成。

2)工作过程

(1)送料并定位(图中未标出);

(2)滑块带动上模下行,凸模护套9先于凸模接触工件并实施压料,上模继续下行,凸模与凹模配合实施冲裁;

(3)滑块带动上模回程,弹簧推动弹压卸料板及凸模护套将紧箍在凸模上的工件刮下,而卡在凹模洞口中的废料,则在后续冲裁时由凸模依次推落。

3)特点

(1)导向精度高。这副模具的导柱不但在上、下模座之间进行导向,而且也对卸料板导向,避免了卸料板在工作过程中的偏摆。在冲压过程中,导柱装在上模座上,在工作行程中,上模座、导柱、弹压卸料板一起运动,严格地保持与上、下模座平行装配的卸料板中的凸模护套精确地和凸模滑配,当凸模受侧向力时,卸料板通过凸模护套承受侧向力,保护凸模不致发生弯曲。

(2)为了提高导向精度,排除压力机导轨的干扰,其采用了浮动模柄的结构。但必须保证在冲压过程中,导柱始终不脱离导套。

(3)该模具采用凸模全长导向结构。冲裁时,凸模由凸模护套全长导向,伸出护套后,即冲出一个孔。

(4)在所冲孔周围先对材料加压,从图中可见,凸模护套伸出于卸料板,冲压时,卸料板不接触材料。由于凸模护套与材料接触面积上的压力很大,使其产生了立体的压应力状态,改善了材料的塑性条件,有利于塑性变形过程。因而,在冲制的孔径小于材料厚度时,仍能获得断面光洁孔。

项目实施1-3 动触片冲裁模具的总体结构设计

模具的总体设计:

该模具属于单工序模,采用应用较为普遍的中间导柱滑动模架,冲压时可防止由于偏心力矩而引起的模具歪斜。为保证前、后工序的相对位置精度或工件内孔与外缘的位置精度要求,用定位板对外缘进行定位。该冲孔件厚度较小,卸料力不太大,因而采用弹性卸料装

置,在冲压时可兼起压料作用,能较好地保证工件的平面度。

2.4 冲模组成零件的分类与设计

通过分析典型冲裁模的结构可见,尽管各类冲裁模的结构形式和复杂程度不同,组成模具的零件又多种多样,但冲裁模零部件一般仍可按表2.15进行分类。

表2.15 冲模零件分类

工艺零件			结构零件			
工作零件	定位零件	卸料、压料零部件	导向零件	支撑零件	紧固零件	其他零件
凸模,凹模,凸、凹模	挡料销、始用挡料销、导正销、定位销、定位板、导料板、导料销、侧刃、侧刃挡块、承料板	卸料装置、压料装置、顶料装置、推件装置、废料切刀	导柱、导套、导板、导筒	上、下模座,模柄,凸、凹模固定板,垫板,限位支撑装置	螺钉、销钉、键	弹性件、传动零件

应该指出,由于新型的模具结构不断出现,尤其是自动模、多工位级进模等不断发展,模具零件也在不断增加。传动零件及改变运动方向的零件(如侧楔、滑板、铰链接头等)用得越来越多。

国家标准总局对冷冲模先后制定了GB2851—81～GB2875—81、GB/T2851—90～GB/T2861—90、GB/T12446—90、GB/T12447—90等标准,设计时应优先选用。

2.4.1 工作零件

1. 凸模

1) 凸模的结构形式及其固定方法

由于冲裁件的形状和尺寸不同,冲模的加工及装配工艺等实际条件也不同,所以在实际生产中所使用的凸模结构形式很多。截面形状有圆形和非圆形;刃口形状有平刃和斜刃等;结构有整体式、镶拼式、阶梯式、直通式和带护套式等。凸模的固定方法有台肩固定、铆接、螺钉和销钉固定,以及黏结剂浇注法固定等。

下面通过介绍圆形和非圆形凸模,以及大、中型和小孔凸模来分析凸模的结构形式、固定方法、特点及应用场合。

(1) 圆形凸模

标准规定,圆形凸模有以下三种形式,如图2.29所示。

台阶式的凸模强度刚性较好,装配修磨方便,其工作部分的尺寸由计算得到。与凸模固定板配合部分按过渡配合(H7/m6或H7/n6)制造。最大直径的作用是形成台肩,以便固定,保证工作时凸模不被拉出。图2.29(a)用于较大直径的凸模。图2.29(b)用于较小直径的凸模,它们适用于冲裁力和卸料力大的场合。图2.29(c)是快换式的小凸模,维修、更换方便。

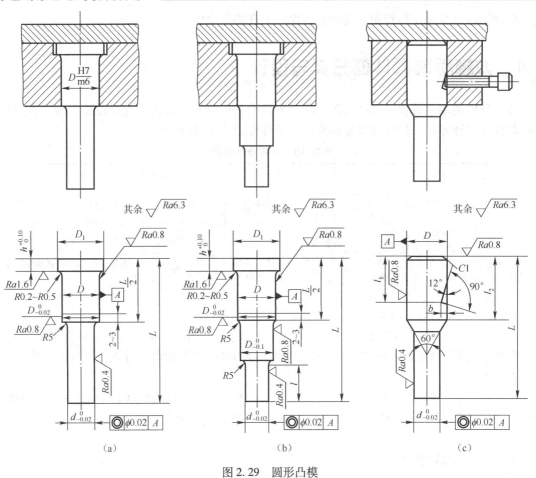

图 2.29 圆形凸模

（2）非圆形凸模

在实际生产中广泛应用的非圆形凸模如图 2.30 所示。

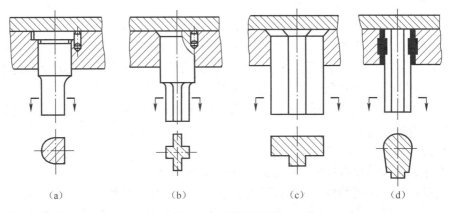

图 2.30 非圆形凸模

图 2.30（a）和（b）是台阶式的凸模。凡是截面为非圆形的凸模，如果采用台阶式的结构，其固定部分应尽量简化成简单形状的几何截面（圆形或矩形）。

图2.30（a）是台肩固定；图2.30（b）是铆接固定。这两种固定方法应用较广泛，但不论是哪一种固定方法，只要工作部分截面是非圆形的，而固定部分是圆形的，都必须在固定端接缝外加防转销。以铆接法固定时，铆接部位的硬度较工作部分要低。

图2.30（c）和图2.30（d）是直通式凸模。直通式凸模用线切割加工或成形铣、成形磨削加工。截面形状复杂的凸模广泛应用这种结构。

图2.30（d）是用低熔点合金浇注固定的。用低熔点合金等黏结剂固定凸模方法的优点在于，当多凸模冲裁时（如电动机定子、转子冲槽孔），可以简化凸模固定板的加工工艺，便于在装配时保证凸模与凹模的正确配合。此时，凸模固定板上安装凸模的孔的尺寸较凸模大，留有一定的间隙，以便填充黏结剂。为了粘得牢固，在凸模的固定端或固定板相应的孔上应开设一定的槽形。常用的黏结剂有低熔点合金、环氧树脂和无机黏结剂等。

（3）大、中型凸模

大、中型的冲裁凸模有整体式和镶拼式两种。

图2.31（a）是大、中型整体式凸模，直接用螺钉和销钉固定。图2.31（b）是镶拼式凸模，它不但节约贵重的模具钢，而且减小锻造、热处理和机械加工的困难，因而大型凸模宜采用这种结构。关于镶拼式结构的设计方法，将在后面详细叙述。

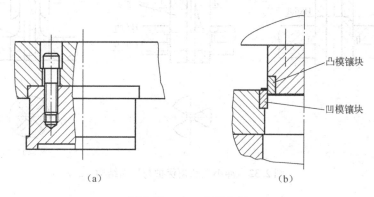

图2.31 大、中型凸模

（4）小孔凸模

小孔：一般指孔径 d 小于被冲板料厚度或直径 $d<1mm$ 的圆孔和面积 $A<1mm^2$ 的异形孔。

冲小孔的凸模强度和刚性差，容易弯曲和折断，所以必须采取措施以提高它的强度和刚度，从而提高其使用寿命。对冲小孔凸模加导向结构就是保护措施的一种（图2.32）。冲小孔凸模加保护与导向结构有两种。

① 局部保护与导向：图2.32（a）和（b）是局部保护与导向结构，它是利用弹压卸料板对凸模进行导向的，其导向效果不如全长导向结构。图2.32（c）和（d）实际上也是局部导向结构，它是以简单的凸模护套来保护凸模的，并以卸料板导向，其效果较好。

② 全长保护与导向：图2.32（e）、（f）和（g）基本上是全长保护与导向，其护套装在卸料板或导板上，在工作过程中始终不离开上模导板、等分扇形块或上护套。当模具处于闭合状态时，护套上端也碰不到凸模固定板。当上模下压时，护套相对上滑，凸模从护套中相对伸出进行冲孔。这种结构避免了小凸模可能受到的侧压力，防止小凸模弯曲和折断。尤其是对如图2.32（f）所示的具有三个等分扇形槽的护套，可在固定的三个等分扇形块中滑动，

使凸模始终处于三向保护与导向中，效果较图 2.32（e）好，但结构较复杂，制造困难，而图 2.32（g)结构较简单，导向效果也较好。

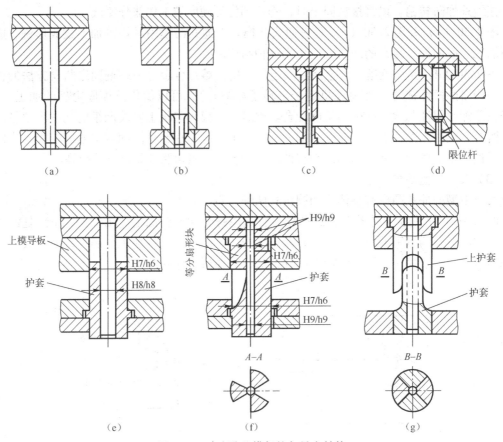

图 2.32 冲小孔凸模保护与导向结构

2）凸模长度的计算

凸模长度尺寸应根据模具的具体结构，并考虑修磨、固定板与卸料板之间的安全距离、装配等的需要来确定。

当采用固定卸料板和导料板时，如图 2.33（a）所示，其凸模长度按下式计算：

$$L = h_1 + h_2 + h_3 + h \tag{2-26}$$

当采用弹压卸料板时，如图 2.33（b）所示，其凸模长度按下式计算：

$$L = h_1 + h_2 + t + h \tag{2-27}$$

式中，L 为凸模长度（mm）；h_1 为凸模固定板厚度（mm）；h_2 为卸料板厚度，(mm)；h_3 为导料板厚度（mm）；t 为材料厚度（mm）；h 为增加长度（它包括凸模的修磨量、凸模进入凹模的深度（0.5～1mm）、凸模固定板与卸料板之间的安全距离等，一般取 h 为 10～20mm）。

按照上述方法计算出凸模长度后，上靠国家标准中规定的凸模长度系列尺寸得出凸模实际长度。

3）凸模的强度与刚度校核

在一般情况下，凸模的强度和刚度是足够的，没有必要进行校核。但是当凸模的截面尺

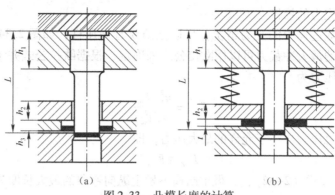

图 2.33 凸模长度的计算

寸很小而冲裁的板料较厚或根据结构需要确定的凸模特别细长时,则应进行承压能力和抗纵弯曲能力的校核。

(1)承压能力的校核

凸模承压能力按下式校核:

$$\sigma = \frac{F'_z}{A_{min}} \leqslant [\sigma_{压}] \tag{2-28}$$

式中,σ 为凸模最小截面的压应力(MPa);F'_z 为凸模纵向所承受的压力,它包括冲裁力和推件力(或顶件力)(N);A_{min} 为凸模最小面积(mm²);$[\sigma_{压}]$ 为凸模材料的许用抗压强度(MPa)。

凸模材料的许用抗压强度的大小取决于凸模材料及热处理,选用时一般可参考下列数值:对于 T8A、T10A、Cr12MoV、GCr15 等工具钢,当淬火硬度为 58～62HRC 时,可取 $[\sigma_{压}] = (1.0～1.6) \times 10^3 MPa$;如果凸模有特殊导向,可取 $[\sigma_{压}] = (2～3) \times 10^3 MPa$。

由式(2-28)可得:

$$A_{min} \geqslant \frac{F'_z}{[\sigma_{压}]} \tag{2-29}$$

对于圆形凸模,当推件力或顶件力为零时:

$$d_{min} \geqslant \frac{4t\tau_b}{[\sigma_{压}]} \tag{2-30}$$

式中,d_{min} 为凸模工作部分最小直径(mm);t 为材料厚度(mm);τ_b 为冲裁材料的抗剪强度(MPa);$[\sigma_{压}]$ 为凸模材料的许用抗压强度(MPa)。

设计时可按式(2-29)或式(2-30)校核,也可查表 2.16。表 2.16 是当 $[\sigma_{压}] = (1.0～1.6) \times 10^3 MPa$ 时,计算得到的最小相对直径 $(d/t)_{min}$。

表 2.16 凸模允许的最小相对直径 $(d/t)_{min}$

冲压材料	抗剪强度 τ_b/MPa	$(d/t)_{min}$	冲压材料	抗剪强度 τ_b/MPa	$(d/t)_{min}$
低碳钢	300	0.75～1.20	不锈钢	500	1.25～2.00
中碳钢	450	1.13～1.80	硅钢片	190	0.48～0.76
黄铜	260	0.65～1.04			

注:表中为按理论冲裁力计算的结果,若考虑实际冲裁力应增加 30% 时,则用 1.3 乘表值。

(2) 失稳弯曲应力的校核

根据凸模在冲裁过程中的受力情况，可以把凸模看做压杆，如图 2.34 所示，所以，凸模不发生失稳弯曲的最大冲裁力可以用欧拉公式来确定。根据欧拉公式并考虑安全系数，可得凸模允许的最大压力为

$$F_{max} = \frac{\pi^2 E I_{min}}{n \mu^2 l_{max}^2} \tag{2-31}$$

凸模纵向实际总压力应小于允许的最大压力，即

$$F'_z \leqslant F_{max} \tag{2-32}$$

由式（2-31）和式（2-32），可得出凸模不发生纵向弯曲的最大长度为

$$l_{max} \leqslant \sqrt{\frac{\pi^2 E I_{min}}{n \mu^2 F'_z}} \tag{2-33}$$

以上各式中，F_{max} 为凸模允许的最大压力（N）；F'_z 为凸模所受的总压力（N）；E 为凸模材料的弹性模量，对于模具钢，$E = 2.2 \times 10^5 \text{MPa}$；$I_{min}$ 为凸模最小截面（即刃口直径截面）的惯性矩，对于圆形凸模，$I_{min} = \frac{\pi d^4}{64}$，单位为 mm^4，其中 d 为凸模工作刃口直径，单位为 mm；n 为安全系数，淬火钢 $n = 2 \sim 3$；l_{max} 为凸模最大允许长度（mm）；μ 为支撑系数，当凸模无导向时（图2.34（a）和（b）），可视为一端固定另一端自由的压杆，取 $\mu = 2$，当凸模有导向时（图2.34（c）和（d）），可视为一端固定另一端铰支的压杆，取 $\mu = 0.7$。

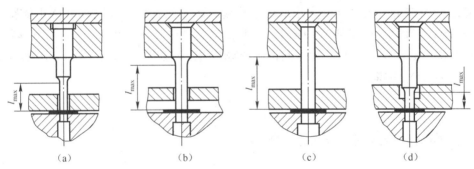

图 2.34 有导向与无导向凸模

把上述 n、μ、E 代入式（2-33）后可以得到一般截面形状的凸模不发生失稳弯曲的最大允许长度：

有导向的凸模：

$$l_{max} \leqslant 1200 \sqrt{\frac{I_{min}}{F'_z}} \tag{2-34}$$

无导向的凸模：

$$l_{max} \leqslant 425 \sqrt{\frac{I_{min}}{F'_z}} \tag{2-35}$$

把圆形凸模刃口直径的惯性矩代入式（2-34）和式（2-35），可得圆形截面的凸模不发生失稳弯曲的极限长度为：

有导向的凸模：

$$l_{\max} \leqslant 270 \frac{d^2}{\sqrt{F'_z}} \tag{2-36}$$

无导向的凸模:

$$l_{\max} \leqslant 95 \frac{d^2}{\sqrt{F'_z}} \tag{2-37}$$

如果由于模具结构的需要,凸模的长度大于极限长度,或凸模工作部分直径小于允许的最小值,就应采用凸模加护套等办法加以保护。在实际生产中,考虑到模具制造、刃口利钝、偏载等因素的影响,即使长度不大于极限长度的凸模,为保证冲裁工作的正常进行,有时也采取保护措施。

由式(2-33)可以看出,凸模不产生失稳弯曲的极限长度与凸模本身的力学性能、截面尺寸和冲裁力有关,而冲裁力又与冲裁板料厚度及其力学性能等有关。因此,对于用小凸模冲裁较厚的板料或较硬的材料时,必须注意选择凸模材料及其热处理规范,以提高凸模的力学性能。

2. 凹模

1)凹模的结构形式及其固定方法

图2.35(a)和(b)是标准的两种圆形凹模及其固定方法,这两种圆形凹模尺寸都不大,直接装在凹模固定板中,主要用于冲孔。

图2.35(c)是采用螺钉和销钉直接固定在支撑板上的凹模,这种凹模板已经有标准,它与标准固定板、垫板和模座等配套使用。

图2.35(d)是快换式冲孔凹模的固定方法。

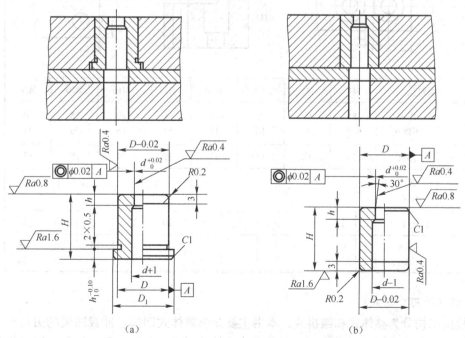

图2.35 凹模形式及其固定

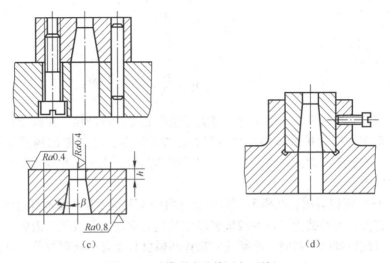

图 2.35 凹模形式及其固定（续）

凹模采用螺钉和销钉定位时，要保证螺钉（或沉孔）间、螺孔与销孔间，以及螺孔、销孔与凹模刃壁间的距离不能太近，否则会影响模具寿命。孔距的最小值可参考表 2.17。

表 2.17 螺孔（或沉孔）、销孔之间及孔至刃壁的最小距离　　（mm）

螺钉孔		M4	M6	M8	M10	M12	M16	M20	M24
s_1	淬火	8	10	12	14	16	20	25	30
	不淬火	6.5	8	10	11	13	16	20	25
s_2	淬火	7	12	14	17	19	24	28	35
s_3	淬火	5							
	不淬火	3							
销钉孔 d		2	3	4	5	6	8	10	12	16	20	25
s_4	淬火	5	6	7	8	9	11	12	15	16	20	25
	不淬火	3	3.5	4	5	6	7	8	10	13	16	20

2）凹模的刃口形式

凹模按结构分为整体式和镶拼式，本书主要介绍整体式凹模。冲裁凹模的刃口形式有直筒形和锥形两种。选用刃口形式时，应根据冲裁件的形状、厚度、尺寸精度，以及模具的具体结构来决定，其刃口形式见表 2.18。

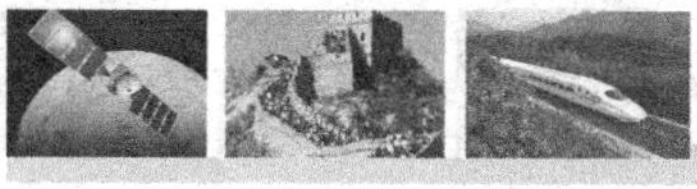

表 2.18 冲裁凹模的刃口形式及主要参数

刃口形式	序号	简图	特点及适用范围
直筒形刃口	1	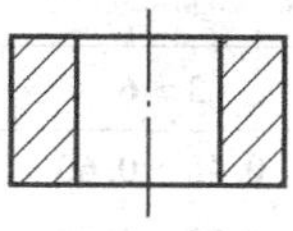	① 刃口为直通式，强度高，修磨后刃口尺寸不变。 ② 用于冲裁大型或精度要求较高的零件，模具装有顶出装置，不适用于下漏料的模具
	2	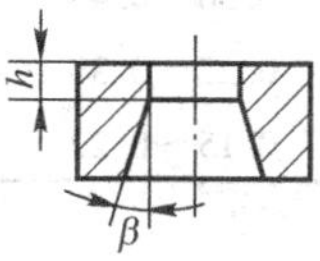	① 刃口强度较高，修磨后刃口尺寸不变。 ② 凹模内易积存废料或冲裁件，尤其当间隙较小时，刃口直壁部分磨损较快。 ③ 用于冲裁形状复杂或精度要求较高的零件
	3	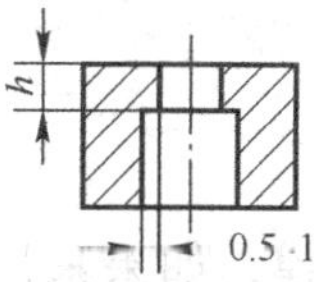	① 特点同序号2，且刃口直壁下面的扩大部分可使凹模加工简单，但采用下漏料方式时，刃口强度不如序号2的刃口强度高。 ② 用于冲裁形状复杂或精度要求较高的中、小型件，也可用于装有顶出装置的模具
	4	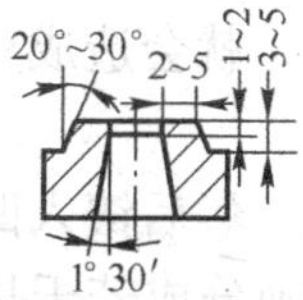	① 凹模硬度较低（有时可不淬火），一般为40HRC，可用于手锤敲击刃口外侧斜面以调整冲裁间隙。 ② 用于冲裁薄而软的金属或非金属零件
锥形刃口	5	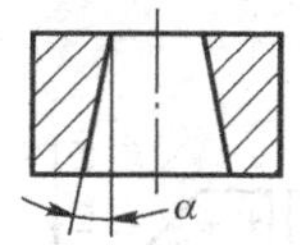	① 刃口强度较差，修磨后刃口尺寸略有增大。 ② 凹模内不易积存废料或冲裁件，刃口内壁磨损较慢。 ③ 用于冲裁形状简单，精度要求不高的零件
	6	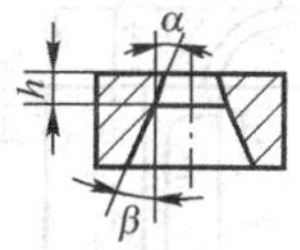	① 特点同序号5。 ② 可用于冲裁形状较复杂的零件

主要参数	材料厚度 t（mm）	α（′）	β（°）	刃口高度（mm）	备注
	<0.5	15	2	≥4	
	0.5～1			≥5	α 值适用于钳工加工，采用线切割加工时，
	1～2.5			≥6	可取 $\alpha = 5′\sim 20′$
	2.5～6	30	3	≥8	
	>6			≥10	

3）整体式凹模轮廓尺寸的确定

凹模轮廓尺寸指凹模平面尺寸和厚度。

由于凹模结构形式和固定方法不同，受力情况又比较复杂，目前尚不能用理论方法精确计算。在实际生产中，通常根据冲裁的板料厚度和冲裁件的轮廓尺寸，或凹模孔口刃壁间距等各方面因素，按经验公式来确定，如图 2.36 所示。

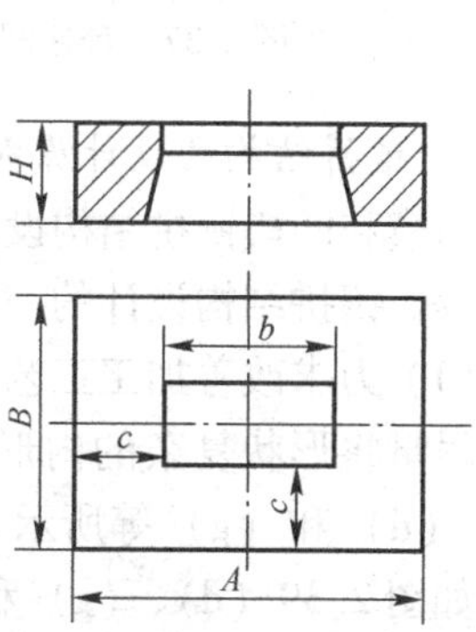

凹模厚度：

$$H = kb \quad (\geq 15\text{mm}) \tag{2-38}$$

凹壁壁厚：

$$c = (1.5 \sim 2)H \quad (\geq 30 \sim 40\text{mm}) \tag{2-39}$$

图 2.36 凹模轮廓尺寸的确定

上式中，b 为凹模刃口的最大尺寸（mm）；k 为系数，考虑板料厚度的影响，可参见表 2.19。

表 2.19 凹模厚度系数 k

垂直送料方向的凹模刃壁间的最大距离 s（mm）	材料厚度 t		
	≤1	1～3	3～6
≤50	0.30～0.40	0.35～0.50	0.45～0.60
50～100	0.20～0.30	0.22～0.35	0.30～0.45
100～200	0.15～0.20	0.18～0.22	0.22～0.30
>200	0.10～0.15	0.12～0.18	0.15～0.22

3. 凸、凹模的镶拼结构

1）镶拼结构的应用场合及镶拼方法

对于大、中型的凸、凹模或形状复杂、局部薄弱的小型凸、凹模，如果采用整体式结构，将给锻造、机械加工或热处理带来困难，而且当发生局部损坏时，就会造成整个凸、凹模的报废，因此常采用镶拼结构的凸、凹模。

镶拼结构有镶接和拼接两种。镶接是将局部易磨损部分另做一块，然后镶入凹模体或凹模固定板内，如图 2.37 所示；拼接是整个凸、凹模的形状按分段原则分成若干块，分别加工后拼接起来，如图 2.38 所示。

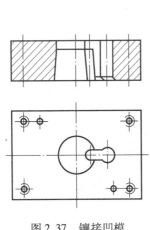

图 2.37 镶接凹模

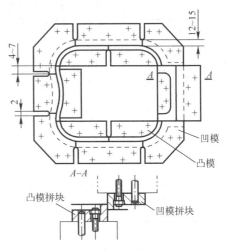

图 2.38 拼接凹模

2）镶拼结构的设计原则

凸模和凹模镶拼结构设计的依据是凸、凹模的形状、尺寸及其受力情况，以及冲裁板料厚度等。镶拼结构设计的一般原则如下。

（1）力求改善加工工艺，减少钳工工作量，提高模具加工精度。

尽量将形状复杂的内形加工变成外形加工，以便于切削加工和磨削，如图 2.39（a）、(b)、(d) 和 (g) 等所示。尽量使分割后拼块的形状、尺寸相同，可以几块同时加工和磨削，如图 2.39（d）、(g) 和 (f) 等，一般沿对称线分割可以实现这个目的。应沿转角、尖角分割，并尽量使拼块角度大于或等于 90°，如图 2.39（j）所示。

圆弧尽量单独分块，拼接线应在离切点 4～7mm 的直线处，大圆弧和长直线可以分为几块，如图 2.38 所示。拼接线应与刃口垂直，而且不宜过长，一般为 12～15mm，如图 2.38 所示。

（2）便于装配调整和维修。

比较薄弱或容易磨损的局部凸出或凹进部分，应单独分为一块，如图 2.37 和图 2.39（a）所示。拼块之间应能通过磨削或增减垫片的方法来调整其间隙或保证中心距公差，如图 2.39（h）和（i）所示。拼块之间应尽量以凸、凹槽形相嵌，便于拼块定位，防止在冲压过程中发生相对移动，如图 2.39（k）所示。

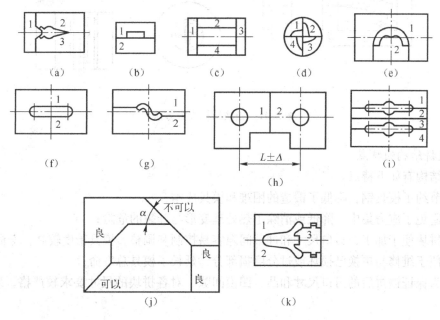

图 2.39　镶拼结构实例

（3）满足冲压工艺要求，提高冲压件质量。

为此，凸模与凹模的拼接线应至少错开 4～7mm，以免冲裁件产生毛刺，如图 2.38 所示；拉深模拼块接线应避开材料有增厚部位，以免零件表面出现拉痕。

为了减小冲裁力，大型冲裁件或厚板冲裁的镶拼模，可以把凸模（冲孔时）或凹模（落料时）制成波浪斜刃，如图 2.40 所示。斜刃应对称，拼接面应取在最低或最高处，每块一个或半个波形，斜刃高度 H 一般取板料厚度的 1～3 倍。

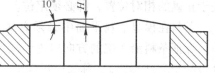

图 2.40　斜刃拼块结构

3）镶拼结构的固定方法

镶拼结构的固定方法主要有以下几种。

（1）平面式固定

平面式固定即把拼块直接用螺钉、销钉紧固，定位于固定板或模座上，如图 2.38 所示，这种固定方法主要用于大型的镶拼凸、凹模。

（2）嵌入式固定
嵌入式固定即把各拼块拼合后嵌入固定板凹槽内，如图2.41（a）所示。
（3）压入式固定
压入式固定即把各拼块拼合后，以过盈配合压入固定板孔内，如图2.41（b）所示。
（4）斜楔式固定
斜楔式固定如图2.41（c）所示。此外，还有用黏结剂浇注等固定方法。

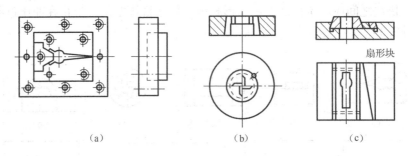

图2.41 镶块结构固定方法

4）镶拼结构的特点
镶拼结构有如下特点。
（1）节约了模具钢，降低了锻造的困难和模具成本；
（2）避免了应力集中，降低或消除了热处理变形与开裂的危险；
（3）拼块便于加工，刃口尺寸和冲裁间隙容易控制和调整，模具精度较高，寿命较长；
（4）便于维修与更换已损坏或过分磨损部分，延长了模具总寿命；
（5）为保证镶拼后的刃口尺寸和凸、凹模间隙，对各拼块的尺寸要求较严格，装配工艺较复杂。

2.4.2 定位零件

为了保证模具正常工作和冲出合格的冲裁件，必须保证坯料或工序件对模具的工作刃口处于正确的相对位置，即必须定位。

条料在模具送料平面中必须有两个方向的限位：一是在与送料方向垂直的方向上的限位，保证条料沿正确的方向送进，称为送进导向；二是在送料方向上的限位，控制条料一次送进的距离（步距），称为送料定距。对于块料或工序件的定位，基本上也是在这两个方向上的限位，只是定位零件的结构形式与条料的结构形式有所不同。

1. 送进导向零件

1）导料销
导料销是对条料或带料的侧向进行导向，以免送偏的定位零件。
图3.13所示的正装式复合模即为采用导料销送进导向的模具。导料销一般设有两个，并位于条料的同一侧，从右向左送料时，导料销装在后侧；从前向后送料时，导料销装在左

侧。导料销可设在凹模面上（一般为固定式的），如图3.14所示；也可以设在弹压卸料板上（一般为活动式的），如图3.14所示；还可以设在固定板或下模座上（导料螺钉）。

固定式和活动式的导料销的结构可选相应的国家标准。导料销导向定位多用于单工序模和复合模中。

2）导料板

导料板也是对条料或带料的侧向进行导向，以免送偏的定位零件。与导料销不同的是导料板不是用销导向而是用一块或两块导板导向的（见图2.42）。

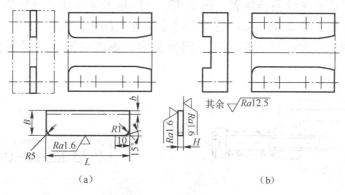

图2.42 导料板结构

图3.15所示是导料板送进导向的模具。具有导板（或卸料板）的单工序模或级进模，常采用这种送料导向结构。导料板一般设在条料两侧，其结构有两种：一种是标准结构，如图2.42（a）所示，它与卸料板（或导板）分开制造；另一种是与卸料板制成整体的结构，如图2.42（b）所示。为使条料顺利通过，两导板间距离应等于条料最大宽度加上一个间隙值（见排样及条料宽度计算）。导料板的厚度 H 取决于挡料方式和板料厚度，以便于送料为原则。采用固定挡料销时，挡料销高度、导料板厚度见表2.20。

表2.20 挡料销高度、导料板厚度 H （mm）

简 图			
材料厚度 t	挡料销高度 h	导料板厚度 H	
		固定导料销	自动导料销或侧刃
0.3～2	3	6～8	4～8
2～3	4	8～10	6～8
3～4	4	10～12	8～10
4～6	5	12～15	8～10
6～10	8	15～25	10～15

3）侧压装置

如果条料的公差较大，为避免条料在导料板中偏摆，使最小搭边得到保证，应在送料方向的一侧装侧压装置，迫使条料始终紧靠另一侧导料板送进。

侧压装置的结构形式如图2.43所示。国家标准中的侧压装置有两种。

（1）图2.43（a）是弹簧式侧压装置，侧压力较大，宜用于较厚板料的冲裁模；

（2）图2.43（b）为簧片式侧压装置，侧压力较小，宜用于板料厚度为0.3～1mm的薄板冲裁模。

在实际生产中还有两种侧压装置：图2.43（c）是簧片压块式侧压装置，其应用场合与图2.43（b）相似；图2.43（d）是板式侧压装置，侧压力大且均匀，一般装在模具进料一端，适用于侧刃定距的级进模。在一副模具中，侧压装置的数量和位置视实际需要而定。

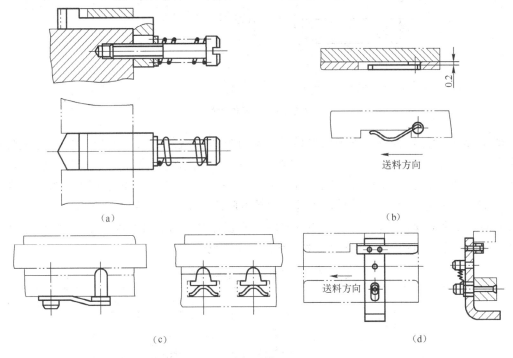

图2.43 侧压装置

应该注意的是，板料厚度在0.3mm以下的薄板不宜采用侧压装置。另外，由于有侧压装置的模具，送料阻力较大，因而备有辊轴自动送料装置的模具也不宜设置侧压装置。

2. 送料定距方式与零件

常见限定条料送进距离的方式有以下两种。

（1）用挡料销挡住搭边或冲件轮廓以限定条料送进距离的挡料销定距；

（2）用侧刃在条料侧边冲切出不同形状的缺口，以限定条料送进距离的侧刃定距。

1）挡料销

（1）固定挡料销

国家标准结构的固定挡料销如图 2.44（a）所示，其结构简单，制造容易，广泛用于冲制中、小型冲裁件的挡料定距；其缺点是销孔离凹模刃壁较近，削弱了凹模的强度。在部颁标准中，还有一种钩形挡料销，如图 2.44（b）所示，这种挡料销的销孔距离凹模刃壁较远，不会削弱凹模强度。但为了防止钩头在使用过程中发生转动，需考虑防转。图 2.44（b）中是采用了定向销来防止其转动的，从而增加了制造的工作量。

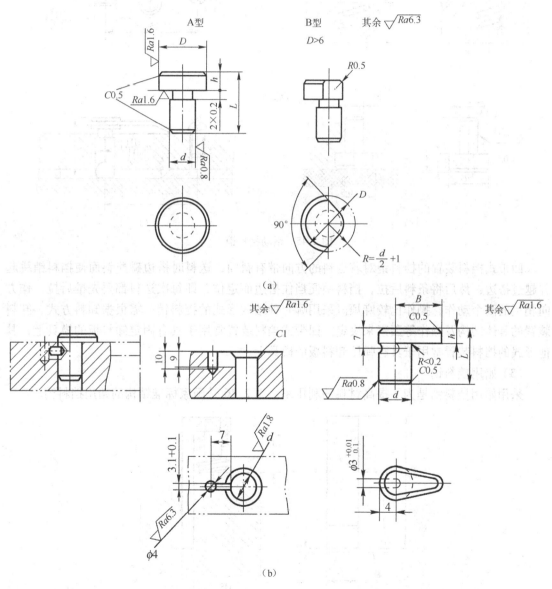

图 2.44　固定挡料销

（2）活动挡料销

国家标准结构的活动挡料销如图 2.45 所示。

图 2.45（a）为弹簧弹顶挡料装置；图 2.45（b）是扭簧弹顶挡料装置；图 2.45（c）为橡胶弹顶挡料装置；图 2.45（d）为回带式挡料装置。

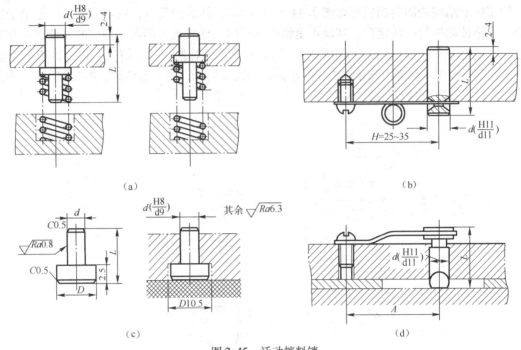

图 2.45 活动挡料销

回带式挡料装置的挡料销对着送料的方向带有斜面，送料时搭边碰撞斜面使挡料销跳起并越过搭边，然后将条料后拉，挡料销便挡住搭边而定位，即每次送料都要先推后拉，作方向相反的两个动作，操作比较麻烦。采用哪一种结构形式的挡料销，需根据卸料方式、卸料装置的具体结构及操作等因素来决定。回带式挡料装置常用于具有固定卸料板的模具上；其他形式的挡料装置常用于具有弹压卸料板的模具上。

（3）始用挡料销

采用始用挡料销是为了提高材料的利用率。图 2.46 是国家标准结构的始用挡料销。

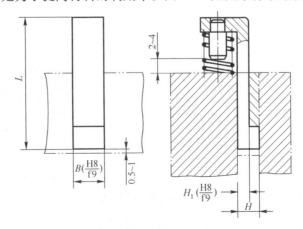

图 2.46 始用挡料销

始用挡料销一般用于以导料板送料导向的级进模和单工序模中。一副模具用几个始用挡料销，取决于冲裁排样方法及凹模上的工位安排。

2）侧刃

在级进模中，为了限定条料的送进距离，在条料侧边冲切出一定形状缺口的凸模，称为侧刃。它定位精度高且可靠，保证有较高的送料精度和生产率，其缺点是增加了材料的消耗和冲裁力，所以一般用于下述情况：

（1）送料精度和生产率要求较高；

（2）不宜采用挡料销时，如冲裁窄长制件，送料进距小，不能安装始用挡料销和固定挡料销；

（3）冲裁薄料（$\delta<0.5mm$）时，因其刚性差，不便抬起送进，且采用导正销会压弯孔边而达不到精定位，或冲裁件侧边需冲出一定形状，由侧刃一同完成的情况。

国家标准中的侧刃结构如图 2.47 所示。按侧刃的工作端面形状分为平面型（Ⅰ）和台阶型（Ⅱ）两类。台阶型多用于厚度为 1mm 以上的板料的冲裁，冲裁前凸出部分先进入凹模导向，以免由于侧压力而导致侧刃损坏（工作时侧刃是单边冲切）。按侧刃的截面形状分为长方形侧刃和成形侧刃两类。图 2.47 ⅠA 型和 ⅡA 型为长方形侧刃。其结构简单，制造容易，但刃口尖角磨损后，在条料侧边形成的毛刺会影响顺利送进和定位的准确性，如图 2.48（a）所示。而采用成形侧刃，如果条料侧边形成毛刺，毛刺离开了导料板和侧刃挡板的定位面，所以送进顺利，定位准确，如图 2.48（b）所示。但这种侧刃使切边宽度增加，材料的消耗增多，侧刃较复杂，制造较困难。长方形侧刃一般用于板料厚度小于 1.5mm，冲裁件精度要求不高的送料定距；成形侧刃用于板料厚度小于 0.5mm，冲裁件精度要求较高的送料定距。

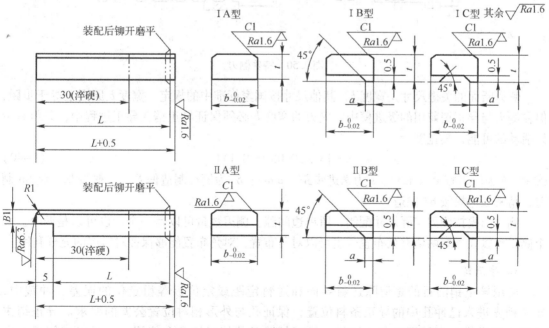

图 2.47 侧刃结构

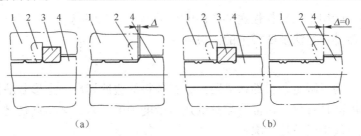

1—导料板；2—侧刃挡块；3—侧刃；4—条料

图 2.48　侧刃定距误差比较

图 2.49 是尖角形侧刃，它与弹簧挡销配合使用。其工作过程如下：侧刃先在料边冲一个缺口，条料送进时，当缺口直边滑过挡料销后，再向后拉条料至挡料销直边挡住缺口为止。使用这种侧刃定距，材料消耗少，但操作不便，生产率低，此侧刃可用于冲裁贵重金属。

在实际生产中，往往遇到两侧边或一侧边有一定形状的冲裁件，如图 2.50 所示。对于这种零件，如果用侧刃定距，则可以设计与侧边形状相应的特殊侧刃（见图 2.50），这种侧刃既可定距，又可冲裁零件的部分轮廓。

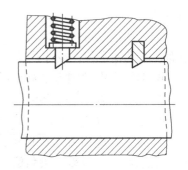

图 2.49　尖角形侧刃

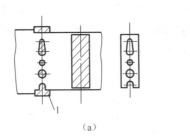
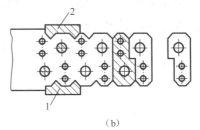

图 2.50　特殊侧刃

侧刃断面的关键尺寸是宽度 b，其他尺寸按国家标准中的规定。宽度 b 原则上等于步距，但在侧刃与导正销兼用的级进模中，侧刃的宽度 b 必须保证导正销在导正过程中，条料有少许活动的可能，其宽度为

$$b = [s + (0.05 \sim 0.1)] _{-\delta_c}^{0} \tag{2-40}$$

式中，b 为侧刃宽度（mm）；s 为送进步距（mm）；δ_c 为侧刃制造偏差，一般按基轴制 h6 制造，精密级进模按 h4 制造。

侧刃凹模按侧刃实际尺寸配制，留单边间隙。侧刃数量可以是一个，也可以是两个。两个侧刃可以在条料两侧并列布置，也可以对角布置，对角布置能够保证对料尾的充分利用。

3）导正销

使用导正销的目的是消除送料导向和送料定距或定位板等粗定位的误差，冲裁中，导正销先进入已冲孔中的导正条料位置，保证孔与外形相对位置公差的要求。导正销主要用于级进模，也可用于单工序模。导正销通常与挡料销配合使用，也可以与侧刃配合使用。

国家标准的导正销结构形式如图 2.51 所示。导正销的结构形式主要根据孔的尺寸选择。

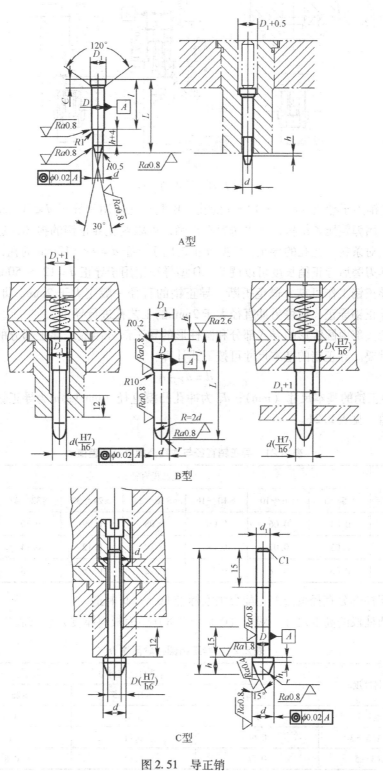

图 2.51 导正销

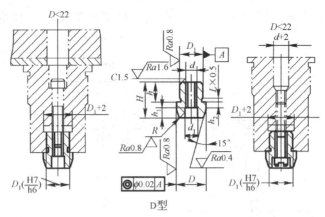

图 2.51 导正销（续）

A 型导正销用于导正 $d = 2 \sim 12\text{mm}$ 的孔。B 型导正销用于导正 $d \leq 10\text{mm}$ 的孔。这种形式的导正销采用弹簧压紧结构，如果送料不正确，可以避免导正销的损坏，这种导正销还可用于级进模上对条料工艺孔的导正。C 型导正销用于导正 $d = 4 \sim 12\text{mm}$ 的孔，这种导正销拆装方便，模具刃磨后导正销长度可以调节。D 型导正销用于导正 $d = 12 \sim 50\text{mm}$ 的孔。

为了使导正销工作可靠，避免折断，导正销的直径一般应大于 2mm，即孔径小于 2mm 的孔不宜用导正销导正，但可另冲直径大于 2mm 的工艺孔进行导正。

导正销的头部由圆锥形的导入部分和圆柱形的导正部分组成。导正部分的直径和高度尺寸及公差很重要。导正销的基本尺寸可按下式计算：

$$d = d_\text{T} - a \tag{2-41}$$

式中，d 为导正销的基本尺寸（mm）；d_T 为冲孔凸模直径（mm）；a 为导正销直径与冲孔凸模直径的差值，见表 2.21。

表 2.21 导正销直径与冲孔凸模直径的差值 a （mm）

材料厚度 t	冲孔凸模直径 d_T						
	1.5~6	>6~10	>10~16	>16~24	>24~32	>32~42	>42~60
≤1.5	0.04	0.06	0.06	0.08	0.09	0.10	0.12
1.5~3	0.05	0.07	0.08	0.10	0.12	0.14	0.16
3~5	0.06	0.08	0.10	0.12	0.16	0.18	0.20

导正销圆柱部分直径按公差与配合国家标准 h6 ~ h9 制造。

导正销圆柱段的高度尺寸一般取 $(0.5 \sim 0.8)t$（t 为板料厚度）或按表 2.22 选取。

表 2.22 导正销圆柱段高度 h_1 （mm）

板料厚度 t	冲裁件孔尺寸 d		
	1.5~10	>10~25	>25~50
≤1.5	1	1.2	1.5
>1.5~3	0.6t	0.8t	t
>3~5	0.5t	0.6t	0.8t

级进模常采用导正销与挡料销配合使用来进行定位,挡料销只起粗定位作用,导正销进行精定位。因此,挡料销的位置必须保证导正销在导正过程中条料有少许活动的可能。它们的位置关系如图 2.52 所示。

按图 2.52(a)方式定位,挡料销与导正销的中心距为:

$$s_1 = s - \frac{D_T}{2} + \frac{D}{2} + 0.1 = s - \frac{D_T - D}{2} + 0.1 \tag{2-42}$$

按图 2.52(b)方式定位,挡料销与导正销的中心距为:

$$s'_1 = s + \frac{D_T}{2} - \frac{D}{2} - 0.1 = s + \frac{D_T - D}{2} - 0.1 \tag{2-43}$$

式中,s 为送料步距(mm);D_T 为落料凸模直径(mm);D 为挡料销头部直径(mm);s_1、s'_1 为挡料销与落料凸模的中心距(mm)。

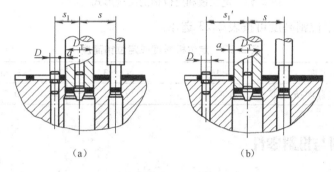

图 2.52 挡料销与导正销的位置关系

3. 定位板和定位销

定位板和定位销用于单个坯料或工序件的定位。其定位方式有外缘定位和内孔定位两种,如图 2.53 所示。

定位方式是根据坯料或工序件的外形复杂性、尺寸大小和冲压工序性质等具体情况来决定的。外形比较简单的冲裁件一般采用外缘定位,如图 2.53(a)所示。外形轮廓较复杂的一般采用内孔定位,如图 2.53(b)所示。

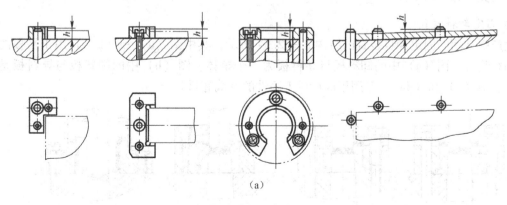

图 2.53 定位板和定位销的结构形式

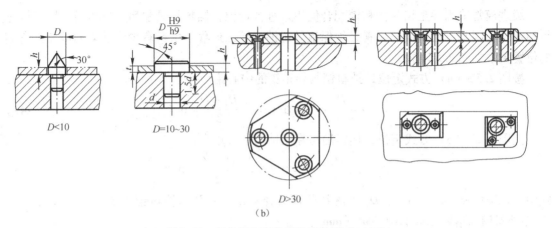

图 2.53 定位板和定位销的结构形式（续）

定位板厚度或定位销高度可按表 2.23 选用。

表 2.23 定位板厚度或定位销高度 （mm）

材料厚度 t	<1	>1～3	>3～5
高度（厚度）h	$t+2$	$t+1$	t

2.4.3 卸料与推料零件

从广义上说，卸料装置包括卸料、推件和顶件等装置。其作用是当冲模完成一次冲压之后，把冲裁件或废料从模具工作零件上卸下来，以便冲压工作继续进行。通常，卸料是指把冲裁件或废料从凸模上卸下来；推件和顶件一般指把冲裁件或废料从凹模上卸下来。

1. 卸料装置

卸料装置分固定卸料装置、弹压卸料装置和废料切刀三种。卸料装置用于卸掉卡箍在凸模上或凹模上的冲裁件或废料。废料切刀是在冲压过程中将废料切成数块，避免卡箍在凸模上，从而实现卸料的零件。

1）固定卸料装置

生产中常用的固定卸料装置的结构如图 2.54 所示，其中图（a）和（b）是用于平板的冲裁卸料装置。图（a）中的卸料板与导料板为一个整体。图（b）中的卸料板与导料板是分开的。图（c）和（d）一般用于成形后工序件的冲裁卸料。

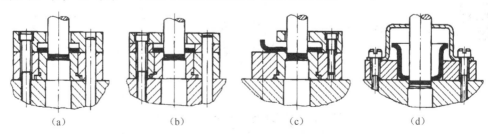

图 2.54 固定卸料装置

当卸料板仅起卸料作用时，凸模与卸料板的双边间隙取决于板料厚度，一般在 0.2～0.5mm 之间，板料薄时取小值，板料厚时取大值。当固定卸料板兼起导板作用时，一般按 H7/h6 配合制造，但应保证导板与凸模之间间隙小于凸、凹模之间的冲裁间隙，以保证凸、凹模的正确配合。

固定卸料板的卸料力大，卸料可靠。因此，当冲裁板料较厚（大于 0.5mm）、卸料力较大、平直度要求不很高的冲裁件时，一般采用固定卸料装置。

2）弹压卸料装置

弹压卸料装置是由卸料板、弹性元件（弹簧或橡胶）及卸料螺钉等零件组成的。

弹压卸料既起卸料作用又起压料作用，所得冲裁件质量较好，平直度较高。因此，质量要求较高的冲裁件或薄板冲裁宜采用弹压卸料装置。常用的弹压卸料结构形式如图 2.55 所示。

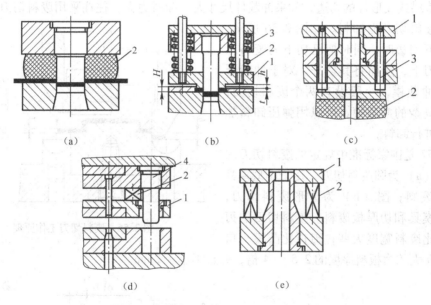

1—卸料板；2—弹性元件；3—卸料螺钉；4—小导柱

图 2.55 弹压卸料装置

图（a）是最简单的弹压卸料方法，用于冲裁厚板或材质较硬的简单冲裁模；图（b）是以导料板为送进导向的冲裁模中所使用的弹压卸料装置。卸料板凸台部分高度为：

$$h = H - (0.1 \sim 0.3)t \qquad (2\text{-}44)$$

式中，h 为卸料板凸台高度；H 为导料板高度；t 为板料厚度（mm）。

图（c）与图（e）比较，虽然同属倒装式模具上的弹压卸料装置，但后者的弹性元件装在下模座之下，卸料力大小容易调节。图（d）是以弹压卸料板作为细长小凸模的导向的，卸料板本身又以两个以上的小导柱导向，以免弹压卸料板产生水平摆动，从而保护小凸模不被折断。在实际生产中，如果一副模具中含有两个以上直径较大的凸模，可用它来代替小导柱对卸料板进行导向，其效果与小导柱相同。在小孔冲模、精密冲模和多工位级进模中，图（d）结构是常用的。

弹压卸料板与凸模的单边间隙可根据冲裁板料厚度按表 2.24 选用。在级进模中，特别小的冲孔凸模与卸料板的单边间隙可将表列数值适当加大。当卸料板起导向作用时，卸料板与凸模按 H7/h6 配合制造，但其间隙应比凸、凹模间隙小，此时，凸模与固定板以 H7/h6 或 H8/h7 配合。此外，在模具开启状态，卸料板应高出模具工作零件刃口 0.3～0.5mm，以便顺利卸料。

表 2.24　弹压卸料板与凸模间隙值　　　　　　（mm）

板料厚度 t	<0.5	0.5～1	>1
单边间隙 Z	0.05	0.1	0.15

3）废料切刀

对于落料或成形件的切边，如果冲裁件尺寸大，卸料力大，往往采用废料切刀来代替卸料板，将废料切开而卸料。如图 2.56 所示，当凹模向下切边时，同时把已切下的废料压向废料切刀上，从而将其切开。对于冲裁形状简单的冲裁模，一般设有两个废料切刀；冲裁形状复杂的冲裁模，可以用弹压卸料加废料切刀进行卸料。

图 2.57 是国家标准中规定的废料切刀的结构。图（a）为圆废料切刀，用于小型模具和切薄板废料；图（b）为方形废料切刀，用于大型模具和切厚板废料。废料切刀的刃口长度应比废料宽度大些，刃口比凸模刃口低，其值 h 大约为板料厚度的 2.5～4 倍，并且不小于 2mm。

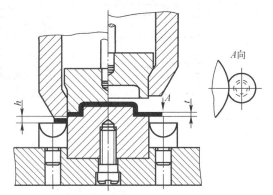

图 2.56　废料切刀工作原理

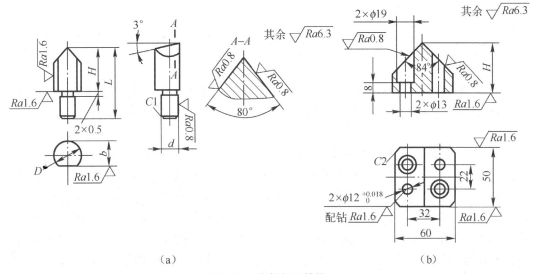

图 2.57　废料切刀结构

2. 推件与顶件装置

推件和顶件的目的都是从凹模中卸下冲裁件或废料。向下推出的机构称为推件，一般装在上模内；向上顶出的机构称为顶件，一般装在下模内。

1）推件装置

推件装置主要有刚性推件装置和弹性推件装置两种。一般刚性推件装置用得多，它由打杆、推板、连接推杆和推件块组成，如图 2.58（a）所示。有的刚性推件装置不需要推板和连接推杆组成中间传递结构，而由打杆直接推动推件块，甚至直接由打杆推件，如图 2.58（b）所示。其工作原理是在冲压结束后上模回程时，利用压力机滑块上的打料杆，撞击上模内的打杆与推件杆（块），将凹模内的工件推出，其推件力大，工作可靠。

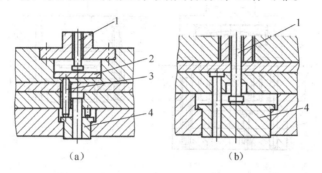

1—打杆；2—推板；3—连接推杆；4—推件块

图 2.58 刚性推件装置

为使刚性推件装置能够正常工作，推力必须均衡。为此，连接推杆需要 2～4 根，且分布均匀，长短一致。推板安装在上模座内。在复合模中，为了保证冲孔凸模的支撑刚度和强度，推板的平面形状尺寸只要能够覆盖到连接推杆，本身刚度又足够，就不必设计得太大，以使安装推板的孔不至太大。图 2.59 为标准推板的结构，设计时可根据实际需要选用。

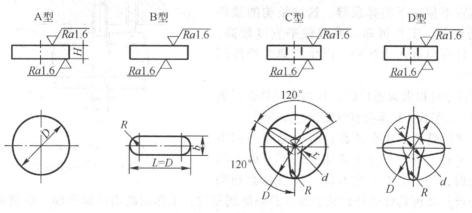

图 2.59 推板结构

由于刚性推件装置推件力大，工作可靠，所以应用十分广泛，不但用于倒装式冲模中的推件，而且也用于正装式冲模中的卸件或推出废料，尤其冲裁板料较厚的冲裁模宜用这种推件装置。

对于板料较薄且平直度要求较高的冲裁件，宜用弹性推件装置，如图 2.60 所示。它以弹性元件的弹力代替打杆给予推件块推力。采用这种结构，冲裁件质量较高，但冲裁件容易嵌入边料中，取出零件麻烦。

应该注意的是，弹性推件装置中弹性元件的弹力必须足够，必要时应选择弹力较大的聚氨酯橡胶、碟形弹簧等。视模具结构的可能性，可以把弹性元件装在推板上，如图 2.60（a）所示，也可以装在推件块上，如图 2.60（b）所示。

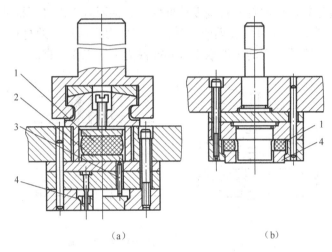

(a)　　　　　　　　　(b)

1—橡胶；2—推板；3—连接推杆；4—推件块

图 2.60　弹性推件装置

2）顶件装置

顶件装置一般是弹性的，顶件装置的典型结构如图 2.61 所示，其基本零件是顶杆、顶件块和装在下模底下的弹顶器。这种结构的顶件力容易调节，工作可靠，冲裁件平直度较高。但冲裁件容易嵌入边料中，产生与弹性推件同样的问题。

弹顶器可以做成通用的，其弹性元件是弹簧或橡胶。大型压力机本身有气垫作为弹顶器。

推件块或顶件块在冲裁过程中是在凹模中运动的零件，对它有如下要求：①模具处于闭合状态时，其背后有一定空间，以备修磨和调

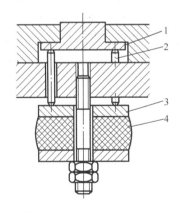

1—顶件块；2—顶杆；3—托板；4—橡胶

图 2.61　弹性顶件装置

整的需要；②模具处于开启状态时，必须顺利复位，工作面高出凹模平面，以便继续冲裁；③它与凹模和凸模的配合应保证顺利滑动，不发生干涉。为此，推件块或顶件块与凹模为间隙配合，其外形尺寸一般按公差与配合国家标准 h8 制造，也可以根据板料厚度取适当间隙。推件块或顶件块与凸模的配合一般呈较松的间隙配合，也可以根据板料厚度取适当间隙。

3. 弹簧与橡胶的选用与计算

弹簧和橡胶是模具中广泛应用的弹性元件，主要为弹性卸料、压料及顶件装置提供作用力和行程。

1）弹簧的选用与计算

在冲模的卸料装置中常用的弹簧是圆柱螺旋压缩弹簧和碟形弹簧。弹簧是标准件。以下是圆柱螺旋弹簧的选用与计算方法。弹簧特性曲线如图 2.62 所示。

（1）弹簧选择原则

① 所选弹簧必须满足预压力的要求：

$$F_0 \geqslant \frac{F_x}{n} \qquad (2\text{-}45)$$

式中，F_0 为弹簧预压状态的压力（N）；F_x 为卸料力（N）；n 为弹簧数量。

② 所选弹簧必须满足最大许可压缩量的要求：

$$\Delta H_2 \geqslant \Delta H \qquad (2\text{-}46)$$

$$\Delta H = \Delta H_0 + \Delta H' + \Delta H'' \qquad (2\text{-}47)$$

式中，ΔH_2 为弹簧最大许可压缩量（mm）；ΔH 为弹簧实际总压缩量（mm）；ΔH_0 为弹簧预压缩量（mm）；$\Delta H'$ 为卸料板的工作行程（mm），一般取 $\Delta H' = t + 1$，t 为板料厚度；$\Delta H''$ 为凸模刃磨量和调整量，一般取 5～10mm。

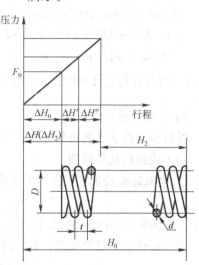

图 2.62 弹簧特性曲线

③ 所选弹簧必须满足模具结构空间的要求，即弹簧的尺寸及数量，应能在模具上进行安装。

（2）弹簧选择步骤

① 根据卸料力和模具安装弹簧的空间大小，初定弹簧数量 n，计算出每个弹簧应有的预压力 F_0 并满足公式（2-45）。

② 根据预压力 F_0 和模具结构预选弹簧规格，选择时应使弹簧的最大工作负荷 $F_2 > F_0$。

③ 计算预选的弹簧在预压力 F_0 作用下的预压缩量 ΔH_0。

$$\Delta H_0 \geqslant \frac{F_0}{F_2} \Delta H_2 \qquad (2\text{-}48)$$

也可以直接在弹簧压缩特性曲线上根据 F_0 查出 ΔH_0，如图 2.62 所示。

④ 校核弹簧最大允许压缩量是否大于实际工作总压缩量，即 $\Delta H_2 > \Delta H_0 + \Delta H' + \Delta H''$，如果不满足上述关系，则必须重新选择弹簧规格，直到满足为止。

【实例 2-4】 如果采用图 2.55（e）所示的卸料装置，冲裁板厚为 1mm 的低碳钢垫圈，设冲裁卸料力为 1000N，试选用所需要的卸料弹簧。

解：（1）根据模具安装位置拟选 4 个弹簧，每个弹簧的预压力为

$$F_0 \geqslant \frac{F_x}{n} = \frac{1000}{4} = 250\text{N}$$

(2) 查有关弹簧规格,初选弹簧规格为:25mm×4mm×55mm。

具体参数为:$D = 25$mm,$d = 4$mm,$t = 6.4$mm,$F_2 = 533$N,$\Delta H_2 = 14.7$mm,$H_0 = 55$mm,$n = 7.7$,$f = 1.92$mm。

(3) 计算 ΔH_0:

$$\Delta H_0 = \frac{\Delta H_2}{F_2} F_0 = \frac{14.7}{533} \times 250 = 6.9 \text{mm}$$

(4) 校核:

设 $\Delta H' = 2$mm,$\Delta H'' = 5$mm

$\Delta H = \Delta H_0 + \Delta H' + \Delta H'' = 6.9 + 2 + 5 = 13.9$mm

由于 $14.7 > 13.9$,即 $\Delta H_2 > \Delta H$。

所以,所选弹簧是合适的,其特性曲线如图 2.63 所示。

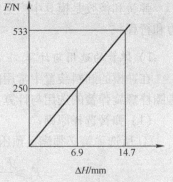

图 2.63 弹簧特性曲线

2)橡胶的选用与计算

橡胶所允许承受的负荷较大,安装调整灵活、方便,是冲裁模中常用的弹性元件。

(1)橡胶的选择原则

① 为保证橡胶正常工作,所选橡胶在预压缩状态下的预压力满足下式:

$$F_0 \geq F_x \tag{2-49}$$

式中,F_0 为橡胶在预压缩状态下的压力(N);F_x 为卸料力(N)。

为保证橡胶不过早失效,其允许最大压缩量不应越过其自由高度的 45%,一般取:

$$\Delta H_2 = (0.35 \sim 0.45) H_0 \tag{2-50}$$

式中,ΔH_2 为橡胶允许的总压缩量(mm);H_0 为橡胶的自由高度(mm)。

橡胶的预压缩量一般取自由高度的 10%~15%,即

$$\Delta H_0 = (0.10 \sim 0.15) H_0 \tag{2-51}$$

式中,ΔH_0 为橡胶预压缩量(mm)。

故

$$\Delta H_1 = \Delta H_2 - \Delta H_0 = (0.25 \sim 0.35) H_0 \tag{2-52}$$

而

$$\Delta H_1 = \Delta H' + \Delta H''$$

式中,$\Delta H'$ 为卸料板的工作行程,$\Delta H' = t + 1$,t 为板料厚度,单位为 mm;$\Delta H''$ 为凸模刃口修磨量(mm)。

② 橡胶高度与直径之比应按下式校核:

$$0.5 \leq \frac{H_0}{D} \leq 1.5 \tag{2-53}$$

式中,D 为橡胶外径(mm)。

(2)橡胶的选择步骤

① 根据工艺性质和模具结构确定橡胶性能、形状和数量。冲裁卸料用较硬橡胶;拉深压料用较软橡胶。

② 根据卸料力求橡胶横截面的尺寸。

橡胶所产生的压力按下式计算:

$$F_{xy} = Ap \tag{2-54}$$

所以，橡胶横截面积为

$$A = \frac{F_{xy}}{p} \tag{2-55}$$

式中，F_{xy} 为橡胶所产生的压力，设计时取大于或等于卸料力 F_x，即 F_0（N）；p 为橡胶所产生的单位面积压力，与压缩量有关，其值可按图 2.64 确定，设计时取预压力下的单位压力（MPa）；A 为橡胶横截面积（mm^2），设计时也可以按表 2.25 计算出橡胶横截面尺寸。

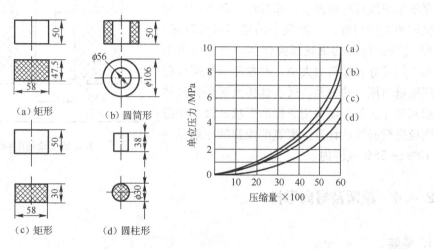

图 2.64 橡胶特性曲线

表 2.25 橡胶的横截面尺寸

橡胶形式					
计算项目	d	D	D	a	a	b
计算公式	按结构选用	$\sqrt{d^2 + 1.27\dfrac{F_x}{p}}$	$\sqrt{1.27\dfrac{F_x}{p}}$	$\sqrt{\dfrac{F_x}{p}}$	$\dfrac{F_x}{bp}$	$\dfrac{F_x}{ap}$

③ 求橡胶高度尺寸：

$$H_0 = \frac{\Delta H_1}{(0.25 \sim 0.30)} \quad (2\text{-}56)$$

④ 校核橡胶高度与直径之比。如果超过 1.5，则应把橡胶分成若干块，在其间垫以钢垫圈；如果小于 0.5，则应重新确定其尺寸。

还应校核最大相对压缩变形量是否在许可的范围内。如果橡胶高度是按允许相对压缩量求出的，则不必校核。

聚氨酯橡胶具有高强度、高弹性、高耐磨性和易于机械加工的特性，在冲模中的应用越来越多。图 2.65 是国家标准的聚氨酯弹性体。使用时可根据模具空间尺寸和卸料力大小，并参照聚氨酯橡胶块的压缩量与压力的关系，适当选择聚氨酯弹性体的形状和尺寸。如果需要用非标准形状的聚氨酯橡胶，则应进行必要的计算。聚氨酯橡胶的压缩量一般在 10% ~ 35% 范围内。

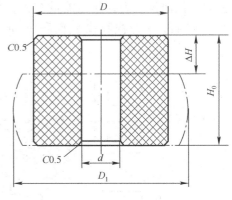

图 2.65 聚氨酯弹性体

2.4.4 模架及导向零件

1. 模架

根据国家标准规定，模架主要有两大类：一类是由上模座、下模座、导柱和导套组成的导柱模模架；另一类是由弹压导板、下模座、导柱和导套组成的导板模模架。模架及其组成零件已经标准化，并对其规定了一定的技术条件。

1) 导柱模模架

导柱模模架按导向结构形式分滑动导向和滚动导向两种。滑动导向模架的精度等级分为 Ⅰ 级和 Ⅱ 级。滚动导向模架的精度等级也分为 Ⅰ 级和 Ⅱ 级。各级对导柱和导套的配合精度、上模座上平面对下模座下平面的平行度、导柱轴心线对下模座下平面的垂直度等都规定了一定的公差等级。这些技术条件保证了整个模架具有一定的精度，这也是保证冲裁间隙均匀性的前提。有了这一前提，加上工作零件的制造精度和装配精度达到一定的要求，整个模具达到一定的精度就有了基本保证。

滑动导向模架的结构形式有 6 种，如图 2.66 所示。滚动导向模架有 4 种，即与滑动导向模架相应的有对角导柱模架、中间导柱模架和四角导柱模架和后侧导柱模架。滚动导向模架在导柱和导套间装有保持架和钢球。由于导柱和导套间的导向是通过钢球的滚动摩擦来实现的，导向精度高，使用寿命长，主要用于高精度、高寿命的硬质合金模，薄材料的冲裁模，以及高速精密级进模。

对角导柱模架、中间导柱模架和四角导柱模架的共同特点是导向装置都是安装在模具的对称线上的，滑动平稳，导向准确、可靠，所以要求导向精确可靠的模具都采用这三种结构形式。对角导柱模架上、下模座工作平面的横向尺寸 L 一般大于纵向尺寸 B，常用于横向送

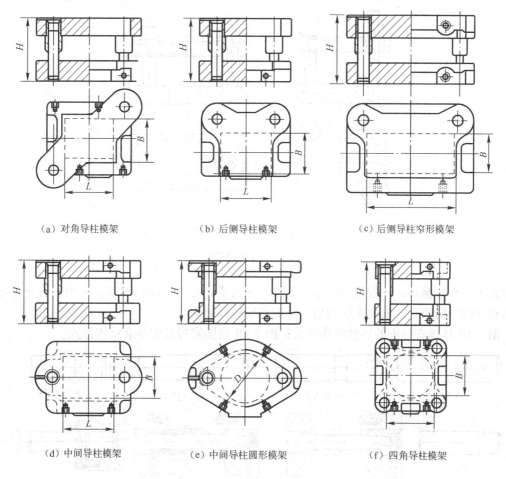

(a) 对角导柱模架　　(b) 后侧导柱模架　　(c) 后侧导柱窄形模架

(d) 中间导柱模架　　(e) 中间导柱圆形模架　　(f) 四角导柱模架

图 2.66　滑动导向模架

料的级进模、纵向送料的单工序模或复合模。中间导柱模架只能纵向送料，一般用于单工序模或复合模。四角导柱模架常用于精度要求较高或尺寸较大的冲裁件的生产及大批量生产用的自动模。

后侧导柱模架的特点是导向装置在后侧，横向和纵向送料都比较方便，但如果有偏心载荷，压力机导向又不精确，就会造成上模歪斜，导向装置和凸、凹模都容易磨损，从而影响模具寿命，此模架一般用于较小的冲裁模。

2) 导板模模架

导板模模架有两种形式，如图 2.67 所示。

导板模模架的特点是作为凸模导向作用的弹压导板与下模座以导柱、导套为导向构成整体结构。凸模与固定板是间隙配合而不是过渡配合，因而凸模在固定板中有一定的浮动量。这种结构形式可以起到保护凸模的作用，一般用于带有细凸模的级进模。

2. 导向装置

导向装置用来保证上模相对于下模的正确运动。对生产批量较大、零件公差要求较高、

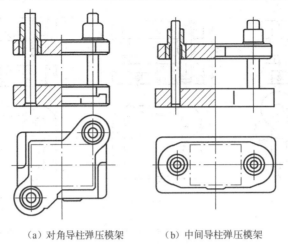

(a) 对角导柱弹压模架　　　　(b) 中间导柱弹压模架

图 2.67　导板模模架

寿命要求较长的模具，一般都采用导向装置。导向装置有多种结构形式，常用的有导柱导套导向和导板导向两种。模具中应用最广泛的是导柱和导套。

图 2.68 是国家标准的导柱结构形式；图 2.69 是国家标准的导套结构形式。

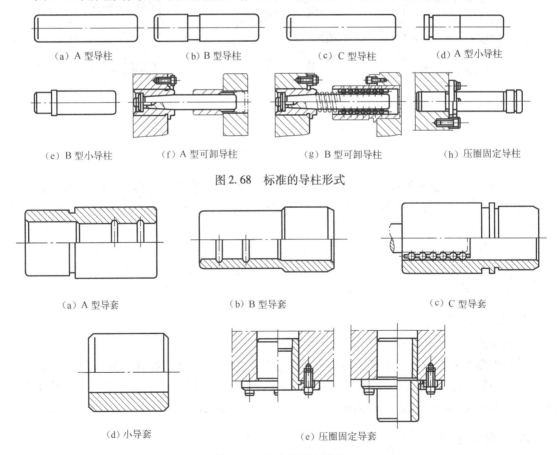

(a) A 型导柱　　(b) B 型导柱　　(c) C 型导柱　　(d) A 型小导柱

(e) B 型小导柱　(f) A 型可卸导柱　(g) B 型可卸导柱　(h) 压圈固定导柱

图 2.68　标准的导柱形式

(a) A 型导套　　　　(b) B 型导套　　　　(c) C 型导套

(d) 小导套　　　　(e) 压圈固定导套

图 2.69　标准的导套结构

A型、B型和C型导柱是常用的。尤其是A型导柱,其结构简单,制造方便,但与模座为过盈配合,装拆麻烦。A型和B型可卸导柱与衬套为锥度配合,并用螺钉和垫圈紧固,衬套又与模座以过渡配合,并用压板和螺钉紧固,其结构复杂,制造麻烦,但可卸式的导柱或可卸式导套在磨损后,可以及时更换,便于模具维修和刃磨。

A型导柱、B型导柱和A型可卸导柱一般与A型或B型导套配套用于滑动导向,导柱、导套按H7/h6或H7/h5配合。其配合间隙必须小于冲裁间隙,冲裁间隙小的一般按H6/h5配合;间隙较大的按H7/h6配合。C型导柱和B型可卸导柱公差和表面粗糙度较小,与用压板固定的C型导套配套,用于滚珠导向。压圈固定导柱与压圈固定导套的尺寸较大,用于大型模具,拆卸方便。导套用压板固定或压圈固定时,导套与模座为过渡配合,避免了用过盈配合而产生对导套内孔尺寸的影响。这是精密导向的特点。

A型和B型小导柱与小导套配套使用,一般用于卸料板导向等结构上。导柱、导套与模座的装配方式及要求按国家标准规定。但要注意,在选定导向装置及其零件标准之后,根据所设计的实际闭合高度,一般应符合图2.70所示的要求,并保证有足够的导向长度。

导板导向装置分为固定导板导向和弹压导板导向两种,导板的结构已标准化。

滚珠导向是一种无间隙导向,精度高,寿命长。滚珠导向装置及钢球保持器如图2.71所示,滚珠导向装置及其组成零件均已标准化。滚珠在导柱和导套之间应保证导套内径与导柱在工作时有 0.01～0.02mm 的过盈量。

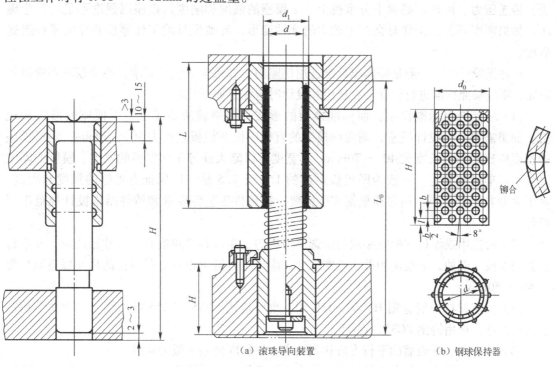

H—模具的闭合高度

图2.70 导柱和导套

图2.71 滚珠导向装置及钢球保持器

(a) 滚珠导向装置　　(b) 钢球保持器

所以

$$d_1 = d + 2d_2 - (0.01 \sim 0.02)\text{mm} \tag{2-57}$$

式中,d_1 为导套内径(mm);d 为导柱直径(mm);d_2 为滚珠直径(mm)。

为保证滚珠导向装置在工作时钢球保持器不脱离导柱和导套,即导柱和导套在压力机全行程中始终起导向作用,则保持器的高度 H 按下式校核:

$$H = \frac{s}{2} + (3 \sim 4)\frac{b}{2} \tag{2-58}$$

式中,H 为钢球保持器的高度(mm);s 为压力机行程(mm);b 为滚珠中心距(mm)。

钢球为 $\phi 3 \sim \phi 4$ mm 的滚珠(0Ⅰ级),保持器用铝合金 2Al1(LY11)、黄铜 H62 或尼龙制造。导柱和导套一般选用 20 钢制造。为了增加表面硬度和耐磨性,应进行表面渗碳处理,渗碳后的淬火硬度为 58～62HRC。滚珠导向用于精密冲裁模、硬质合金模、高速冲裁模,以及其他精密模具上。导柱和导套一般采用过盈配合 H7/r6 分别压入下模座和上模座的安装孔中。导柱和导套之间采用间隙配合,其配合必须小于冲裁间隙。

总之,冲模的导向十分重要,选用时应根据生产批量,冲压件的形状、尺寸及公差等要求,冲裁间隙大小,以及制造和装拆等因素全面考虑,合理选择导向装置的类型和具体的结构形式。

3. 模座

模座的作用是直接或间接地安装冲模的所有零件,分别与压力机滑块和工作台面连接,传递压力。因此,必须十分重视上、下模座的强度和刚度。模座因强度不足会产生破坏;如果刚度不足,工作时会产生较大的弹性变形,导致模具的工作零件和导向零件迅速磨损。

在冲模设计时,一般是按国家标准选用模座的。如果根据设计要求,标准模座不能满足需要,则应参照标准进行设计。在选用和设计时应注意如下几点。

(1)尽量选用标准模架,而标准模架的形式和规格就决定了上、下模座的形式和规格。如果需要自行设计模座,则圆形模座的直径应比凹模板直径大 30～70mm,矩形模座的长度应比凹模板长度大 40～70mm,其宽度可以略大或等于凹模板的宽度。模座的厚度可参照标准模座确定,一般为凹模板厚度的 1.0～1.5 倍,以保证有足够的强度和刚度。对于大型非标准模座,还必须根据实际需要,按铸件工艺性要求和铸件结构设计规范进行设计。

(2)所选用或设计的模座必须与所选压力机的工作台和滑块的有关尺寸相适应,并进行必要的校核。例如,下模座的最小轮廓尺寸,应比压力机工作台上漏料孔的尺寸每边至少要大 40～50mm。

(3)模座材料一般选用 HT200、HT250,也可选用 Q235、Q255 结构钢,对于大型精密模具的模座,选用铸钢 ZG35、ZG45。

(4)模座上、下表面的平行度应达到要求,平行度公差一般为 4 级。

(5)上、下模座的导套和导柱安装孔中心距必须一致,精度一般要求在 ±0.02mm 以下;模座的导柱和导套安装孔的轴线应与模座的上、下平面垂直,安装滑动式导柱和导套时,垂直度公差一般为 4 级。

(6)模座的上、下表面粗糙度 R_a 值为 1.6～0.8μm,在保证平行度的前提下,可允许 R_a 值降低到 3.2～1.6μm。

2.4.5 其他支撑零件及紧固件

模具的其他支撑零件有模柄、固定板、垫板、螺钉和销钉等。这些零件大多有国家标准，设计时可按国家标准选用。

1. 模柄

模柄是用于上模与压力机滑块连接的零件。

中、小型模具一般是通过模柄将上模固定在压力机滑块上的。对它的要求是：① 要与压力机滑块上的模柄孔正确配合，安装可靠；② 要与上模正确而可靠地连接。国家标准所规定的模柄结构形式如图 2.72 所示。

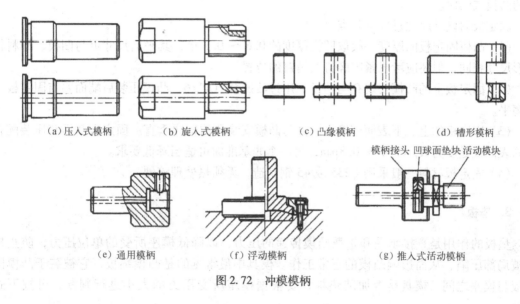

图 2.72 冲模模柄

（1）图（a）为压入式模柄，它与模座孔采用 H7/m6、H7/h6 配合，并加销以防转动。这种模柄可较好地保证模柄轴线与上模座的垂直度，主要用于上模座较厚而又没有开设推板孔或上模座比较重的场合。

（2）图（b）为旋入式模柄，通过螺纹与上模座连接，并加螺丝防止松动。这种模具拆装方便，但模柄轴线与上模座的垂直度较差，多用于有导柱的中、小型冲模。

（3）图（c）为凸缘模柄，它用 3～4 个螺钉紧固于上模座，模柄的凸缘与上模座的窝孔采用 H7/js6 过渡配合，多用于较大型的模具或上模座中开设推板孔的中、小型模具。

（4）图（d）和（e）为槽型模柄和通用模柄，均用于直接固定凸模，也可称为带模座的模柄，主要用于简单模中，更换凸模方便。

（5）图（f）为浮动模柄，主要特点是压力机的压力通过凹球面模柄和凸球面垫块传递到上模座，以消除压力机导向误差对模具导向精度的影响，主要用于硬质合金模等精密导柱模。

（6）图（g）为推入式活动模柄，压力机压力通过模柄接头、凹球面垫块和活动模柄传递到上模座，它也是一种浮动模柄。因模柄单面开通（呈 U 形），所以使用时导柱、导套不宜脱开，它主要用于精密模具中。

模柄材料通常采用 Q235 或 Q275 钢，其支撑面应垂直于模柄的轴线（垂直度不应超过 0.02∶100）。

总之，选择模柄的结构形式应根据模具的大小、上模座的具体结构、模具复杂性及模架精度等因素确定。

2. 固定板

将凸模或凹模按一定相对位置压入固定板后，作为一个整体安装在上模座或下模座上。模具中最常见的是凸模固定板，固定板分为圆形固定板和矩形固定板两种，主要用于固定小型的凸模或凹模。

固定板的设计应注意以下几点。

（1）凸模固定板的厚度一般取凹模厚度的 0.6～0.8 倍，其平面尺寸可与凹模、卸料板外形尺寸相同，但还应考虑紧固螺钉及销钉的位置。

（2）固定板上的凸模安装孔与凸模采用过渡配合 H7/m6，凸模压装后端面要与固定板一起磨平。

（3）固定板的上、下表面应磨平，并与凸模安装孔的轴线垂直。固定板基面和压装配合面的表面粗糙度为 $R_a = 1.6 \sim 0.8 \mu m$，另一个非基准面可适当降低要求。

（4）固定板材料一般采用 Q235 或 45 钢制造，无须热处理淬硬。

3. 垫板

垫板的作用是直接承受和扩散凸模传递的压力，以降低模座所受的单位压力，防止模座被局部压陷，从而影响凸模的正常工作。模具中最常见的是凸模垫板，它被装于凸模固定板与模座之间。模具是否加装垫板，要根据模座所受压力的大小进行判断，可按下式校核：

$$p = \frac{F'_z}{A} \qquad (2\text{-}59)$$

式中，p 为凸模头部端面对模座的单位压力（MPa）；F'_z 为凸模承受的总压力（N）；A 为凸模头部端面的支撑面积（mm^2）。

如果头部端面上的单位面积压力 p 大于模座材料的许用压应力（见表 2.26），就需要在凸模头部支撑面上加一块硬度较高的垫板；如果凸模头部端面上的单位面积压力 p 不大于模座材料的许用压应力，可以不加垫板。因此，凸模较小而冲裁力较大时，一般需加垫板；凸模较大的，一般可以不加垫板。

表 2.26　模座材料的许用压应力　（MPa）

模板材料	$[\sigma_{bc}]$
铸铁 HT250	90～140
铸钢 ZG310～570	110～150

4. 螺钉与销钉

螺钉与销钉都是标准件，设计时按国家标准选用即可。螺钉用于固定模具零件；而销钉则起定位作用。模具中广泛应用的是内六角螺钉和圆柱销钉，其中 M6 ～ M12 的螺钉和 $\phi 4$ ～ $\phi 10$mm 的销钉最为常用。

在模具设计中，选用螺钉和销钉应注意以下几点。

（1）螺钉要均匀布置，尽量于被固定件的外形轮廓附近。当被固定件为圆形时，一般采用 3 ～ 4 个螺钉，当被固定件为矩形时，一般采用 4 ～ 6 个螺钉。销钉一般都用两个，且尽量远距离错开布置，以保证定位可靠。螺钉的大小应根据凹模厚度选用，螺钉规格可参照表 2.27。

表 2.27　螺钉的选用　　　　　　　　　　（mm）

凹模厚度	≤13	>13～16	>19～25	>25～32	>35
螺钉直径	M4, M5	M5, M6	M6, M8	M8, M10	M10, M12

（2）螺钉之间、螺钉与销钉之间的距离，螺钉和销钉距刃口及外边缘的距离，均不应过小，以防降低模具强度。

（3）内六角螺钉通过孔及其螺钉装配尺寸应合理。

（4）连接件的销孔应配合加工，以保证位置精度，销钉孔与销钉采用 H7/m6 或 H7/n6 过渡配合。

（5）弹压卸料板上的卸料螺钉，用于连接卸料板，主要承受拉应力。根据卸料螺钉的头部形状，也可分为内六角和圆柱头两种。圆形卸料板常用 3 个卸料螺钉，矩形卸料板一般用 4 或 6 个卸料螺钉。由于弹压卸料板在装配后应保持水平，故卸料螺钉的长度 L 应控制在一定的公差范围内，装配时要选用同一长度的螺钉。

项目实施 1-4　动触片冲裁模具主要零部件的结构设计

1. 主要零部件的结构设计

1）凸模

根据国标（GB1863.1 ～ 2—81）规定，凸模材料选用 T10A。由于其截面轮廓为异形曲线，故采用直通式结构。为方便拆卸和修磨刃口，凸模的固定方式采用螺钉固定在凸模固定板上。

凸模长度由公式计算得

$$L = h_1 + h_2 + t + h = 15 + 10 + 0.4 + 10 = 35.4 \text{mm}$$

故取凸模长度为 36mm，具体结构如图 2.73 所示。

2）凹模

凹模采用整体凹模。由国标（GB2863.4—81 及 GB2863.5—81）选凹模材料为 9Mn2V。凹模采用螺钉和销钉固定在下模座上，安装时将凹模中心与模柄中心重合。

凹模具体尺寸：厚度为20mm，凹模壁厚定为30mm。

凹模外形尺寸为 $15.4 + 30 \times 2 = 75.4\text{mm}$，取外形尺寸为 $\phi 80\text{mm}$，结构如图2.74所示。

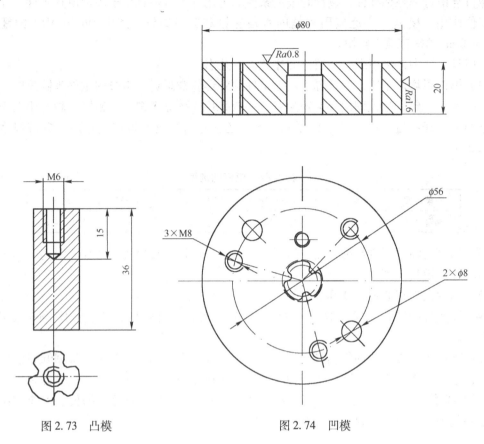

图2.73　凸模　　　　　　　　图2.74　凹模

3) 定位板的设计

为保证前后工序相对位置精度或对工件内孔与外缘的位置精度的要求，特设置如图2.75所示的定位板。

定位板厚度：$h = t + 2 = 2.4\text{mm}$，取为3mm。

2. 模架及其他零部件设计

模架规格的选定以凹模周界尺寸为依据，上模座厚度为25mm，下模座厚度为30mm，垫板厚为15mm，凸模冲裁后进入凹模的深度为2mm，那么该模具的闭合高度为

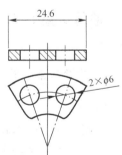

图2.75　定位板

$$H = 25 + 30 + 36 + 20 + 15 - 2 = 124\text{mm}$$

可见该模具闭合高度小于所选压力机J23—6.3的最大装模高度（150mm），可以选用。

3. 模具总装图的绘制

通过以上设计，可得到如图2.76所示的模具总装图。模具上模部分主要由上模板、垫

项目 2 单工序冲孔模设计

板、凸模固定板及凸模等组成。下模部分由下模座、凹模、定位板及卸料板等组成。卸料方式采用弹性卸料，以橡胶为弹性元件，冲孔废料由凹模孔落下。

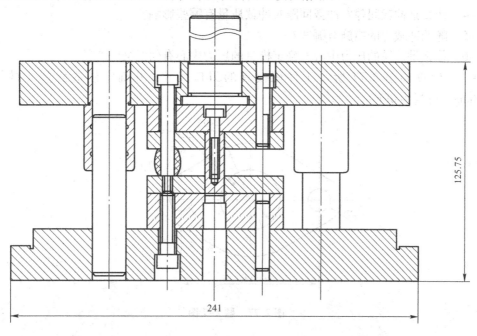

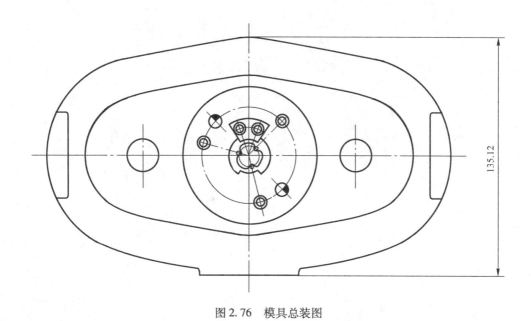

图 2.76 模具总装图

练习与思考题

2-1 什么是冲裁工序？它在生产中有何作用？

2-2 冲裁的变形过程是怎样的？

2-3 普通冲裁件的断面具有什么特征？这些断面特征又是如何形成的？

2-4 什么是冲裁间隙？冲裁间隙对冲裁质量有哪些影响？

2-5 降低冲裁力的措施有哪些？

2-6 什么是冲模的压力中心？确定模具的压力中心有何意义？

2-7 计算如图 2.77 所示工件用模具的刃口尺寸，并确定制造公差（材料厚度 $t=0.8\text{mm}$，材料为 08F）。

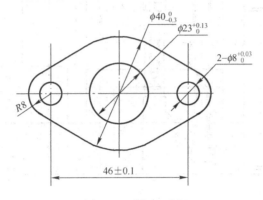

图 2.77 题 2-7 图

项目3 复合冲裁模具设计

项目任务2

通过拨片零件的加工，学会对冲压零件的工艺性分析、排样设计、零件冲压力与压力中心的计算、模具工作部分的零件设计、模具总体设计及主要零部件设计，以及冲压设备的选择等。零件简图如图 3.1 所示，大批量生产，材料为 10 钢，厚度为 2.2mm。

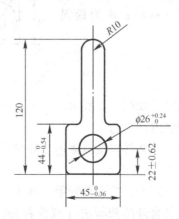

图 3.1 拨片零件简图

项目实施2-1 拨片冲压件工艺性分析

拨片零件形状简单、对称，是由圆弧和直线组成的，冲裁件内外形所能达到的经济精度为IT12～IT13，孔中心与边缘距离尺寸公差为±0.6mm。将以上精度与零件图中所标的尺寸公差相比较，该零件的精度要求能够在冲裁加工中得到保证。其他尺寸标注、生产批量等情况，也均符合冲裁的工艺要求，故决定采用冲孔落料复合冲裁模具进行加工，且一次冲压成形。

3.1 排样设计

3.1.1 材料利用率

排样：冲裁件在条料、带料或板料上的布置方法称为排样。

合理的排样是提高材料利用率、降低成本、保证冲件质量及模具寿命的有效措施。

1. 材料利用率

材料利用率 η 是指冲裁件的实际面积与所用板料面积的百分比。η 值越大，材料的利用率就越高。由于材料费用常会占冲裁件总成本的60%以上，故材料利用率是一项很重要的经济指标。

若考虑到料头、料尾和边余料的材料消耗，一张板料（或带料、条料）上总的材料利用率 $\eta_{总}$ 为

$$\eta_{总} = \frac{nA_1}{LB} \times 100\% \tag{3-1}$$

式中，n 为一张板料（或带料、条料）上冲裁件的总数目；A_1 为一个冲裁件的实际面积（mm^2）；L 为板料（或带料、条料）的长度（mm）；B 为板料（或带料、条料）的宽度（mm）。

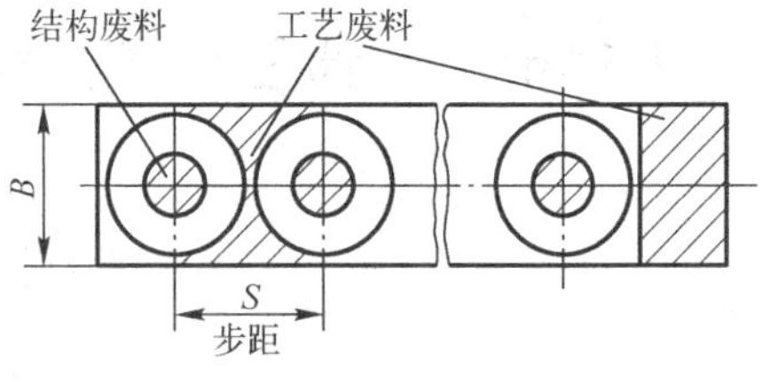

2. 提高材料利用率的方法

冲裁所产生的废料可分为两类，如图3.2所示。

结构废料是由冲裁件的形状特点产生的。

图3.2 废料的种类

工艺废料是由于冲裁件之间、冲裁件与条料侧边之间的搭边，以及料头、料尾和边余料而产生的废料。

要提高材料利用率，主要应从减少工艺废料着手。减少工艺废料的措施是：设计合理的排样方案，选择合适的板料规格和合理的裁板法（减少料头、料尾和边余料），利用废料制作小零件等。

对一定形状的冲裁件，结构废料是不可避免的，但充分利用结构废料是可能的。当两个

冲裁件的材料和厚度相同时，较小尺寸的冲裁件可在较大尺寸冲裁件的废料中冲制出来，如电动机转子硅钢片，就是用电动机定子硅钢片的废料冲制出来的，这样就使结构废料得到了充分利用。另外，在使用条件许可的情况下，当取得零件设计单位同意后，也可以改变零件的结构形状，提高材料的利用率。

3.1.2 排样方法

根据材料的合理利用情况，条料排样方法可分为以下三种，如图3.3所示。

1) 有废料排样

如图3.3（a）所示，沿冲裁件全部外形冲裁，冲裁件与冲裁件之间、冲裁件与条料之间都存在工艺废料（搭边）。冲裁件尺寸完全由冲模来保证，因此冲裁件精度高，模具寿命长，但材料利用率较低。

2) 少废料排样

如图3.3（b）所示，沿冲裁件部分外形切断或冲裁，只在冲裁件与冲裁件之间或冲裁件与条料侧边之间留有搭边。因受剪裁条料质量和定位误差的影响，其冲裁件质量稍差，同时边缘毛刺被凸模带入间隙也影响模具寿命，但材料利用率较高，可达70%～90%，冲模结构简单。

3) 无废料排样

如图3.3（c）所示，冲裁件与冲裁件之间或冲裁件与条料侧边之间均无搭边，沿直线或曲线切断条料而获得冲裁件，实际上是直接切断条料，所以材料的利用率高，可达85%～95%，冲裁件的质量和模具寿命更差一些。另外，如图3.3（c）和（d）所示，当送进步距为零件宽度的两倍时，一次切断便能获得两个冲裁件，有利于提高劳动生产率。

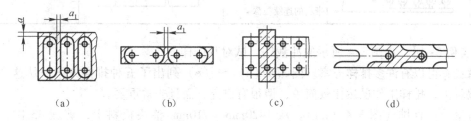

图 3.3　排样方法分类

此外，对有废料排样，以及少、无废料排样还可以进一步按冲裁件在条料上的布置方法加以分类，其主要形式见表3.1。

表 3.1　有废料排样和少、无废料排样的主要形式

排样形式	有废料排样		少、无废料排样	
	简　图	应　用	简　图	应　用
直排		用于简单几何形状（方形、圆形、矩形）的冲裁件		用于矩形或方形冲裁件

续表

排样形式	有废料排样 简图	有废料排样 应用	少、无废料排样 简图	少、无废料排样 应用
斜排	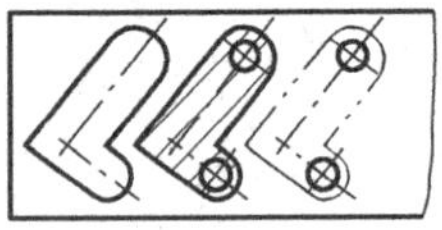	用于T形、L形、S形、十字形和椭圆形的冲裁件	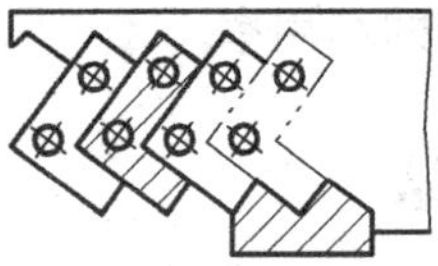	用于L形或其他形状的冲裁件，在外形上允许有不大的缺陷
直对排	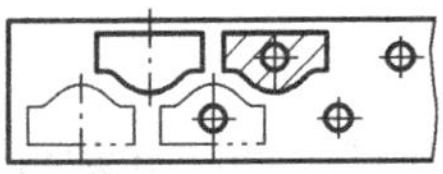	用于T形、Π形、山形、梯形、三角形、半圆形的冲裁件	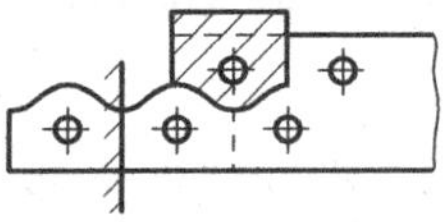	用于T形、Π形、山形、梯形、三角形零件，在外形上允许有少量缺陷
斜对排		用于材料利用率比直对排时高的情况	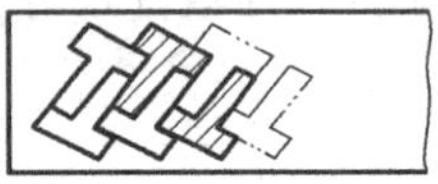	多用于T形冲裁件
混合排	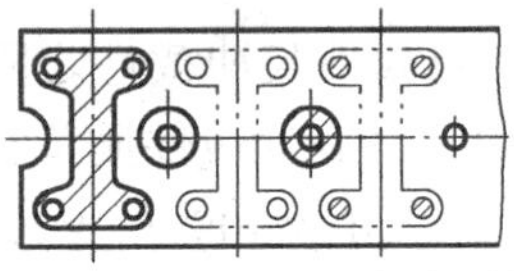	用于材料和厚度都相同的两种以上的冲裁件	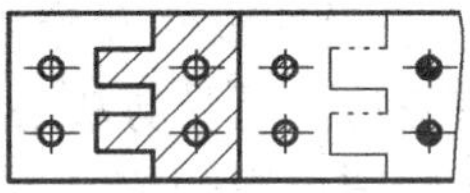	用于两个外形互相嵌入的不同冲裁件（铰链等）
多排	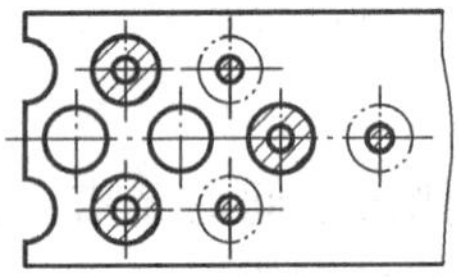	用于大批量生产中尺寸不大的圆形、六角形、方形和矩形冲裁件	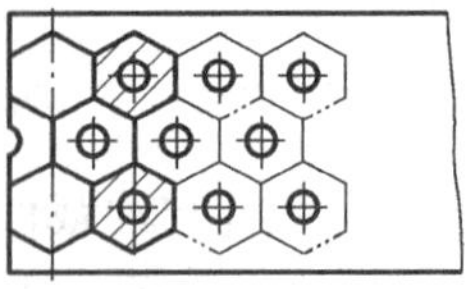	用于大批量生产中尺寸不大的方形、矩形及六角形冲裁件
冲裁搭边	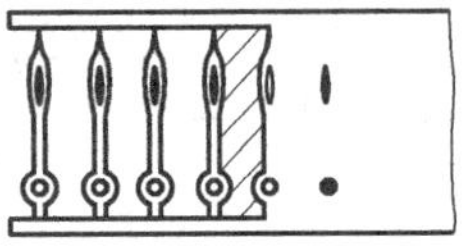	大批量生产中用于小的窄冲裁件（表针及类似的冲裁件）或带料的连续拉深	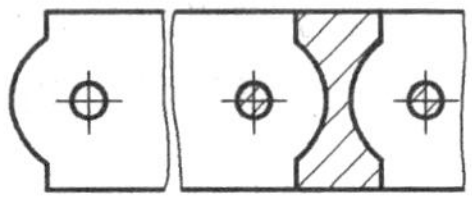	用于以宽度均匀的条料或带料冲裁长形件

【实例3-1】 如图3.4所示的冲裁件，试对其排样。

解：它可以有许多排样方案。图3.4（a）～（e）列出了五种排样方案。从这个例子中可以看出，排样工作虽然比较简单，但很有讲究，而且非常重要。

方案一：直排（图3.4（a））。从1420mm×710mm整块板料上，剪裁43次，可冲2752件。

方案二：斜对排（图3.4（b））。剪裁46次，共可冲2852件。冲裁时要翻转条料或用双落料凸模的冲模。

方案三：直对排（图3.4（c））。剪裁72次，共可冲3168件。也要翻转条料或用双落料凸模的冲模。

方案四：另一种直排（图3.4（d））。剪裁91次，共可冲3185件。这种方案废料较少。

方案五：（图3.4（e））在保证冲裁件使用性能的前提下，适当改变其形状后，仍采用直排。剪裁43次，共可冲3655件。

通过对上述方案的比较，在排样时应考虑如下原则：

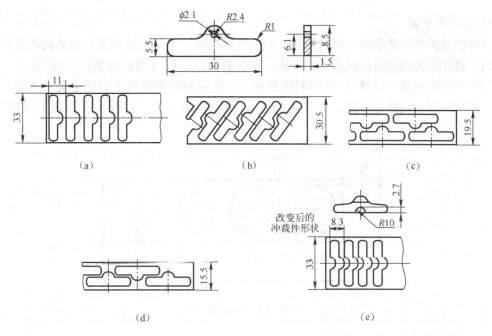

图 3.4 冲件的多种排样方案

（1）提高材料利用率 η。

（2）使工人操作方便、安全，减轻工人的劳动强度。

条料在冲裁过程中翻动要少，在材料利用率相同或相近时，应尽可能地选择条料宽、进距小的排样方法。这样还可以减少板料裁切次数，节省剪裁备料时间。

（3）使模具结构简单，延长模具的寿命。

（4）保证冲裁件的质量。

（5）对于弯曲件的落料，在排样时还要考虑板料的纤维方向。

3.1.3 排样图

1）条料

条料是从板料剪切而得到的，在确定条料宽度之后就可以裁板。板料一般都是长方形的，所以就有纵裁（沿长边裁，也就是沿辗制纤维方向裁）和横裁（沿短边裁）两种方法，如图 3.5 所示。

因为纵裁裁板次数少，冲压时调换条料次数少，工人操作方便，生产率高，所以在通常情况下应尽可能纵裁。在以下情况下可以考虑用横裁：

（1）板料纵裁后的条料太长，受冲压车间压力机排列的限制，移动不便时；

（2）条料太重，超过 12kg 时（工人劳动强度太高）；

（3）当横裁的板料利用率显著高于纵裁时；

（4）纵裁不能满足弯曲件坯料对纤维方向的要求时。

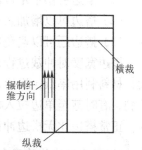

图 3.5 板料的纵裁与横裁

2)绘制排样图

排样图是排样设计最终的表达形式,它应绘制在冲压工艺规程卡片上和冲裁模总装图的右上角。排样图的内容应反映出排样方法、零件的冲裁过程(模具类型)、定距方式(用侧刃定距时侧刃的形状、位置)、材料利用率等。一张完整的排样图上应标注条料宽度、条料长度、板料厚度、端距、步距、零件间搭边 a_1 和侧搭边 a 值,以及示出冲裁工位剖视图,如图3.6所示。

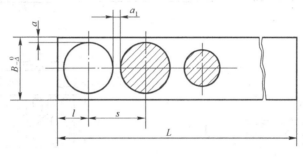

图3.6 排样图

绘制排样图时应注意以下事项。

(1)一般按所选定的排样方案画成排样图,按模具类型和冲裁顺序画上适当的剖切线(习惯以剖面线来表示冲压位置),标上尺寸和公差,要能从排样图的剖切线上看出是单工序模还是连续模或复合模。

(2)连续模的排样要反映冲压工序的顺序,要考虑凹模强度,当凹模孔口之间的壁厚小于5mm时,要留空步,要能看出定距方式,侧刃定距时要画出侧刃冲切条料的位置。

采用斜排方法排样时,还应注明倾斜角度的大小。必要时,还可以用双点画线画出条料在送料时定位元件的位置。对有纤维方向要求的排样图,则应用箭头表示条料的纹向。

3.1.4 搭边、步距和料宽

1. 搭边

搭边是指排样时冲裁件之间,以及冲裁件与条料侧边之间留下的工艺废料。搭边虽然是工艺废料,但在冲裁工艺中却有很大的作用:

(1)搭边补偿了定位误差和剪板误差,确保冲出合格零件;

(2)搭边可以增加条料刚度,方便条料送进,提高劳动生产率;

(3)搭边还可以避免冲裁时条料边缘的毛刺被拉入模具间隙,从而提高模具寿命。

搭边宽度对冲裁过程及冲裁件质量有很大影响,因此一定要合理确定搭边数值。搭边过大,材料利用率低;搭边过小,搭边的强度和刚度不够,在冲裁中将被拉断,使冲裁件产生毛刺,有时甚至单边拉入模具间隙,造成冲裁力不均,损坏模具刃口。根据对生产情况的统计,正常搭边比无搭边冲裁时的模具寿命高50%以上。

1)影响搭边值的因素

(1)材料的力学性能。硬材料的搭边值可小一些;软材料和脆材料的搭边值要大一些。

(2) 冲裁件的形状与尺寸。当冲裁件尺寸大或是有尖突的复杂形状时，搭边值要取大些。

(3) 材料厚度。厚材料的搭边值要取大一些。

(4) 送料及挡料方式。用手工送料，有侧压装置的搭边值可以小一些；用侧刃定距比用挡料销定距的搭边要小一些。

(5) 卸料方式。弹性卸料比刚性卸料的搭边要小一些。

2) 搭边值的确定

搭边值是由经验确定的。表 3.2 为最小搭边值的经验数表之一，供设计时参考。

表 3.2 最小搭边值经验数表

料厚 t	圆形或圆角 $r>2t$ 的工件		矩形边长 $l \leqslant 50mm$		矩形件边长 $l>50mm$ 或圆角 $r \leqslant 2t$	
	工件间 a_1	侧边 a	工件间 a_1	侧边 a	工件间 a_1	侧边 a
0.25 以下	1.8	2.0	2.2	2.5	2.8	3.0
0.25～0.5	1.2	1.5	1.8	2.0	2.2	2.5
0.5～0.8	1.0	1.2	1.5	1.8	1.8	2.0
0.8～1.2	0.8	1.0	1.2	1.5	1.5	1.8
1.2～1.6	1.0	1.2	1.5	1.8	1.8	2.0
1.6～2.0	1.2	1.5	1.8	2.5	2.0	2.2
2.0～2.5	1.5	1.8	2.0	2.2	2.2	2.5
2.5～3.0	1.8	2.2	2.2	2.5	2.5	2.8
3.0～3.5	2.2	2.5	2.5	2.8	2.8	3.2
3.5～4.0	2.5	2.8	2.8	3.2	3.2	3.5
4.0～5.0	3.0	3.5	3.5	4.0	4.0	4.5
5.0～12	$0.6t$	$0.7t$	$0.7t$	$0.8t$	$0.8t$	$0.9t$

注：表中所列搭边值适用于低碳钢，对于其他材料，应将表中数值乘以下列系数：

中等硬度钢：0.9；软黄铜、纯铜：1.2；硬钢：0.8；铝：1.3～1.4；硬黄铜：1～1.1；非金属：1.5～2；硬铝：1～1.2。

2. 送料步距 S

选定排样方法与确定搭边值之后，就要计算送料步距与条料宽度，这样才能画出排样图，送料步距（简称步距或进距）是指条料在模具上每次送进的距离。

每个步距可以冲出一个零件，也可以冲出几个零件。送料步距的大小应为条料上两个对应冲裁件的对应点之间的距离，它是决定挡料销位置的依据，每次只冲一个零件的送料步距 S 的计算公式为

$$S = D + a_1 \tag{3-2}$$

式中，D 为平行于送料方向的冲件宽度；a_1 为冲件之间的搭边值。

3. 条料宽度 B

条料是由板料剪裁下料而得到的。条料宽度的确定原则是：最小条料宽度要保证冲裁时零件周边有足够的搭边值，最大条料宽度要能在冲裁时顺利地在导料板之间送进，并与导料板之间有一定的间隙，进而确定导料板间的距离。由于表 3.2 所列侧面搭边值 a 已经考虑了剪料公差所引起的减小值，所以条料宽度的计算一般采用下列的简化公式。

（1）导料板之间有侧压装置时，条料的宽度与导料板间距离如图 3.7（a）所示。

导料板之间有侧压装置或用手将条料紧贴单边导料板的模具，能使条料始终沿着导料板送进，可按下式计算：

条料宽度：

$$B_{-\Delta}^{0} = (D_{\max} + 2a)_{-\Delta}^{0} \tag{3-3}$$

导料板间的距离：

$$B_0 = B + Z = D_{\max} + 2a + Z \tag{3-4}$$

（2）导料板之间无侧压装置时，条料的宽度与导料板间距离如图 3.7（b）所示。

无侧压装置的模具，应考虑在送料过程中因条料的摆动而使侧面搭边减少。为了补偿侧面搭边的减少，条料宽度应增加一个条料可能的摆动量，故按下式计算：

条料宽度：

$$B_{-\Delta}^{0} = (D_{\max} + 2a + Z)_{-\Delta}^{0} \tag{3-5}$$

导料板间的距离：

$$B_0 = B + C = D_{\max} + 2a + 2Z \tag{3-6}$$

式中，B 为条料的宽度（mm）；$D_{\max}$ 为冲裁件垂直于送料方向的最大尺寸（mm）；a 为侧搭边值，可参考表 3.2；Z 为导料板与最宽条料之间的间隙，其值见表 3.3；Δ 为条料宽度的单向（负向）公差，见表 3.4 和表 3.5。

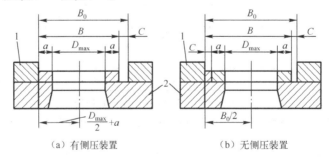

（a）有侧压装置　　　　　　　（b）无侧压装置

1—导料板；2—凹模

图 3.7　条料宽度的确定

（3）当用侧刃定距时，条料的宽度与导料板间距离如图 3.8 所示。

当条料的送进步距用侧刃定距时，条料宽度必须增加侧刃切去的部分，故按下式计算：

条料宽度：

$$B_{-\Delta}^{0} = (L_{\max} + 2a' + nb_1)_{-\Delta}^{0} = (L_{\max} + 1.5a + nb_1)_{-\Delta}^{0} \quad (a' = 0.75a) \tag{3-7}$$

导料板间的距离：

$$B' = B + C = L_{max} + 1.5a + nb_1 + Z \tag{3-8}$$

$$B'_1 = L_{max} + 1.5a + y \tag{3-9}$$

式中，L_{max} 为条料宽度方向冲裁件的最大尺寸（mm）；n 为侧刃数；b_1 为侧刃冲切的料边宽度（mm），可参考表3.6；y 为冲切后的条料宽度与导料板之间的间隙（mm），可参考表3.6。

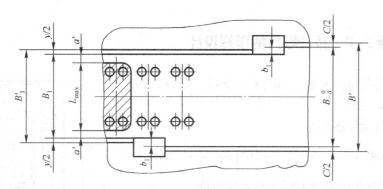

图 3.8　有侧刃时的条料宽度与导料板间的距离

表 3.3　导料板与条料之间的最小间隙 Z_{min}　　（mm）

条料厚度 t	无侧压装置			有侧压装置	
	条料宽度 B			条料宽度 B	
	100 以下	100～200	200～300	100 以下	100 以上
≤0.5	0.5	0.5	1	5	8
0.5～1	0.5	0.5	1	5	8
1～2	0.5	1	1	5	8
2～3	0.5	1	1	5	8
3～4	0.5	1	1	5	8
4～5	0.5	1	1	5	8

表 3.4　条料宽度偏差 Δ (1)　　（mm）

条料宽度 B	板料厚度 t			
	≤1	1～2	2～3	3～5
≤50	0.4	0.5	0.7	0.9
50～100	0.5	0.6	0.8	1.0
100～150	0.6	0.7	0.9	1.1
150～220	0.7	0.8	1.0	1.2
220～300	0.8	0.9	1.1	1.3

表 3.5　条料宽度偏差 Δ (2)　　（mm）

条料宽度 B	板料厚度 t		
	≤0.5	0.5～1	1～2
≤20	0.05	0.08	0.10
20～30	0.08	0.10	0.15
30～50	0.10	0.15	0.20

冲压成形工艺与模具设计

表 3.6 b_1、y 值 （mm）

条料厚度 t	b_1		y
	金属材料	非金属材料	
<1.5	1.5	2	0.10
1.5~2.5	2.0	3	0.15
2.5~3	2.5	4	0.20

项目实施 2-2　拨片零件的排样设计

采用直对排的排样方案，如图 3.9 所示，由表 3.2 查得最小搭边值 $a = 3$mm。

计算冲压件毛坯面积为：

$$A = \left(44 \times 45 + 66 \times 20 + \frac{1}{2}\pi \times 10^2\right)\text{mm}^2 = 3457\text{mm}^2$$

条料宽度为：$B = 120 + 3 \times 3 + 44 = 173$mm

步距为：$S = 45 + 3 = 48$mm

一个步距的材料利用率：

$$\eta = \frac{nA}{BS} \times 100\% = \frac{2 \times 3457}{173 \times 48} \times 100\% = 83\%$$

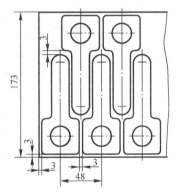

图 3.9　拨片排样图

项目实施 2-3　拨片冲压模具冲压力与压力中心的计算

根据前面所介绍的相关知识来计算冲压力与压力中心。

拨片冲压模具采用弹性卸料和下出料方式。

1. 冲压力的计算

（1）落料力

$$F_1 = Lt\sigma_b = 321.4 \times 2.2 \times 300 = 212 \times 10^3 \text{N}$$

（2）冲孔力

$$F_2 = Lt\sigma_b = 81.64 \times 2.2 \times 300 = 53.9 \times 10^3 \text{N}$$

（3）落料时的卸料力

查表得　　　　　　　　　$K_卸 = 0.03$

则　　　　$F_卸 = K_卸 F_1 = 0.03 \times 212 \times 10^3 = 6.36 \times 10^3 \text{N}$

（4）冲孔时的推件力

查表得　　$K_推 = 0.05$，取凹模刃口厚度 $h = 5$mm，则 $n = h/t = 5/2.2 \approx 2$。

所以　　　　$F_推 = 2 \times 0.05 \times 53.9 \times 10^3 = 5.39 \times 10^3 \text{N}$

（5）总的冲压力计算

$$F_总 = F_1 + F_2 + F_卸 + F_推 = 277.6\text{kN}$$

2. 确定模具的压力中心

按比例画出零件的形状,选定坐标系 xOy(如图 3.10 所示)。

因零件左右对称,即 $x_C = 0$,故只需计算 y_C。将工件轮廓分解成基本的直线段和弧线段 l_1、l_2、…、l_6,求出各段长度和各段重心的坐标:

$$l_1 = 45\text{mm}, \quad y_1 = 0$$
$$l_2 = 88\text{mm}, \quad y_2 = 22\text{mm}$$
$$l_3 = 25\text{mm}, \quad y_3 = 44\text{mm}$$
$$l_4 = 132\text{mm}, \quad y_4 = 77\text{mm}$$
$$l_5 = 31.4\text{mm}, \quad y_5 = 110\text{mm} + \frac{10\sin\pi/2}{\pi/2}\text{mm} = 116.29\text{mm}$$
$$l_6 = 81.64\text{mm}, \quad y_6 = 22\text{mm}$$
$$y_C = \frac{l_1 y_1 + l_2 y_2 + \cdots + l_6 y_6}{l_1 + l_2 + \cdots + l_6} = 46.27\text{mm}$$

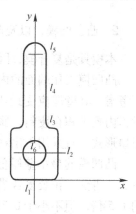

图 3.10 计算压力中心

项目实施 2-4 拨片零件模具工作零件的设计

1. 模具刃口的尺寸计算

根据材质、料厚查冲裁间隙表格得:$Z_{\min} = 0.34\text{mm}$,$Z_{\max} = 0.39\text{mm}$。

$\phi 26\text{mm}$ 孔的冲裁凸、凹模采用分开加工的方式,其凸、凹模刃口尺寸计算如下:

查公差表得:$\delta_T = 0.02\text{mm}$,$\delta_A = 0.025\text{mm}$。

校核分开加工的条件:$Z_{\max} - Z_{\min} = 0.05\text{mm}$,$\delta_T + \delta_A = 0.045\text{mm}$,满足
$$\delta_T + \delta_A \leq Z_{\max} - Z_{\min}$$

查表得磨损预留量系数 $x = 0.5$。

则
$$d_T = (d_{\min} + x\Delta)_{-\delta_T}^{0} = (26 + 0.5 \times 0.24)_{-0.02}^{0} = 26.12_{-0.02}^{0}\text{mm}$$
$$d_A = (d_T + Z_{\min})_{0}^{+\delta_A} = (26.12 + 0.39)_{0}^{+0.025} = 26.51_{0}^{+0.025}\text{mm}$$

对外轮廓落料,由于形状较复杂,故凸、凹模采用配合加工的方法,当以凹模为基准件时,凹模磨损后,刃口尺寸都增大,故均为 A 类尺寸。

零件图中未注公差尺寸,按 IT14 级查公差表,查出各尺寸的偏差为:$120_{-0.87}^{0}$,$R10_{-0.36}^{0}$。当尺寸公差 $\Delta \geq 0.50$ 时,磨损预留量系数 $x = 0.5$;当尺寸公差 $\Delta < 0.50$ 时,磨损预留量系数 $x = 0.75$,根据公式 $A_j = (A_{\max} - x\Delta)_{0}^{+\frac{\Delta}{4}}$,得

$$45_A = (45 - 0.5 \times 0.56)_{0}^{+\frac{0.56}{4}} = 44.72_{0}^{+0.14}\text{mm},$$
$$44_A = (44 - 0.5 \times 0.54)_{0}^{+\frac{0.54}{4}} = 43.73_{0}^{+0.14}\text{mm}$$
$$120_A = (120 - 0.5 \times 0.87)_{0}^{+\frac{0.87}{4}} = 119.57_{0}^{+0.22}\text{mm},$$
$$R10_A = (10 - 0.5 \times 0.36)_{0}^{+\frac{0.36}{4}} = 9.82_{0}^{+0.09}\text{mm}。$$

2. 凸、凹模,以及凸凹模的结构设计

本模具是复合模,因此有一个特殊的工作零件——凸凹模。

凸凹模工作端面的内外缘均为刃口,内外缘之间的壁厚取决于冲裁件的尺寸。从强度方面考虑,其壁厚应受最小值限制。凸凹模的最小壁厚与模具结构有关:当模具为正装结构时,内孔不积存废料,胀力小,最小壁厚可以小些;当模具为倒装结构时,若内孔为直筒形刃口形式,且采用下出料方式,则内孔积存废料,胀力大,故最小壁厚应大些。

凸凹模的最小壁厚值,目前一般按经验数据确定,倒装复合模的凸凹模最小壁厚可查表3.7得到。正装复合模的凸凹模壁厚的最小值,对于黑色金属等硬材料,约为冲裁件板厚的1.5倍,但不小于0.7mm;对于有色金属等软材料,约等于板料厚度,但不小于0.5mm。

表3.7　倒装复合模的凸凹模最小壁厚δ　　　　　　　　　　（mm）

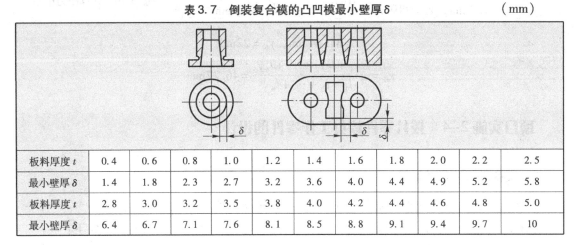

板料厚度 t	0.4	0.6	0.8	1.0	1.2	1.4	1.6	1.8	2.0	2.2	2.5
最小壁厚 δ	1.4	1.8	2.3	2.7	3.2	3.6	4.0	4.4	4.9	5.2	5.8
板料厚度 t	2.8	3.0	3.2	3.5	3.8	4.0	4.2	4.4	4.6	4.8	5.0
最小壁厚 δ	6.4	6.7	7.1	7.6	8.1	8.5	8.8	9.1	9.4	9.7	10

冲 $\phi 26$mm 孔的圆形凸模时,由于模具需要在凸模外面装推件块,因此设计成圆柱的形状,尺寸如图3.11所示。

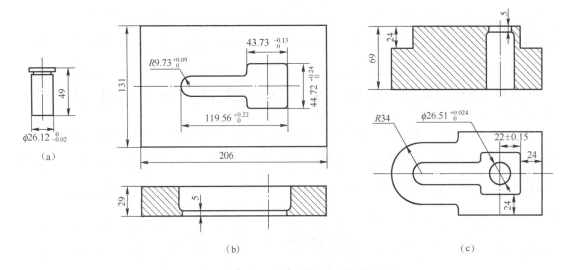

图3.11　凸、凹模及凸凹模零件图

考虑到本冲压件的生产批量较大，凹模的刃口形式采用刃口强度较高的直壁刃口凹模，如图 3.11（b）所示。凹模的外形尺寸为：$H = Kb = 0.24 \times 120 = 29\text{mm}$，$C = 1.5H = 43\text{mm}$，尺寸标注如图 3.11 所示。凸凹模的结构如图 3.11（c）所示。

校核凸凹模的强度：凸凹模的最小壁厚 $m = 1.5t = 3.3\text{mm}$，而实际最小壁厚为 9mm，故符合强度要求。

凸凹模的外形刃口尺寸按照凹模尺寸配制，并保证双面间隙为 0.34 ～ 0.39mm。凸凹模上孔中心与边缘距离尺寸 22mm 的公差，应比零件图所标精度高 3 ～ 4 级，可定为 $22 \pm 0.15\text{mm}$。

3.2 模具的总体设计及主要零部件设计

3.2.1 冲裁模分类

冲裁模的结构形式很多，一般可按下列不同的特征进行分类。

（1）按工序性质，可分为落料模、冲孔模、切断模、切边模、切舌模、剖切模、整修模和精冲模等。

（2）按工序组合程度，可分为单工序模（简单模）、连续模（级进模）和复合模。

（3）按冲模有无导向装置和导向方法，可分为无导向的开式模和有导向的导板模、导柱模、滚珠导柱模，以及导筒模等。

（4）按送料步距的方法，可分为固定挡料销式、活动挡料销式、自动挡料销式、导正销式和侧刃式等。

（5）按送料、出件及排除废料的自动化程度，可分为手动模、半自动模和自动模。

上述各种不同的分类方法从不同的角度反映了模具结构的不同特点。任何一副冲裁模总可分成上模和下模两个部分，上模一般固定在压力机的滑块上，并随滑块一起运动，下模固定在压力机的工作台上。

冲裁模的组成零件一般有以下 6 类。

（1）工作零件：直接对坯料进行加工，完成板料分离的零件。

具体有凸模、凹模和凸凹模等。

（2）定位零件：确定冲压加工中毛坯或工序件在冲模中正确位置的零件。

具体有导料销、导料板、侧压板、定位销（定位板）、挡料销、导正销、承料板和定距侧刃等。

条料在模具送料平面中必须有两个方向的定位，即与送料方向垂直的方向上的定位和送料方向上的定位。

（3）压料、卸料及出件零件：使冲件与废料得以出模，保证顺利实现正常冲压生产的零件。

具体有卸料板、压料板、顶件块、推件块和废料切刀等。

（4）导向零件：正确保证上、下模的相对位置，以保证冲压精度。具体有导套、导柱和导板等。

（5）支撑零件：承装模具零件或将模具紧固在压力机上并与它发生直接联系用的零件。具体有上、下模座，模柄，凸、凹模固定板，垫板和限位器等。

（6）标准件及其他：模具零件之间的相互连接件，销钉起定位作用。具体有螺钉、销钉、键和弹簧等其他零件。

以上组成模具的各类零件在冲裁过程中相互配合，保证冲裁工作的正常进行，从而冲出合格的冲裁件。然而，不是所有的冲裁模都具有上面所列的6类零件，尤其是简单的冲裁模，但是工作零件和必要的支撑件总是不可缺少的。

3.2.2 复合冲裁模的典型结构

复合模是指在压力机的一次行程中，在模具同一工位同时完成数道冲压工序的冲裁模。它在结构上的主要特征是有一个既是落料凸模又是冲孔凹模的凸凹模。

凸凹模是指复合模中同时具有落料凸模和冲孔凹模作用的工作零件。

图3.12是冲孔落料复合模的基本结构。在模具的一方（指上模或下模）外面装有落料凹模，中间装有冲孔凸模，而在另一方，则装有凸凹模（它是复合模中必有的零件，其外形是落料凸模，其内孔是冲孔凹模，故称此零件为凸凹模）。当上、下模两部分嵌合时，就能同时完成冲孔与落料工序。按照复合模工作零件的安装位置不同，可分为正装式复合模和倒装式复合模。

倒装复合模是指将落料凹模装在上模上的复合模；正装复合模是指将落料凹模装在下模上的复合模。

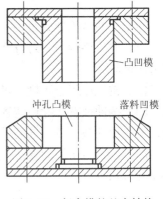

图3.12 复合模的基本结构

1. 正装复合模（又称顺装复合模）

正装式落料冲孔复合模如图3.13所示。

1）工作过程

工作过程如下。

（1）将条料沿两个导料销送进，并由挡料销定位。

（2）滑块带动上模部分下压进行冲裁，凸凹模外形和凹模进行落料，同时冲孔凸模与凸凹模内孔配合进行冲孔。

（3）滑块带动上模部分回程（上行），完成以下三部分的工作。

① 冲裁下来的冲裁件卡在下模的凹模中，并由顶件装置顶出凹模。顶件装置由带肩顶杆、顶件块及装在下模底座上的弹顶器组成（弹顶器图中没有画出），该装置的弹性元件高度不受模具有关空间的限制，顶件力的大小容易调节，可获得较大的顶件力。

② 冲孔的废料则卡在凸凹模孔内，由推件装置推出。推件装置由打杆、推板和推杆组成。当上模回程至上止点时，安装在压力机上的打料横杆通过推件装置把废料推出。

③ 紧箍在凸凹模上的条料由弹压卸料装置推下。

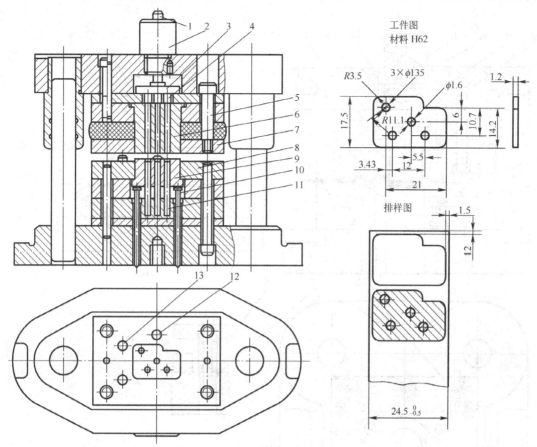

1—打杆;2—模柄;3—推板;4—推杆;5—卸料螺钉;6—凸凹模;7—卸料板;
8—落料凹模;9—顶件块;10—带肩顶杆;11—冲孔凸模;12—挡料销;13—导料销

图3.13 正装式落料冲孔复合模

2)特点

特点如下。

(1)每冲裁一次,冲孔废料被推出一次,凸凹模内不积存废料,胀力小,不易破裂,但冲孔废料落在下模工作面上,清除废料麻烦,尤其是当孔较多时。

(2)由于采用固定挡料销和导料销定位,在卸料板上需钻出让位孔,或采用活动导料销或挡料销。

(3)当正装式复合模工作时,条料是在压紧的状态下冲裁的,冲出的冲裁件平直度较高,对于较软、较薄的冲裁件能达到平整要求,但由于弹顶器和弹压卸料装置的作用,分离后的冲裁件容易被嵌入条料中而影响操作,从而影响了生产率。

2. 倒装复合模

倒装式复合模如图3.14所示。

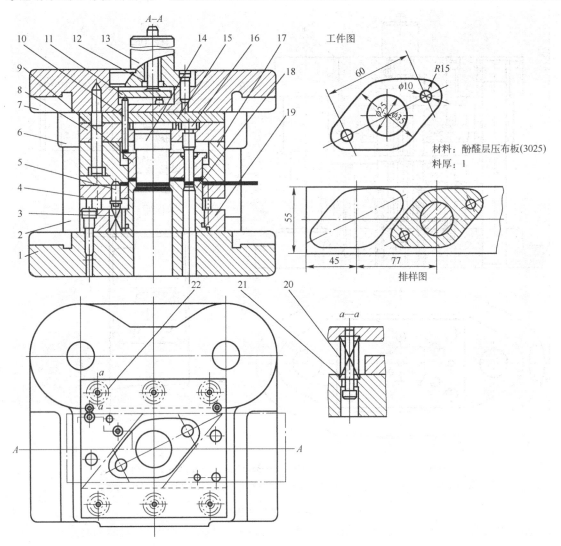

1—下模座；2—导柱；3—弹簧；4—卸料板；5—活动挡料销；6—导套；7—上模座；8—凸模固定板；9—推件块；10—连接推杆；11—推板；12—打杆；13—模柄；14—冲孔凸模；15—垫板；16—冲孔凸模；17—落料凹模；18—凸凹模；19—固定板；20—弹簧；21—卸料螺钉；22—导料销

图 3.14 倒装式复合模

1）工作过程

工作过程如下。

（1）将条料沿导料销送进，并由活动挡料销定位；

（2）滑块带动上模部分下压进行冲裁，凸凹模外形和凹模进行落料，同时冲孔凸模与凸凹模内孔进行冲孔；

（3）滑块带动上模部分回程（上行），完成以下三部分的工作。

① 冲裁下来的废料卡在凸凹模的内孔中，由后续冲裁时冲孔凸模推出。

② 落料件则由推件装置推出，推件装置由打杆、推板、推杆和推件块组成。当上模回程至上止点时，安装在压力机上的打料横杆通过推件装置把落料件推出。

③ 紧箍在凸凹模上的条料则由弹性卸料装置（卸料板、弹簧和卸料螺钉组成）顶出。

2）特点

特点如下。

（1）凸凹模内有积存废料，胀力较大，当凸凹模壁厚较小时，可能导致凸凹模破裂。

（2）由于采用弹簧弹顶挡料销装置，所以在凹模上不必钻相应的让位孔。但这种挡料装置的工作可靠性较差。

（3）采用刚性推件的倒装式复合模，条料不是处在被压紧的状态下冲裁，因而平直度不高。这种结构适用于冲裁较硬的或厚度大于 0.3mm 的条料。如果在上模内设置弹性元件，即采用弹性推件装置，这就可以用于冲裁材质较软的或厚度小于 0.3mm 的条料，且平直度要求较高的冲裁件。

复合模的特点是生产率高，冲裁件的内孔与外缘的相对位置精度高，条料的定位精度要求比连续模低，冲模的轮廓尺寸较小。但复合模结构复杂，制造精度要求高，成本高，主要用于生产批量大，精度要求高的冲裁件。

3.3 其他冲裁模具的典型结构

本节以级进冲裁模的典型结构为例介绍。

级进模又称连续模、跳步模，是指压力机在一次行程中，依次在几个不同的位置上同时完成多道工序的冲模，即按一定顺序安排了多个冲压工序（在级进模中称为工位）进行连续冲压，它不但可以完成冲裁工序，还可以完成成形工序，甚至装配工序，许多需要多工序冲压的复杂冲压件可以在一副模具上完全成形，这就为高速自动冲压提供了有利条件。

由于级进模工位数较多，因而用级进模冲制零件，必须解决条料或带料的准确定位问题，才有可能保证冲压件的质量。

根据级进模定位零件的特征，它有以下几种典型结构。

1. 用导正销定位的级进模

用导正销定位的冲孔落料级进模如图 3.15 所示。

1）结构组成

（1）上模部分由模柄 1、螺钉 2、上模座、垫板、凸模固定板、冲孔凸模 3 及落料凸模 4（内含导正销 5）等组成；

（2）下模部分由导板（兼固定卸料板）、导料板、始用挡料销 7、固定挡料销 6、凹模及下模座等组成。

2）工作过程

（1）将条料沿导料板送进，并由始用挡料销限定条料的初始位置；

（2）滑块带动上模部分下行进行冲孔（两个小孔），而落料的凸、凹模则走了一个空行程；

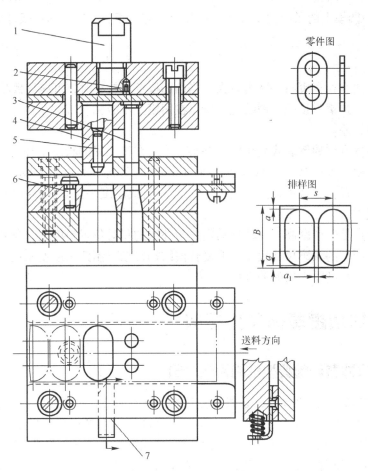

1—模柄；2—螺钉；3—冲孔凸模；4—落料凸模；
5—导正销；6—固定挡料销；7—始用挡料销

图 3.15　用导正销定位的冲孔落料级进模

(3) 始用挡料销在弹簧作用下复位后，滑块带动上模部分回程，冲落的废料卡在凹模洞口，待后续冲裁时由凸模依次推落，而紧箍在凸模上的条料则由导板刮下；

(4) 条料再送进一个步距，并由固定挡料销进行粗定位；

(5) 滑块带动上模部分下行，装在落料凸模上的两个导正销对条料进行精定位，保证零件上的孔与外形的相对位置精度，落料的同时，在冲孔工位上又冲出了两个孔；

(6) 滑块带动上模部分回程，重复（3）的动作，这样连续进行冲裁直至条料或带料冲完为止。

3) 特点

(1) 冲模中导正销与落料凸模的配合为 H7/r6，其连接应保证在修磨凸模时的装拆方便，因此，落料凸模安装导正销的孔是个通孔。

采用这种级进模，当冲压件的形状不适合用导正销定位时（如孔径太小或孔距太小等），可在条料上的废料部分冲出工艺孔，利用装在凸模固定板上的导正销进行导正。

(2) 级进模一般都有导向装置，该模具以导板与凸模间隙配合导向，并以导板进行卸料。

2. 具有自动挡料的级进模

为了便于操作，进一步提高生产率，可采用自动挡料定位或自动送料装置加定位零件定位。

具有自动挡料装置的级进模如图 3.16 所示。

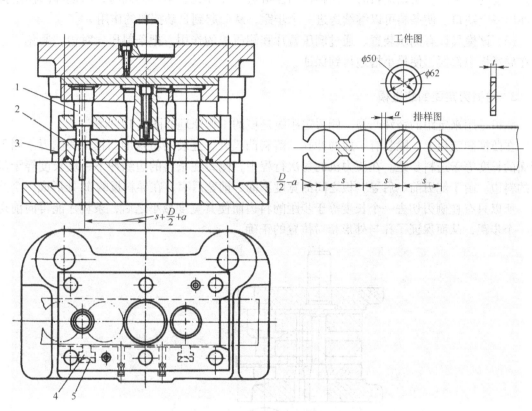

1—凸模；2—凹模；3—挡料杆；4—侧压板；5—侧压簧片

图 3.16 具有自动挡料装置的级进模

1）工作过程

（1）沿导料板将条料送进，并由第一个始用挡料销定位。

（2）滑块带动上模部分下行，对条料实施冲孔（ϕ50mm）。

（3）滑块带动上模回程，导板将紧箍在凸模上的条料刮下；卡在凹模洞口中的废料则在后续冲裁中由凸模依次推落。

（4）沿导料板将条料继续送进，并由第二个始用挡料销进行粗定位。

（5）滑块带动上模部分下行，导正销进行精定位并落料（ϕ62mm）；同时在冲孔的工位上又冲孔（ϕ50mm）。

（6）上模回程并卸料。

（7）沿导料板将条料继续送进，并由挡料杆 3 进行粗定位。

（8）上模下行，实施落料（ϕ62mm）和冲孔（ϕ50mm），且凸模 1 与凹模 2 配合将条料的搭边冲出一个缺口，为后续送料提供通道。

（9）上模回程并卸料。

2）特点

（1）该模具具有导柱式级进模的特点。

（2）自动挡料装置由挡料杆、冲搭边的凸模和凹模组成。在工作过程中，挡料杆始终不离开凹模的上平面，所以送料时，挡料杆挡住搭边，在冲孔、落料的同时，凸模和凹模把搭边冲出一个缺口，使条料可以继续送进一个步距，从而起到自动挡料的作用。

（3）该模具设有侧压装置，通过侧压簧片和侧压板的作用，把条料压向对边，避免了条料在导料板中偏摆，使最小搭边得到保证。

3. 用侧刃定距的级进模

侧刃是用来定距的特殊凸模。侧刃定距级进模的工作原理如图3.17所示。

在凸模固定板上，除装有一般的冲孔、落料凸模外，还装有特殊的凸模——侧刃。侧刃断面的长度等于送料步距。在压力机的每次行程中，侧刃在条料的边缘冲下一块长度等于步距的料边。由于侧刃前、后导料板之间的宽度不同，前宽后窄，在导料板的 M 处形成一个凸肩，所以只有在侧刃切去一个长度等于步距的料边而使其宽度减小之后，条料才能再向前送进一个步距，从而保证了孔与外形相对位置的正确。

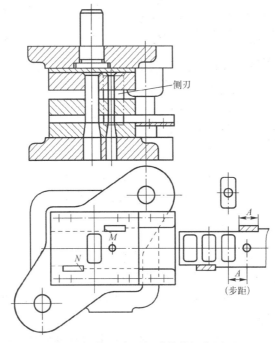

图3.17 侧刃定距级进模的工作原理

侧刃的定位可以采用单侧刃。这时当条料冲到最后一件的孔时，条料的狭边被冲完，于是在条料上不再存在凸肩，在落料时无法再定位，所以末件是废品。如果级进模在 n 个步距内工作，则将有 $(n-1)$ 个半成品失去定位。为了避免这些废品的产生，可采用错开排列的双侧刃。一个侧刃应排在第一个工作位置或其前面；另一个侧刃应排在最后一个工作位置或

其后面。在使用双侧刃的级进模中，有时也有将左、右两侧刃并排布置，而在另一侧布置侧压板，其目的是避免条料在导料板中偏摆，使最小搭边得到保证。

用侧刃定距的优点是其应用不受冲裁件结构的限制，操作方便、安全，送料速度高，便于实现自动化。

用侧刃定距的缺点是模具结构比较复杂，材料有额外的浪费，在一般情况下它的定距精度比导正销低，所以有些级进模将侧刃与导正销联合使用。这时用侧刃作粗定位，以导正销作精定位。侧刃断面的长度应略大于送料步距，使导正销有导正的余地。

侧刃定距的冲孔落料级进模如图3.18所示。

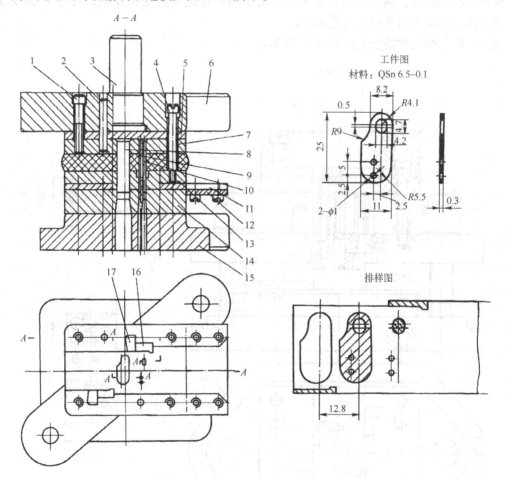

1—内六角螺钉；2—销钉；3—模柄；4—卸料螺钉；5—垫板；
6—上模座；7—凸模固定板；8、9、10—凸模；11—导料板；12—承料板；13—卸料板；
14—凹模；15—下模座；16—侧刃凹模；17—侧刃挡块

图3.18　侧刃定距的冲孔落料级进模

1）工作过程

工作过程如下。

（1）沿导料板将条料送进，并由侧刃挡块定位。

（2）上模部分下行对条料实施冲孔，侧刃（图中未表达）与侧刃凹模配合，在条料的边缘上冲切下一块长度等于送料步距的料边,在条料上形成一个台肩,为后续送料做准备。

(3)上模部分回程,橡胶推动卸料板将紧箍在凸模上的条料刮下。

(4)沿导料板将条料继续送进,并由侧刃挡块对条料的台肩定位。

(5)上模部分下行进行落料并在冲孔的工位上冲孔;侧刃又将在条料的边缘上冲切下一块长度等于送料步距的料边,在条料上形成一个台肩。

(6)上模部分回程并卸料。

2)特点

该模具利用侧刃、侧刃凹模、侧刃挡块对条料的送进实施定位作用,代替了始用挡料销、固定挡料销来控制条料的送进距离。

侧刃定距的弹压导板级进模如图3.19所示。

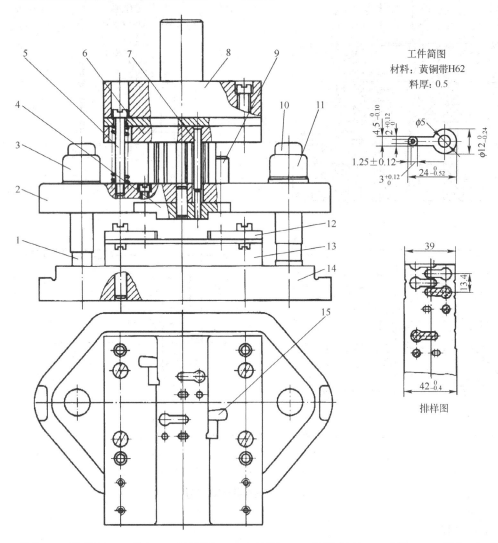

1—导柱;2—弹压导板;3—导套;4—导板镶块;5—卸料螺钉;6—凸模固定板;7—凸模;8—上模座;9—限位柱;
10—导柱;11—导套;12—导料板;13—凹模;14—下模座;15—侧刃挡块

图3.19 侧刃定距的弹压导板级进模

该模具的特点如下。

（1）凸模以装在弹压导板中的导板镶块导向，弹压导板以导柱导向，导向准确，保证了凸模与凹模的正确配合，并且加强了凸模的纵向稳定性，避免了小凸模产生纵弯曲。

（2）凸模与固定板为间隙配合，凸模装配调整和更换方便。

（3）弹压导板用卸料螺钉与上模连接，加上凸模与固定板是间隙配合，因此能消除压力机导向误差对模具的影响，对延长模具寿命有利。

（4）冲裁排样采用直对排，一次冲裁获得两个冲裁件，两件的落料工位离开一定距离以增强凹模强度，也便于加工和装配。

（5）适用于冲压零件尺寸小且复杂、需要保护凸模的场合。

比较上述两种定位方法的级进模可以得出：

（1）如果板料厚度较小，用导正销定位时，孔的边缘可能被导正销摩擦压弯，因而不起正确导正和定位作用；

（2）窄长形的冲压零件，步距小的不宜安装始用挡料销和挡料销；

（3）落料凸模尺寸不大的，如在凸模上安装导正销，将影响凸模强度。

因此，挡料销与导正销配合定位的级进模一般适用于冲裁板料厚度大于 0.3mm，材料较硬的冲压件和步距与凸模尺寸稍大的场合，否则，宜用侧刃定位。侧刃定位的级进模不存在上述问题，生产效率较高，定位准确，但材料消耗较多，冲裁力增大，模具比较复杂。

4. 级进冲裁排样

采用级进模冲压时，排样设计十分重要，它不但要考虑材料的利用率，还应考虑零件的精度要求、冲压成形规律、模具结构及模具强度等问题。下面讨论这些因素对排样的要求。

1）零件的精度对排样的要求

零件精度要求高的，除了注意采用精确的定位方法外，还应尽量减少工位数，以减小工位累积误差；孔距公差较小的应尽量在同一工步中冲出。

2）模具结构对排样的要求

零件较大，或零件虽小但工位较多，应尽量减少工位数，可采用级进－复合排样法，如图 3.20（a）所示，以减小模具轮廓尺寸。

3）模具强度对排样的要求

孔间距小的冲裁件，其孔要分步冲出，如图 3.20（b）所示；工位之间凹模壁厚小的，应增设空步，如图 3.20（c）所示；外形复杂的冲裁件应分步冲出，以简化凸、凹模形状，增强其强度，便于加工和装配，如图 3.20（d）所示；侧刃的位置应尽量避免导致凸、凹模局部工作而损坏刃口，如图 3.20（b）所示；侧刃与落料凹模刃口距离增大 0.2～0.4mm 就是为了避免落料凸、凹模切下条料端部的极小宽度。

4）零件成形规律对排样的要求

需要弯曲、拉深、翻边等成形工序的零件，采用级进模冲压时，位于成形过程变形部位上的孔一般应安排在成形工步之后冲出，落料或切断工步一般安排在最后工位上。

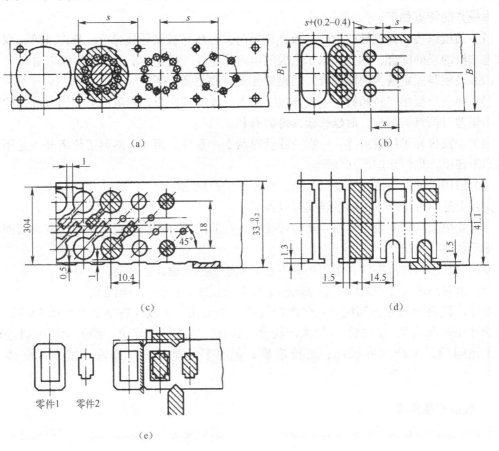

图 3.20 级进模的排样图

全部为冲裁工步的级进模，一般是先冲孔后落料或切断。先冲出的孔可作后续工位的定位孔，若该孔不适合于定位或定位精度要求较高时，则应冲出辅助定位工艺孔（导正销孔），如图 3.20（a）所示。

套料级进冲裁时，如图 3.20（e）所示，按由里向外的顺序，先冲内轮廓后冲外轮廓。

项目实施 2-5 拨片冲压模具的总体结构设计及主要零部件设计

本任务模具结构采用倒装式复合冲裁模具，装配图如图 3.21 所示。

模具结构中，两个导料销控制条料送进导向，固定挡料销控制送料距离。采用弹性卸料装置，其由卸料板、卸料螺钉和弹簧组成。工件由推杆、推板、推销和推件块组成的刚性推件装置推出。冲孔的废料通过凸凹模中的冲孔凹模型孔漏下。

1. 卸料弹簧的设计计算

（1）根据模具结构初选 6 根弹簧，每根弹簧承担的卸料力为：

$$\frac{F_{卸}}{n} = 6360 \div 6 = 1060 \text{N}$$

项目 3 复合冲裁模具设计

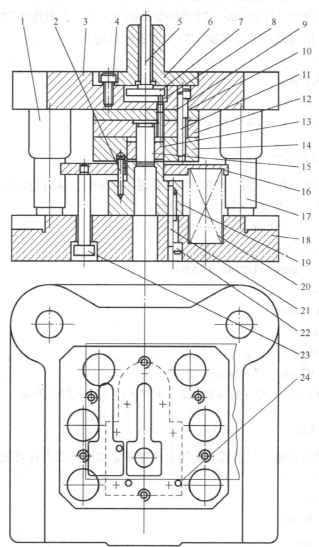

1—导套；2—挡料销；3—上模座；4—螺钉；5—推杆；6—模柄；7—推板；8—推销；9—垫板；10—螺栓；
11、21—销钉；12—凸模固定板；13—推件块；14—凹模；15—凸模；16—卸料板；17—导柱；18—下模座；
19—凸凹模；20—弹簧；22—螺钉；23—卸料螺钉；24—导料销

图 3.21　拨片零件冲压模具总装图

（2）根据预压力 $F_预 > 1060N$ 和模具结构尺寸，由相关设计资料初选出序号 68～72 的弹簧，其最大工作载荷 $F_1 = 1550N > 1060N$。

（3）校验是否满足 $s_1 \geqslant s_Z$。查弹簧的载荷-行程曲线，并经过计算可得以下数据：

序号	H_0/mm	H_1/mm	$s_1 = H_0 - H_1$	s_Y（$F_Y = 1060N$）	$s_Z = s_Y + s_{工作} + s_{修模}$
68	60	44.5	15.5	10.5	18.7
69	80	58.2	21.8	15	23.2
70	120	85.7	34.3	23	31.2
71	160	113.2	46.8	30	38.2
72	200	140.5	59.5	40	48.2

注：$s_{工作} = t + 1 = 3.2mm$，$s_{修模} = 5mm$。

由表中数据可以判断，序号 70 ～ 72 的弹簧均满足 $s_1 \geqslant s_Z$，但选择 70 号弹簧最合适，因为其他弹簧太长，会增加模具的总高度。70 号弹簧的规格为：

外径：$D = 45\text{mm}$

钢丝直径：$d = 7.0\text{mm}$

自由高度：$H_0 = 120\text{mm}$

装配高度：$H_2 = H_0 - s_Y = 120 - 23 = 97\text{mm}$

2. 模具主要零件的设计

模架选用中等精度，中、小尺寸冲压件的后侧导柱模架，从右边送料，操作方便。

上模座：$L \times B \times H = 250\text{mm} \times 250\text{mm} \times 50\text{mm}$

下模座：$L \times B \times H = 250\text{mm} \times 250\text{mm} \times 65\text{mm}$

导柱：$d \times L = 35\text{mm} \times 200\text{mm}$

导套：$d \times L \times D = 35\text{mm} \times 125\text{mm} \times 48\text{mm}$

垫板厚度：12mm

凸模固定板厚度：20mm

凹模厚度：29mm

卸料板厚度：14mm

弹簧外露高度：97 - 6 - 37 = 54mm

模具的闭合高度：$H_{模} = 50 + 12 + 20 + 2.2 + 14 + 54 + 65 = 246.2\text{mm}$

3. 冲压设备的选择

根据冲压力的计算结果，以及模具的闭合高度等，选择开式双柱可倾压力机 J23-40。

公称压力：40kN

滑块行程：100mm

最大闭合高度：330mm

连杆调节量：65mm

工作台尺寸（前后×左右）：460mm × 700mm

垫板尺寸（厚度×孔径）：65mm × 220mm

模柄孔尺寸：（直径×深度）：ϕ50mm × 70mm

最大倾斜角度：30°

练习与思考题

3-1 什么叫搭边？搭边有什么作用？

3-2 怎样确定冲裁模的工序组合方式？

3-3 怎样选择凸模材料？

3-4 什么条件下选择侧刃对条料定位？

3-5 什么情况下采用双侧刃定位？

3-6 凸模垫板的作用是什么？如何正确地设计垫板？

3-7 常用的卸料装置有哪几种？在使用上有何区别？
3-8 卸料板型孔与凸模的关系是怎样的？
3-9 什么是顺装复合模和倒装复合模？
3-10 确定如图3.22所示底板工件的排样方法和搭边值，计算条料宽度、材料利用率、冲裁力和压力中心位置（材料：08F；厚度 $t=1.2$ mm）。
3-11 如图3.23所示工件，如果采用复合模进行冲压，要求：（1）计算条料宽度和材料利用率；（2）画出排样图；（3）按配作法计算刃口尺寸；（4）画出模具工作零件的结构简图，并将计算结果标注在图上。

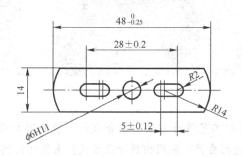

图3.22 题3-10图

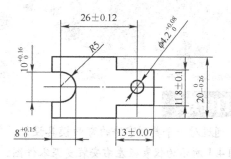

图3.23 题3-11图

3-12 确定如图3.24所示零件的工艺方案（材料：10钢；厚度 $t=0.8$ mm，大批量生产）。

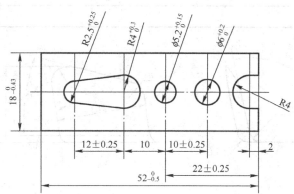

图3.24 题3-12图

项目4 弯曲模具设计

项目任务3

通过对一个典型零件的弯曲模具设计,掌握弯曲工艺设计方法,学会设计一般的弯曲模具。如图4.1所示为仪表板左右安装支架零件图,如何进行生产?采用何种冲压方式?采用什么模具?

通过对该项目的教学,使学生熟悉资料的收集和查询,了解弯曲变形过程,熟悉弯曲工艺设计和弯曲工艺方案的拟订,确定弯曲模具的结构形式及主要零部件的结构与尺寸,熟练掌握弯曲模具设计。

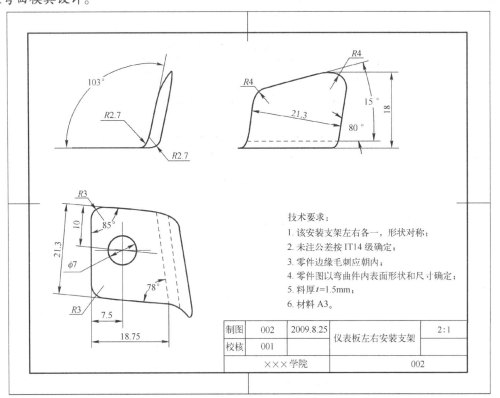

图4.1 仪表板左右安装支架零件图

项目4 弯曲模具设计

4.1 弯曲变形过程分析和弯曲回弹

4.1.1 弯曲变形分析

将金属坯料弯曲成具有一定角度和曲率半径的制件的成形方法称为弯曲，它属于成形工序，是冲压基本工序之一，在冲压制件生产中应用较普遍。它既可用于生产大型结构件，如飞机机翼、汽车大梁、锅炉炉体等，也可用于小型机器及电子仪器仪表零件的加工，如铰链、电子元器件等。弯曲用的坯料可以是板材、带材、条材、管材、棒材和型材等，图4.2是用弯曲方法加工的一些典型制件。

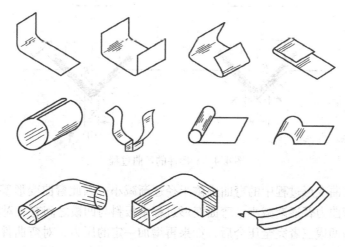

图4.2 弯曲成形典型制件

根据所使用的工具与设备的不同，弯曲方法可分为在压力机上利用模具进行的压弯，以及在专用弯曲设备上进行的滚弯、折弯和拉弯等，如图4.3所示，其中最常见的是压弯。尽管各种弯曲方法所用的设备与工具不同，但其变形过程及特点有共同规律。

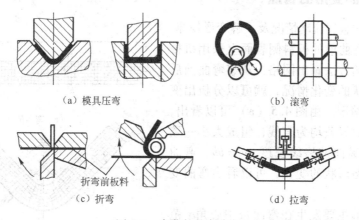

(a) 模具压弯　　(b) 滚弯

(c) 折弯　　(d) 拉弯

图4.3 弯曲件的弯曲方法

129

V形件弯曲，是板料弯曲中最基本的一种，其弯曲过程如图4.4所示。在开始弯曲时，板料的弯曲内侧半径大于凸模的圆角半径。随着凸模的下压，板料的直边与凸模V形表面逐渐靠近，弯曲内侧半径逐渐减小，即 $R_1 > R_2 > R_3 > R_4$。同时弯曲力臂逐渐减小，即 $S_1 > S_2 > S_3 > S_4$。当凸模、板料与凹模三者完全压合，板料的内侧弯曲半径及弯曲力臂达到最小值时，弯曲过程结束。

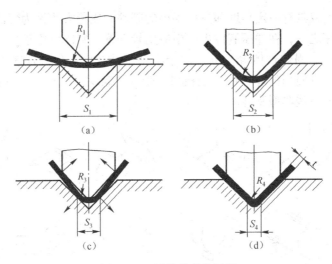

图4.4　V形件的弯曲过程

由于板料在弯曲变形过程中的弯曲内侧半径逐渐减小，因此弯曲变形部分的变形程度逐渐增加；又由于弯曲力臂逐渐减小，弯曲变形过程中板料与凹模之间有相对滑动现象。

凸模、板料与凹模三者完全压合后，如果再增加一定的压力，对弯曲件施压，则称为校正弯曲。没有这一过程的弯曲称为自由弯曲。

当凸模上行后，将制件从凹模中取出，由于弹性变形的存在，制件的弯曲半径和弯曲角度并不与凸模保持一致，制件发生了回弹变形，这个阶段称为弯曲的回弹阶段。

4.1.2　弯曲变形的特点

研究变形时的金属流动情况及了解变形规律常用网格法。在弯曲前的板料侧表面上采用机械刻线或照相腐蚀的方法画出网格，观察弯曲前后网格的尺寸和形状的变化情况，就可以分析出变形时板料的受力情况。由图4.5（a）可以看出，弯曲前，材料侧面线条均为直线，组成大小一致的正方形小格，纵向网格线长度 $aa = bb$。弯曲后，通过观察网格形状的变化，可以看出弯曲变形具有以下特点。

（1）弯曲变形主要发生在弯曲带中心角 α 范围内，中心角以外基本不变形。如图4.5（b）所示，可以观察到位于弯曲圆角部分的网格发生了

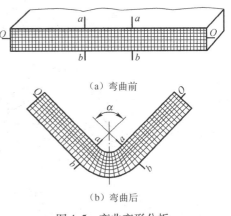

(a) 弯曲前

(b) 弯曲后

图4.5　弯曲变形分析

显著的变化,原来的正方形网格变成了扇形。靠近圆角部分的直边有少量变形,而其余直边部分的网格仍保持原状,没有变形。

(2) 在变形区内,从网格变形情况看,板料在长、厚、宽三个方向上都产生了变形。

① 长度方向。板料内侧(靠近凸模一侧)的纵向网格线长度缩短,越靠近内侧越短。比较弯曲前后相应位置的网格线长度,可以看出圆弧为最短,远小于弯曲前的直线长度,说明内侧材料受压缩。而板料外侧(靠近凹模一侧)的纵向网格线长度伸长,越靠近外侧越长。最外侧的圆弧长度为最长,明显大于弯曲前的直线长度,说明外侧材料受到拉伸。在伸长和缩短两个变形区域之间,其中必定有一层金属纤维材料的长度在弯曲前后保持不变,这一金属层称为应变中性层(见图4.5中的$O-O$层)。

② 厚度方向。当弯曲变形程度较大时,变形区外侧材料受拉伸长,使得厚度方向上的材料减薄;变形区内侧材料受压,使得厚度方向上的材料增厚。由于应变中性层位置的内移,外侧的减薄区域随之扩大,内侧的增厚区域逐渐缩小,外侧的减薄量大于内侧的增厚量,因此材料厚度在弯曲变形区内有变薄现象。变形程度越大,变薄现象越严重。变薄后的厚度计算公式如下:

$$t' = \eta t \tag{4-1}$$

式中,t'为坯料变薄后的厚度;t为坯料变薄前的厚度;η为变薄系数,根据实验测定,其值总是小于1。

③ 宽度方向。内层材料受压缩,宽度应增加。外层材料受拉伸,宽度将减小。因而,板料的相对宽度b/t(b是板料的宽度,t是板料的厚度)对弯曲变形区的材料变形有很大影响。一般将相对宽度$b/t>3$的板料称为宽板,相对宽度$b/t\leq3$的板料称为窄板。

当窄板弯曲时,宽度方向上的变形不受约束。由于弯曲变形区外侧材料受拉引起板料在宽度方向上收缩,内侧材料受压引起板料在宽度方向上增厚,其横截面形状变成了外窄内宽的扇形(见图4.6(a))。变形区横截面形状尺寸所发生的改变称为畸变。

当宽板弯曲时,在宽度方向上的变形会受到相邻部分材料的制约,材料不易流动,因此其横截面形状变化较小,仅在两端会出现少量变形(见图4.6(b)),由于相对于宽度尺寸而言数值较小,横截面形状基本保持为矩形。虽然宽板弯曲仅存在少量畸变,但是在某些弯曲件生产场合,如铰链加工制造,需要两个宽板弯曲件的配合时,这种畸变可能会影响产品的质量。当弯曲件质量要求高时,上述畸变可以采取在变形部位预做圆弧切口的方法加以防止。

对于一般的板料弯曲来说,大部分属于宽板弯曲。

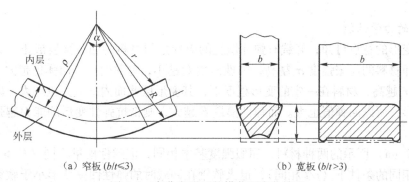

(a) 窄板 ($b/t\leq3$)　　　　　　　(b) 宽板 ($b/t>3$)

图4.6 弯曲变形区的横截面变化情况

4.1.3 弯曲回弹及其防止措施

常温下的塑性弯曲和其他塑性变形一样，在外力作用下所产生的总变形由塑性变形和弹性变形两部分组成。当弯曲结束，外力去除后，塑性变形留存下来，而弹性变形则完全消失，弯曲变形区外侧因弹性恢复而缩短，内侧因弹性恢复而伸长，产生了弯曲件的弯曲角度和弯曲半径与模具相应尺寸不一致的现象，这种现象称为弯曲回弹（简称回弹），如图4.7所示。

在弯曲加载过程中，板料变形区内侧与外侧的应力应变性质相反，卸载时内侧与外侧的回弹变形性质也相反，而回弹的方向都是反向于弯曲变形方向的。另外，纵观整个坯料，不变形区所占的比例比变形区大得多，大面积不变形区的惯性影响会加大变形区的回弹，这是弯曲回弹比其他成形工艺回弹严重的另一个原因，它们对弯曲件的形状和尺寸变化影响十分显著，使弯曲件的几何精度受到损害。

弯曲件的回弹现象通常表现为两种形式：一是弯曲半径的改变，由回弹前弯曲半径 r_t 变为回弹后的 r；二是弯曲角度的改变，由回弹前弯曲中心角度 α_t（凸模的中心角度）变为回弹后的工件实际中心角度 α，如图4.7所示。回弹值的确定主要考虑这两个因素。若弯曲中心角 α 的两侧有直边，则应同时保证两侧直边之间的夹角 θ（称做弯曲角）的精度，如图4.8所示，弯曲角 θ 与弯曲中心角度 α 之间的换算关系为：

$$\theta = 180° - \alpha \tag{4-2}$$

注意两者之间呈反比关系。

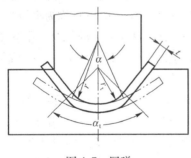

图4.7 回弹

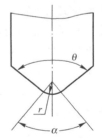

图4.8 弯曲角 θ 与弯曲中心角度 α

1. 影响回弹的主要因素

1）材料的力学性能

由金属变形的特点可知，卸载时弹性恢复的应变量与材料的屈服强度成正比，与弹性模量成反比，即材料的屈服强度 σ_s 越高，弹性模量 E 越小，弯曲变形的回弹也越大。因为材料的屈服强度 σ_s 越高，材料在一定的变形程度下，其变形区截面内的应力也越大，因而引起更大的弹性变形，所以回弹值也大。而弹性模量 E 越大，则抵抗弹性变形的能力越强，所以回弹值越小。

如图4.9（a）所示的两种材料，屈服强度基本相同，但弹性模量不同（$E_1 > E_2$），在弯曲变形程度相同的条件下（r/t 相同），退火软钢在卸载时的弹性回复变形小于软锰黄铜，即 $\varepsilon_1' < \varepsilon_2'$。又如图4.9（b）所示的两种材料，其弹性模量基本相同，而屈服强度则不同。在弯

曲变形程度相同的条件下，经冷变形硬化而屈服强度较高的软钢在卸载时的弹性回复变形大于屈服强度较低的退火软钢，即 $\varepsilon_3' < \varepsilon_4'$。

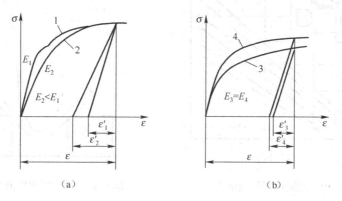

1、3—退火软钢；2—软锰黄铜；4—经冷变形硬化的软钢

图 4.9　材料的力学性能对回弹值的影响

2）相对弯曲半径 r/t

相对弯曲半径 r/t 越小，则回弹值越小。因为相对弯曲半径 r/t 越小，变形程度越大，变形区总的切向变形程度增大，塑性变形在总变形中所占的比例增大，而相应弹性变形的比例则减小，从而回弹值减小。反之，相对弯曲半径 r/t 越大，则回弹值越大。这就是曲率半径很大的工件不易弯曲成形的原因。

3）弯曲中心角 α

弯曲中心角 α 越大，表示变形区的长度越大，回弹累积值越大，故回弹角越大，但对曲率半径的回弹没有影响。

4）模具间隙

弯曲模具的间隙越大，回弹也越大，所以板料厚度允差越大，回弹值越不稳定。如图 4.10 所示表示在弯曲 U 形件时，凸、凹模之间的间隙对回弹有较大的影响。

5）弯曲件形状

U 形件的回弹由于两边互受牵制而小于 V 形件。形状复杂的弯曲件一次弯成时，由于各部分相互牵制，以及弯曲件表面与模具表面之间摩擦的影响，改变了弯曲件各部分的应力状态（一般可以增大弯曲变形区的拉应力），使回弹困难，因而回弹角减小。

6）弯曲方式

在无底凹模内作自由弯曲时（见图 4.11），回弹最大。在有底凹模内作校正弯曲时，回弹较小。弯曲力的大小不同使得回弹值也有所不同。校正弯曲时，校正力越大，回弹越小，因为校正弯曲时校正力比自由弯曲时的弯曲力大得多，使变形区的应力应变状态与自由弯曲时有所不同。极大的校正弯曲力迫使变形区内侧产生了切向拉应变，与外侧切向应变相同，因此内、外侧纤维都被拉长。卸载后，变形区内、外侧都因弹性回复而缩短，内侧回弹方向与外侧相反，内、外两侧的回弹趋势相互抵消，产生了减小回弹的效果。例如，V 形件校正弯曲时，如果相对弯曲半径 $r/t < 0.2 \sim 0.3$，则角度回弹量 $\Delta\varphi$ 可能为零或负值。

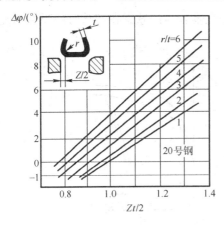

图 4.10 间隙对回弹的影响　　　　图 4.11 无底凹模内的自由弯曲

由于回弹影响了弯曲件的形状误差和尺寸公差，因此在模具设计和制造时，必须预先考虑材料的回弹值，修正模具相应工作部分的形状和尺寸。

回弹值的确定方法有理论公式计算法和经验值查表法，对于不同的相对弯曲半径，回弹值的确定方法也不同。

（1）小半径弯曲的回弹

当弯曲件的相对弯曲半径 $r/t<5\sim 8$ 时，弯曲半径的变化一般很小，可以不予考虑，而仅考虑弯曲角度的回弹变化。角度的回弹值称做回弹角，以弯曲前后工件弯曲角度变化量 $\Delta\varphi$ 来表示。回弹角可用下式来计算：

$$\Delta\varphi = \varphi - \varphi_p \tag{4-3}$$

式中，φ 为工件弯曲后的实际弯曲角度；φ_p 为回弹前的弯曲角度（即凸模的弯曲角）。

可以运用查表法来查取有关回弹角的修正经验数值。现列表 4.1 供参考。

表 4.1　单角 90°型件自由弯曲时的回弹角 $\Delta\varphi$

材　料	r/t	材料厚度 t（mm）		
		<0.8	0.8～2	>2
软钢（30 号以下）	<1	4°	2°	0°
黄铜	1～5	5°	3°	1°
铝和锌	>5	6°	4°	2°
中硬钢（30～45 号）	<1	5°	2°	0°
硬黄铜	1～5	6°	3°	1°
硬青铜	>5	8°	5°	3°
	<1	7°	4°	2°
硬钢（50 号以上）	1～5	9°	5°	3°
	>5	12°	7°	6°
30CrMnSiA	<2	2°	2°	2°
	2～5	2°30′～4°30′	3°～4°30′	3°～4°30′
	<2	2°	3°	4°30′
硬铝（2A12）	2～5	4°	6°	8°30′
	>5	6°30′	10°	14°
超硬铝（LC4M）	<2	2°30′	5°	8°
	2～5	3°～5°	8°	11°30′

当弯曲角不是90°时，其回弹角则可用以下公式计算：

$$\Delta\beta = \frac{\beta}{90}\Delta\varphi \tag{4-4}$$

式中，$\Delta\beta$ 为当弯曲角为 β 时的回弹角；β 为弯曲件的弯曲角；$\Delta\varphi$ 为当弯曲角为90°时的回弹角。

(2) 大半径弯曲的回弹

当相对弯曲半径 $r/t > 10$ 时，卸载后弯曲件的弯曲圆角半径和弯曲角度都发生了变化，凸模圆角半径和凸模弯曲中心角，以及弯曲角可按纯塑性弯曲条件进行计算：

$$r_p = \frac{r}{1+\dfrac{3\sigma_s r}{Et}} = \frac{1}{\dfrac{1}{r}+\dfrac{3\sigma_s}{Et}} \tag{4-5}$$

$$\varphi_p = 180° - \frac{r}{r_p}(180° - \varphi) \tag{4-6}$$

式中，r 为工件的圆角半径（mm）；r_p 为凸模的圆角半径（mm）；φ 为工件的圆角半径 r 所对弧长的中心角；φ_p 为凸模的圆角半径 r_p 所对弧长的中心角；σ_s 为弯曲材料的屈服极限（MPa）；t 为弯曲材料的厚度（mm）；E 为材料的弹性模量（MPa）。

有关手册给出了许多计算弯曲回弹的公式和图表，选用时应特别注意它们的应用条件。由于弯曲件的回弹值受诸多因素的综合影响，如材料性能的差异（甚至同型号不同批次性能的差异）、弯曲件形状、毛坯非变形区的弹性变形回复、弯曲方式、模具结构等，所以上述公式的计算值只能是近似的，还需在生产实践中进一步试模修正，同时可采用一些行之有效的工艺措施来减小、遏制回弹。

【实例4-1】 图4.12所示为弹簧片弯曲零件，材料为2A12，$\sigma_s = 361\text{MPa}$，$E = 71 \times 10^3 \text{MPa}$，求凸模圆角半径 r_p 及角度 φ_p。

解：零件中间弯曲部分 $r = 12\text{mm}$，$\alpha = 90°$，$t = 1\text{mm}$，因为 $r/t = 12 > 10$，故零件的圆角半径回弹和角度回弹都要考虑。由公式可得：

$$r_p = \frac{r}{1+\dfrac{3\sigma_s r}{Et}} = \frac{12}{1+\dfrac{3 \times 361 \times 12}{71 \times 10^3 \times 1}} = 10.1\text{mm}$$

$$\varphi_p = 180° - \frac{r}{r_p}(180° - \alpha) = 180° - \frac{12}{10.1}(180° - 90°) = 73.1°$$

零件两侧弯曲部分 $r = 4\text{mm}$，$\alpha = 90°$，$t = 1\text{mm}$，因为 $r/t = 4 \sim 5$，故只需考虑零件弯曲角度的回弹，查表4.1得 $\Delta\varphi = 6°$，因此有

$$\varphi_p = \varphi - \Delta\varphi = 90° - 6° = 84°$$

$$r_p = r = 4\text{mm}$$

计算后的凸模尺寸如图4.13所示。

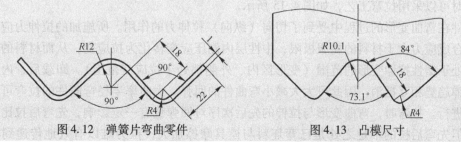

图4.12 弹簧片弯曲零件　　　　图4.13 凸模尺寸

2. 减小回弹的措施

在实际生产中，由于材料的力学性能和厚度的波动等因素的存在，要完全消除弯曲件的回弹是不可能的，生产中可以采取一些措施来减小或补偿回弹所产生的误差，以提高弯曲件的精度。

1) 从选用材料上采取措施

在满足弯曲件使用要求的条件下，尽可能选用弹性模数大、屈服极限小、机械性能比较稳定的材料，以减小弯曲时的回弹。

2) 改进弯曲件的结构设计

尽量避免选用过大的相对弯曲半径 r/t，如有可能，在弯曲区压制加强筋，以提高零件的刚度，抑制回弹（见图4.14（a）、(b)），也可利用成形折边（见图4.14（c））。另一方面尽量选用力学性能稳定和板料厚度波动小的材料。

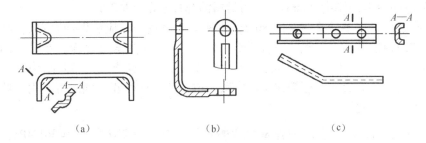

图 4.14 改进弯曲件的结构设计

3) 从工艺上采取措施

(1) 采用热处理工艺

对一些硬材料和已经冷作硬化的材料，弯曲前先进行退火处理，降低其硬度以减小弯曲时的回弹，待弯曲后再淬硬。在条件允许的情况下，甚至可使用加热弯曲。

(2) 增加校正工序

运用校正弯曲工序，对弯曲件施加较大的校正压力，可以改变其变形区的应力应变状态，以减小回弹量。通常，当弯曲变形区材料的校正压缩量为板厚的 2%～5% 时，就可以得到较好的效果。

(3) 采用拉弯工艺

对于相对弯曲半径很大的弯曲件，由于变形区大部分处于弹性变形状态，弯曲回弹量很大。这时可以采用拉弯工艺，如图 4.15 所示。

工件在弯曲变形的过程中受到了切向（纵向）拉伸力的作用。所施加的拉伸力应使变形区内的合成应力大于材料的屈服极限，中性层内侧压应变转化为拉应变，从而材料的整个横截面都处于塑性拉伸变形的范围（变形区内、外侧都处于拉应变范围）。卸载后，内外、两侧的回弹趋势相互抵消，因此可大大减小弯曲件的回弹。大曲率半径弯曲件的拉弯可以在拉弯机上进行。拉弯时，弯曲变形与拉伸的先后次序对回弹量有一定影响，先弯后拉比先拉后弯好，但先弯后拉的不足之处是已弯坯料与模具摩擦加大，拉力难以有效地传递到各个部

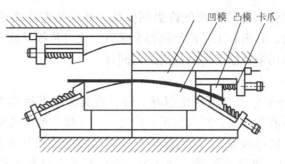

图 4.15 拉弯工艺示意图

分,因此实际生产中采用拉+弯+拉的复合工艺方法。

一般小型弯曲件可采用在毛坯直边部分加压边力来限制非变形区材料的流动(见图 4.16);或者减小凸、凹模间隙,使变形区的材料做变薄挤压弯曲的方法(见图 4.17),以增大变形区的拉应变。

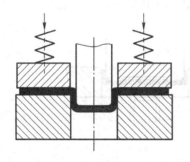

图 4.16 压边力拉弯示意图

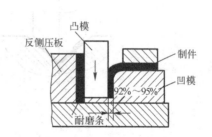

图 4.17 小间隙拉弯示意图

4)从模具结构上采取措施

(1)补偿法

利用弯曲件不同部位回弹方向相反的特点,按预先估算或试验所得的回弹量修正凸模和凹模工作部分的尺寸和几何形状,以相反方向上的回弹来补偿工件的回弹量。如图 4.18 所示,其中(a)为单角弯曲时,根据工件可能产生的回弹量,将回弹角做在凹模上,使凹模的工作部分具有一定的斜度;(b)为双角弯曲时的凸、凹模补偿形式。

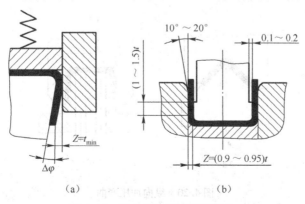

图 4.18 用补偿法修正模具结构

双角弯曲时，可以将弯曲凸模两侧修去回弹角，并保持弯曲模的单面间隙等于最小料厚，促使工件贴住凸模，开模后工件两侧回弹至垂直，或者将模具底部做成圆弧形，利用开模后底部向下的回弹作用来补偿工件两侧向外的回弹。

（2）校正法

当材料厚度在 0.8mm 以上，塑性比较好，而且弯曲圆角半径不大时，可以改变凸模结构，使校正力集中在弯曲变形区，加大变形区应力、应变状态的改变程度（迫使材料内、外侧同为切向压应力和切向拉应变），从而使内、外侧回弹趋势相互抵消。图4.19（a）所示为单角校正弯曲凸模的修正尺寸形状。图4.19（b）所示为双角校正弯曲凸模的修正尺寸形状。

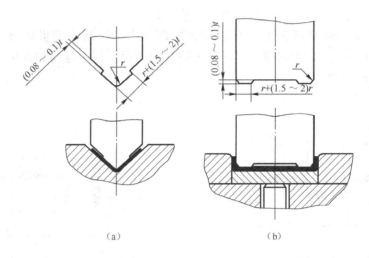

图4.19 用校正法修正模具结构

（3）纵向加压法

在弯曲过程完成后，利用模具的突肩在弯曲件的端部纵向加压（如图4.20所示），使弯曲变形区的横截面上都受到压应力，卸载时工件内、外侧的回弹趋势相反，使回弹大为降低。利用这种方法可获得较精确的弯边尺寸，但对毛坯精度要求较高。其中图（a）为单角弯曲；图（b）为双角弯曲。

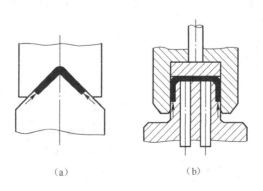

图4.20 纵向加压弯曲

（4）采用橡胶或聚氨酯凹模代替刚性金属凹模进行弯曲

如图 4.21 所示，弯曲时随着金属凸模逐渐进入聚氨酯凹模，聚氨酯对板料的单位压力也不断增加，弯曲件圆角变形区所受到的单位压力大于两侧直边部分。由于仅受聚氨酯侧压力的作用，直边部分不发生弯曲，随着凸模进一步下压，激增的弯曲力将会改变圆角变形区材料的应力、应变状态，达到类似校正弯曲的效果，从而减小回弹。通过调节凸模压入聚氨酯凹模的深度，可以控制弯曲力的大小，使卸载后的弯曲件角度符合精度要求。

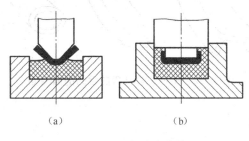

（a）　　　　　（b）

图 4.21　聚氨酯弯曲模

4.1.4　弯曲件的常见缺陷及其防止的工艺措施

弯曲是一种变形工艺，由于弯曲变形过程中变形区应力、应变分布的性质、大小和表现形态不尽相同，加之弯曲变形过程中受到凹模摩擦力的作用，所以在实际生产加工中弯曲件不可避免地要产生质量问题，常见的是弯裂、截面畸变、翘曲、回弹和偏移等。

1. 弯裂及其防止措施

弯曲时，板料的外侧（靠近凹模一侧）受到拉伸作用，当外侧拉应力大于材料的抗拉强度时，板料外侧将产生裂纹，这种现象称为弯裂。实践证明，在材料性能均匀的情况下，制件是否弯裂主要取决于最小相对弯曲半径 r_{min}/t，r_{min}/t 值越小，其变形程度就越大，越容易产生裂纹。

为了控制或防止弯裂，在一般的情况下，不宜采用最小弯曲半径。当工件的弯曲半径小于表 4.4（见后文）所列数值时，为提高弯曲极限变形程度，常采取以下措施：

（1）经冷变形硬化的材料，可采用热处理的方法恢复其塑性，再进行弯曲。

（2）清除冲裁毛刺，当毛刺较小时也可以使有毛刺的一面处于弯曲受压的内缘（即有毛刺的一面朝向弯曲凸模），以免应力集中而开裂。

（3）对于低塑性的材料或厚料，可采用加热弯曲。

（4）采取两次弯曲的工艺方法，即第一次采用较大的弯曲半径，然后退火；第二次再按工件要求的弯曲半径进行弯曲。这样就使变形区域扩大，减小了外层材料的伸长率。

（5）对于较厚材料的弯曲，如结构允许，可以采取先在弯角内侧开槽后再进行弯曲的工艺。

2. 截面畸变及其防止措施

截面畸变是指坯料弯曲后断面发生变形的现象。窄板弯曲如前所述；管材、型材弯曲后的剖面畸变如图 4.22 所示。这种现象是由于径向应力所引起的。另外，在薄壁管的弯曲中，还会出现内侧面因受到压应力的作用而失稳起皱的现象。因此，弯曲管件时，管中应加填料或芯棒。

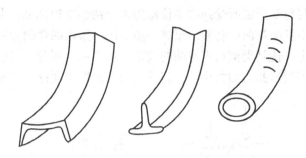

图 4.22　型材、管材弯曲后的剖面畸变

3. 翘曲及其防止措施

通常，细而长的板料弯曲件，弯曲后纵向产生翘曲变形（见图 4.23）。这是因为沿折弯线方向工件的刚度小，塑性弯曲时，外区宽度方向上的压应变和内区的拉应变将得以实现，结果使折弯线发生变化，零件纵向翘曲。当弯曲短而粗的弯曲件时，由于沿工件纵向刚度大，宽向应变被抑制，所以翘曲不明显。翘曲现象一般通过采用校正弯曲的方法来进行控制。

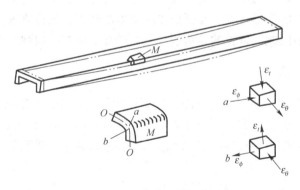

图 4.23　弯曲后的翘曲

项目实施 3-1　防止仪表板左右安装支架产生弯曲缺陷所采取的措施

本制件在弯曲成形过程中，由于弯曲半径大于最小弯曲半径，所以不会出现弯裂的现象，主要出现的质量问题是回弹和偏移。

解决回弹的措施为补偿法，在进行凸模和凹模设计的时候已经将弯角两侧斜面之间的夹角由 103°减小了一个回弹角 2°，所以凸模和凹模弯角两侧斜面之间的夹角为 101°。

解决偏移的措施：由于制件为不对称 V 形件，为保证制件的形状和尺寸精度，采用左右两个制件同时弯曲成形，将不对称 V 形件的弯曲变为对称的 U 形件弯曲，同时还利用制件上的孔作为定位孔，由定位销钉给坯料进行定位，保证制件在弯曲变形过程中左右受力均衡，不发生偏移现象，保证制件的精度。制件弯曲成形后，由切断模从两制件中间的连接带切开。

4.2 弯曲成形工艺设计

4.2.1 弯曲工艺分析

弯曲件的工艺性是指弯曲零件的形状、尺寸、精度、材料选用及技术要求等是否符合弯曲变形规律的要求。具有良好工艺性的弯曲件能简化弯曲工艺过程及模具结构，提高工件的质量。

1. 弯曲件的精度

弯曲件的精度受坯料定位、偏移、翘曲和回弹等因素的影响，弯曲的工序数目越多，精度也越低。一般弯曲件的精度公差等级在 IT13 级以下，角度公差大于 15′。长度的未注公差尺寸的极限偏差见表 4.2，弯曲件角度的自由公差见表 4.3。

表 4.2 弯曲件未注公差的长度尺寸的极限偏差

长度尺寸 l/mm		3～6	>6～18	>18～50	>50～120	>120～260	>260～500
材料厚度 t/mm	≤2	±0.3	±0.4	±0.6	±0.8	±1.0	±1.5
	>2～4	±0.4	±0.6	±0.8	±1.2	±1.5	±2.0
	>4	—	±0.8	±1.0	±1.5	±2.0	±2.5

表 4.3 弯曲件角度的自由公差值

弯边长度 l/mm	≤6	>6～10	>10～18	>18～30	>30～50
角度公差 $\Delta\beta$	±3°	±2°30′	±2°	±1°30′	±1°15′
弯边长度 l/mm	>50～80	>80～120	>120～180	>180～260	>260～360
角度公差 $\Delta\beta$	±1°	±50′	±40′	±30′	±25′

2. 弯曲件的材料

如果弯曲件的材料具有足够的塑性，屈强比 σ_s/σ_b 小，屈服点与弹性模量的比值 σ_s/E 小，则有利于弯曲成形和提高工件的质量，如软钢、黄铜和铝等材料的弯曲成形性能好。而脆较大的材料，如磷青铜、铍青铜、弹簧等，则最小相对弯曲半径大，回弹大，且容易发生开裂，不利于成形。

3. 弯曲件的结构

1) 弯曲半径

为防止弯曲时出现裂纹，弯曲半径不宜小于材料所允许的最小弯曲半径。当工件弯曲半径过小时，对于板厚小于 1.0mm 的薄料，可改变其结构形状，如图 4.24（a）所示的 U 形件，将尖角处改为凸底圆角形，对于厚料则可先在圆角区开槽，然后再进行弯曲，如图 4.24（b）和（c）所示。对于不允许改变其形状或开槽时，可采用两次弯曲，第一次采用较大的弯曲半径，成形后退火，第二次用校形弯曲方法使圆角半径减小，达到工件尺寸要求。

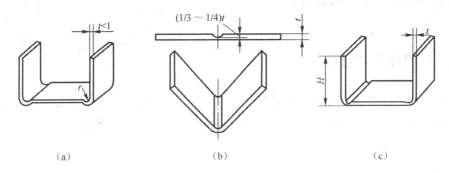

图 4.24 弯曲带尖角制件方法

2) 弯曲件的形状

弯曲件一般要求形状对称，弯曲半径左右一致，这样弯曲时坯料由于受力比较均匀而不会产生滑动（见图 4.25（a））。如果弯曲件不对称，由于摩擦阻力不均匀，坯料在弯曲过程中会产生滑动，造成偏移（见图 4.25（b））。在弯曲变形区附近有缺口的弯曲件，若在坯料上先将缺口冲出，弯曲时就会出现叉口，严重时无法成形，这时应在缺口处留连接带，待弯曲成形后再将连接带切除（见图 4.26（a）、（b）），还可以采取在坯料上预先增添定位孔的方法来保证坯料在弯曲模内的准确定位（见图 4.26（c））。

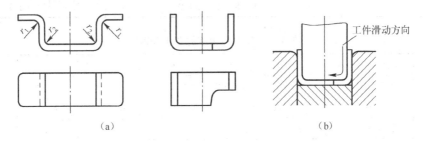

图 4.25 形状对称和不对称的弯曲件

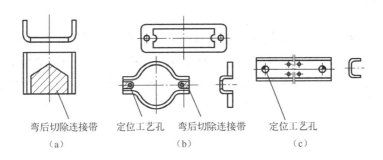

图 4.26 增添连接带和定位孔的弯曲件

3) 弯曲件的直边高度

弯曲件的直边高度不宜过小，其值应为 $h > r + 2t$（见图 4.27（a））。当 h 较小时，直边

项目 4 弯曲模具设计

在模具上支持的长度过小,不容易形成足够的弯矩,很难得到形状准确的零件。当 $h < r + 2t$ 时,须预先压槽,再弯曲,或增加弯边高度,弯曲后再切掉(见图 4.27(b))。如果所弯直边带有斜角,那么在斜边高度小于 $r + 2t$ 的区段不可能弯曲到所要求的角度,而且此处也容易开裂(见图 4.27(c))。因此必须改变零件的形状,加高直边尺寸(见图 4.27(d))。

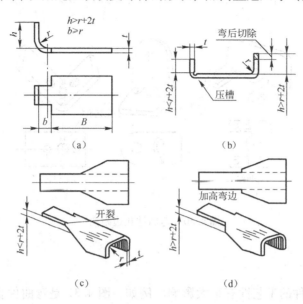

图 4.27 弯曲件的弯边高度

4. 防止弯曲根部裂纹的工件结构

在局部弯曲某一段边缘时,为避免弯曲根部撕裂,应减小不弯曲部分的长度 B,使其退出弯曲线之外,即 $B \geqslant t$(见图 4.27(a))。如果零件的长度不能减小,那么应在弯曲部分与不弯曲部分之间切槽(见图 4.28(a))或在弯曲前冲出工艺孔(见图 4.28(b))。

5. 弯曲件孔的边距

当弯曲有孔的工件时,如果孔位于弯曲变形区内,则弯曲时孔要发生变形,因此必须使孔处于变形区之外(见图 4.29)。一般孔边到弯曲半径 r 中心的距离要满足以下关系:

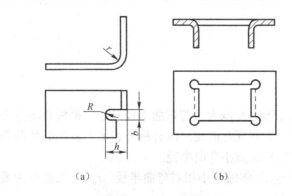

图 4.28 加冲工艺槽和孔

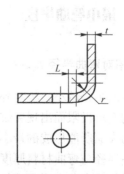

图 4.29 弯曲件的孔边距

当 $t<2mm$ 时，$L \geq t$，

当 $t \geq 2mm$ 时，$L \geq 2t$。

如果孔边至弯曲半径 r 中心的距离过小，为防止弯曲时孔变形，可在弯曲线上冲工艺孔（见图4.30（b））或切槽（见图4.30（c））。如果对零件孔的精度要求较高，则应弯曲后再冲孔。

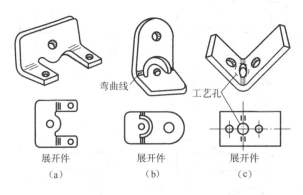

图 4.30 弯曲件孔边距离

6. 尺寸标注

尺寸标注对弯曲件的工艺性有很大影响。例如，图4.31是弯曲件孔的位置尺寸的三种标注法。对于第一种标注法，孔的位置精度不受坯料展开长度和回弹的影响，将大大简化工艺设计。因此，在不要求弯曲件有一定装配关系时，应尽量考虑冲压工艺的方便来标注尺寸。

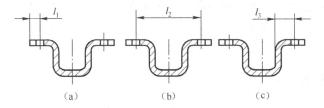

图 4.31 弯曲件孔的位置尺寸的三种标注法

4.2.2 最小弯曲半径

1. 最小相对弯曲半径 r_{min}/t

弯曲时弯曲半径越小，板料外表面的变形程度越大，若弯曲半径过小，则板料的外表面将超过材料的变形极限而出现裂纹或拉裂。在保证弯曲变形区材料外表面不发生破坏的条件下，弯曲件内表面所能形成的最小圆角半径称为最小弯曲半径。

最小弯曲半径与弯曲材料厚度的比值 r_{min}/t 称做最小相对弯曲半径。r_{min}/t 又被称为最小弯曲系数，是衡量弯曲变形程度的主要标志。

最小弯曲半径的数值，可以根据图4.32用下列近似计算方法求得。在厚度一定的条件

下，设中性层位置半径为 $\rho = r + t/2$，则弯曲圆角变形区最外层表面的切向拉应变 ε_θ 为：

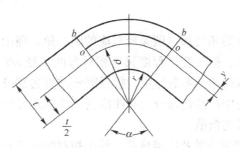

图 4.32　板料的弯曲状态及中性层

$$\varepsilon_\theta = \frac{bb - oo}{oo} = \frac{(\rho + t/2)\alpha - \rho\alpha}{\rho\alpha} = \frac{t/2}{\rho} \tag{4-7}$$

以 $\rho = r + t/2$ 代入上式，得

$$\varepsilon_\theta = \frac{1}{2r/t + 1} \tag{4-8}$$

即

$$\frac{r}{t} = \frac{1}{2}\left(\frac{1}{\varepsilon_\theta} - 1\right) \tag{4-9}$$

当 ε_θ 达到材料拉应变的最大极限值 $\varepsilon_{\theta\max}$ 时，相对弯曲半径为 $r_{\min}/t$，即

$$\frac{r_{\min}}{t} = \frac{1}{2}\left(\frac{1}{\varepsilon_{\theta\max}} - 1\right) \tag{4-10}$$

材料的 $\varepsilon_{\theta\max}$ 值越大，则相对弯曲半径极限值 $r_{\min}/t$ 越小，说明板料弯曲的性能越好。最小相对弯曲半径 $r_{\min}/t$ 也可以用材料的断面收缩率 ψ 来计算，其与切向应变 ε_θ 之间的换算关系为：

$$\psi = \frac{\varepsilon_\theta}{1 + \varepsilon_\theta} \tag{4-11}$$

将式 (4-8) 代入式 (4-11)，可得出：

$$\frac{r}{t} = \frac{1}{2\psi} - 1 \tag{4-12}$$

当弯曲时材料的断面收缩率 ψ 达到最大极限值 $\psi_{\max}$ 时，相对弯曲半径为最小值，于是有：

$$\frac{r_{\min}}{t} = \frac{1}{2\psi_{\max}} - 1 \tag{4-13}$$

上述公式中的最大切向应变 $\varepsilon_{\theta\max}$ 和断面收缩率最大极限值 $\psi_{\max}$ 可以通过材料单向拉伸试验测得。上述理论公式计算的结果与实际的值有一定误差，因为生产实践中使用的最小相对弯曲半径除了与材料的力学性能、材料厚度等有关外，还受到其他因素的影响。

2. 影响最小相对弯曲半径的因素

1）材料的力学性能

材料的塑性越好，许可的相对弯曲半径越小。对于塑性差的材料，其最小相对弯曲半径 r/t 应大一些。在生产中可以采用热处理的方法来提高某些塑性较差材料及冷作硬化材料的塑性变形能力,以减小最小相对弯曲半径。

2) 弯曲中心角

弯曲中心角 α 是弯曲件圆角变形区圆弧所对应的圆心角。理论上弯曲变形区局限于圆角区域,直边部分不参与变形,似乎变形程度只与相对弯曲半径 r/t 有关,而与弯曲中心角 α 无关。但实际上,由于材料的相互牵制作用,接近圆角的直边部分也参与了变形,扩大了弯曲变形区的范围,分散了集中在圆角部分的弯曲应变,使圆角外表面受拉状态有所缓解,从而有利于降低最小弯曲半径的数值。

弯曲中心角 α 越小,变形分散效应越显著,最小相对弯曲半径的数值也越小。反之,弯曲中心角 α 越大,对最小相对弯曲半径 r/t 的影响将越弱,当弯曲中心角大于 90°后,对相对弯曲半径 r/t 基本无影响。

3) 板料的纤维方向

弯曲所用的冷轧钢板经多次轧制后产生纤维组织,使板材性能呈现明显的方向性。顺着纤维方向的塑性指标优于与纤维相垂直的方向。当弯曲件的折弯线与纤维方向垂直时,材料具有较大的拉伸强度,不易拉裂,最小相对弯曲半径 r_{min}/t 的数值最小。而平行时则最小相对弯曲半径数值最大(见图 4.33 (a)、(b))。对于相对弯曲半径较小或者塑性较差的弯曲件,折弯线应尽可能垂直于轧制方向。当弯曲件为双侧弯曲,而且相对弯曲半径又比较小时,应在排样时使两个弯曲线与板料的纤维方向成 45°夹角(见图 4.33),而在 r/t 较大时,可以不考虑纤维方向。

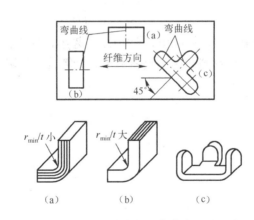

图 4.33　板料纤维方向对弯曲半径的影响

4) 板料的冲裁断面质量和表面质量

当板料剪切断面上存在毛刺、裂口和冷作硬化及表面划伤、裂纹等缺陷时,将会造成弯曲时应力集中,并降低塑性变形的稳定性,使材料易破裂,因此,表面质量和断面质量差的板料弯曲,其最小相对弯曲半径 r_{min}/t 的数值一般较大。

当生产实际中需要用到较小的 r_{min}/t 值时,可以采用弯曲前去除毛刺或将材料有小毛刺的一面朝向弯曲凸模、切除剪切断面上的硬化层,或者退火处理等方法,来避免工件的破裂。

5) 板料的宽度

弯曲件的相对宽度 B/t 越大,板料沿宽向流动的阻碍就越大;相对宽度 B/t 越小,板料沿宽向流动就越容易,可以改善圆角变形区外侧的应力应变状态,因此,相对宽度 B/t 较小的窄板,其相对弯曲半径的数值可以较小,如图 4.34 所示。

6) 板料的厚度

弯曲变形区切向应变在板料厚度方向上按线性规律变化,在内、外表面上最大,在中性层上为零。当板料的厚度较小时,按此规律变化的切向应变梯度很大,与最大应变的外表面相邻近的纤维层可以起到阻止外表面材料局部不均匀延伸的作用,所以薄板弯曲允许具有更小的 r_{min}/t 值(见图 4.35)。

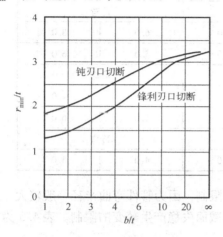

图 4.34 剪切断面质量和相对宽度对最小相对弯曲半径的影响

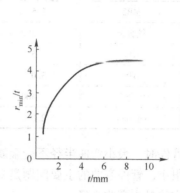

图 4.35 板料厚度对最小相对弯曲半径的影响

由于影响最小相对弯曲半径的因素很多,因此,目前国内各企业普遍采用经试验获得的经验数据,板料最小弯曲半径见表 4.4。

表 4.4 最小相对弯曲半径 r_{min}/t

材料	退火或正火		加工硬化	
	弯曲线位置			
	垂直于纤维方向	平行于纤维方向	垂直于纤维方向	平行于纤维方向
08、10、Q195、Q215	0.1	0.4	0.4	0.8
15、20、Q235	0.1	0.5	0.5	1.0
25、30、Q255	0.2	0.6	0.6	1.2
35、40、Q275	0.3	0.8	0.8	1.5
45、50、	0.5	1.0	1.0	1.7
55、60、	0.7	1.3	1.3	2.0
65Mn	1.0	2.0	2.0	3.0
1Cr18Ni9	1.0	2.0	3.0	4.0
铝	0.1	0.3	0.5	1.0
硬铝(软)	1.0	1.5	1.5	2.5
硬铝(硬)	2.0	3.0	3.0	4.0

续表

材料	退火或正火		加工硬化	
	弯曲线位置			
	垂直于纤维方向	平行于纤维方向	垂直于纤维方向	平行于纤维方向
退火紫铜	0.1	0.3	1.0	2.0
软黄铜	0.1	0.3	0.4	0.8
半硬黄铜	0.1	0.3	0.5	1.2
镁合金	300℃热弯		冷弯	
MB1	2.0	3.0	6.0	8.0
MB2	1.5	2.0	5.0	6.0
钛合金	300～400℃热弯		冷弯	
BT1	1.5	2.0	3.0	4.0
BT5	3.0	4.0	5.0	6.0
铝合金	400～500℃热弯		冷弯	
$t \leqslant 2mm$	2.0	3.0	4.0	5.0

弯曲管件时，最小弯曲半径不受金属塑性的限制，因为管件弯曲半径一般较大，外层纤维的变形很小，管件弯曲的主要问题是受变形区截面失稳产生畸变的限制。表 4.5 为管件弯曲时所允许的最小弯曲半经。

表 4.5　钢管及铝管所允许的最小弯曲半径

管壁厚度（t）	最小弯曲半径（r_{min}）
$t = 0.02D$	$4D$
$t = 0.05D$	$3.6D$
$t = 0.10D$	$3D$
$t = 0.15D$	$2D$

注：t 为管壁厚度，D 为管件直径。

4.2.3　弯曲件的工序安排

弯曲件的工序安排应根据制件形状、尺寸、精度等级、生产批量，以及材料的力学性能等因素进行综合考虑。弯曲工序安排合理，可以简化模具结构，提高工件质量和劳动生产率。

1. 弯曲件的工序安排原则

（1）对于形状简单的弯曲件，如 V 形、U 形、Z 形工件等，可采用一次弯曲成形。对于形状复杂的弯曲件，一般需要采用二次或多次弯曲成形。

（2）对于批量大且尺寸较小的弯曲件，为使操作方便、定位准确和提高生产率，应尽可能采用级进模或复合模进行弯曲。

（3）需多次弯曲时，弯曲次序一般应先弯两端，后弯中间部分，前次弯曲应考虑后次弯曲有可靠的定位，后次弯曲不能影响前次已成形的形状。

（4）当弯曲件几何形状不对称时，为避免压弯时坯料偏移，应尽量采用成对弯曲，然后再切成两件的工艺（见图 4.36）。

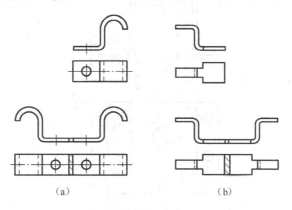

图 4.36　成对弯曲成形

2. 典型弯曲件的工序安排

图 4.37～图 4.39 分别为一次弯曲、二次弯曲，以及四次弯曲成形工件的例子，可供制订弯曲件工艺程序时参考。

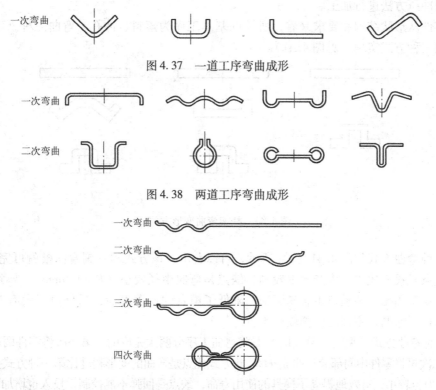

图 4.39　四道工序弯曲成形

【实例 4-2】 如图 4.40 所示为托架零件，材料为 08，厚度为 $t=1.5$ mm，年产 2 万件，要求表面不允许有明显的划痕，孔不允许变形，试制订其工艺方案。

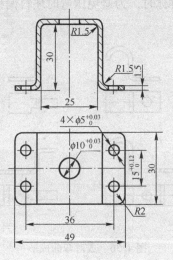

图 4.40 托架零件

该零件是某机械产品上的一件支撑托架，托架的中心孔装有心轴，4 个 $\phi5$ mm 的孔为机身连接的螺钉孔，五个孔的精度均为 IT9 级。零件工作时受力不大，对其强度和刚度的要求不高；年产 2 万件，属于中批量生产，外形简单对称，材料为一般冲压用钢，因此零件可采用冲压方法进行加工。

此零件从形状结构和要求来看，所需的基本工序为落料、冲孔、弯曲三种，弯曲方式大致可用三种方式实现（见图 4.41）。

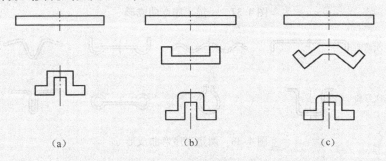

图 4.41 托架弯曲变形方式

第一种弯曲方式如图 4.41（a）所示，可以看出，该方式用一副弯曲模就可完成成形。此方式优点是投入较少，生产效率较高；缺点是弯曲半径较小（$R=1.5$ mm），导致材料在凹模口容易被划伤，凹模口也容易磨损，降低了模具的使用寿命，另外由于没有有效利用过弯曲和校正弯曲，零件的回弹较严重。

第二种弯曲方式（见图 4.41（b））是将弯曲工序分两次完成的：第一次将零件两端弯曲成 90°，第二次再将零件中间部分弯曲成 90°。此方式优点是弯曲的变形程度比第一种方式要缓和得多，弯曲力也较小，有效地提高了模具的使用寿命，缺点是回弹不能控制，投入也增加了。

第三种弯曲方式（见图4.41（c））是先将中间与两端材料弯成45°，再用一副弯曲模将其弯曲成90°。此方式采用了校正弯曲，因此可得到精确尺寸的零件。模具工作条件也较好，可有效提高其寿命，也可防止零件表面产生划伤。

根据以上的弯曲方式，可编制出零件的冲压工艺，大致有以下6种方案。

方案①：冲 ϕ10mm 孔与落料复合→弯曲两端与中间成45°→弯曲中间成90°→冲 $4 \times \phi$5mm 的孔。

此方案的优点是模具结构简单，使用寿命长，制造周期短，投产快；零件能实现校正弯曲，能有效地控制回弹，保持外形和尺寸精确，表面质量也能得到保证。缺点是工序较分散，需用的模具、设备和操作人员较多，劳动强度较大。

方案②：冲 ϕ10mm 孔与落料复合→弯曲两端成90°→弯曲中间成90°→冲 $4 \times \phi$5mm 的孔。

此方案的优点是模具结构简单，投产快，使用寿命长，但零件的回弹不能得到有效控制，外形和尺寸精确难以保持，同时还具有与方案①相同的缺点。

方案③：冲 ϕ10mm 孔与落料复合→四点弯曲成90°→冲 $4 \times \phi$5mm 的孔。

此方案工序集中，可减少设备及操作人员，但弯曲摩擦较大，模具寿命短，零件的质量较难控制。

方案④：冲 ϕ10mm 孔、切断与四点弯曲成90°连续冲压→冲 $4 \times \phi$5mm 的孔。

此方案本质上与方案③相同，只是采用了结构更为复杂的级进模。

方案⑤：冲 ϕ10mm 孔、切断与弯曲两端连续冲压→弯曲中间成90°→冲 $4 \times \phi$5mm 的孔。

此方案工序集中，但模具结构较复杂。从零件成形的角度来看与方案②基本相同，可减少设备及操作人员，但弯曲摩擦较大，模具寿命短，零件的质量较难控制。

方案⑥：全部工序组合，采用带料级进冲压。

此方案的优点是工序集中，生产效率高，操作安全，适用于大批量生产，但模具结构复杂，安装、调试与维修均较为困难，制造周期也较长。

综合以上分析，考虑到零件的生产批量不大，零件的精度要求较高，以及要获得较好的经济效益，选用方案①较为合适。

4.2.4 弯曲力计算

弯曲力是设计弯曲模和选择压力机吨位的重要依据。由于弯曲力受材料性能、零件形状、弯曲方法和模具结构等多种因素的影响，难以准确计算，在生产中常采用经验公式来确定。

1. 自由弯曲力

V形件弯曲力：

$$F_{自} = \frac{0.6KBt^2\sigma_b}{r+t} \tag{4-14}$$

U形件弯曲力：

$$F_{自} = \frac{0.7KBt^2\sigma_b}{r+t} \tag{4-15}$$

式中，$F_{自}$ 为自由弯曲在冲压行程结束时的弯曲力；B 为弯曲件的宽度；t 为弯曲材料的厚度；r 为弯曲件的内弯曲半径；σ_b 为材料的抗拉强度；K 为安全系数，一般取 1.3。

2. 校正弯曲力

校正弯曲时，校正力比压弯力大得多，因此，一般只计算校正力。V 形件和 U 形件弯曲的校正力均按下式计算：

$$F_{校} = AP \tag{4-16}$$

式中，$F_{校}$ 为校正弯曲应力；A 为校正部分投影面积；P 为单位面积校正力，其值见表 4.6。

表 4.6　单位面积校正力 P　（MPa）

材料	料厚 t/mm			
	<1	1～3	3～6	6～10
铝	10～20	20～30	30～40	40～50
黄铜	20～30	30～40	40～60	60～80
10～20 钢	30～40	40～60	60～80	80～100
25～35 钢	40～50	50～70	70～100	100～120

3. 压料力和顶件力

若弯曲模设有顶件装置或压料装置，其顶件力 $F_{顶}$（或压料力 $F_{压}$）可近似取自由弯曲力的 30%～80%，即

$$F_{顶} = (0.3 \sim 0.8)F_{自} \tag{4-17}$$

对于有压料装置的自由弯曲，有

$$F_{机} \geq (1.2 \sim 1.3)(F_{自} + F_{压}) \tag{4-18}$$

对于校正弯曲，由于校正弯曲力比顶件力 $F_{顶}$ 或压料力 $F_{压}$ 大得多，故 $F_{顶}$ 或 $F_{压}$ 可以忽略，即

$$F_{机} \geq (1.2 \sim 1.3)F_{校} \tag{4-19}$$

4. 弯曲时压力机吨位的确定

自由弯曲时，压力机吨位为：

$$F_{机} \geq F_{自} + F_{顶} \tag{4-20}$$

校正弯曲时，可忽略顶件力和压料力，取

$$F_{机} \geq F_{校} \tag{4-21}$$

4.2.5　弯曲件展开长度的确定

1. 中性层位置的确定

根据中性层的定义，弯曲件的坯料长度应等于中性层的展开长度。中性层位置以曲率半

径 ρ 表示（见图 4.42），通常用下面的经验公式来确定：

$$\rho = r + xt \tag{4-22}$$

式中，r 为零件的内弯曲半径；t 为材料厚度；x 为中性层位移系数，见表 4.7。

中性层位置确定后，对于形状比较简单、尺寸精度要求不高的弯曲件，可直接采用下面介绍的方法计算坯料长度。而对于形状比较复杂或精度要求高的弯曲件，在利用下述公式初步计算坯料长度后，还需反复试弯不断修正，才能最后确定坯料的形状及尺寸。

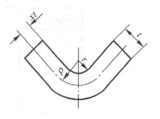

图 4.42 中性层位置

表 4.7 中性层位移系数 x 的值

r/t	0.1	0.2	0.3	0.4	0.5	0.6	0.7	0.8	1.0	1.2
x	0.21	0.22	0.23	0.24	0.25	0.26	0.28	0.30	0.32	0.33
r/t	1.3	1.5	2	2.5	3	4	5	6	7	≥8
x	0.34	0.36	0.38	0.39	0.40	0.42	0.44	0.46	0.48	0.5

2. 弯曲件展开尺寸的计算

1) $r > 0.5t$ 的弯曲件

将弯曲件按直边区、圆角区分成若干段，视直边长度在弯曲前后不变，圆角区展开长度按弯曲前后中性层长度不变的条件进行计算。由于 $r > 0.5t$ 的弯曲件变薄不严重，按照中性层展开的原理，坯料总长应等于弯曲件直线部分和圆弧部分长度之和（见图 4.43），即

$$L_z = l_1 + l_2 + \frac{\pi\alpha}{180}\rho = l_1 + l_2 + \frac{\pi\alpha}{180}(r + xt) \tag{4-23}$$

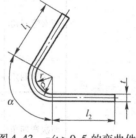

图 4.43 $r/t > 0.5$ 的弯曲件

式中，L_z 为坯料展开总长度；α 为弯曲中心角（°）。

2) $r < 0.5t$ 的弯曲件

对于 $r < 0.5t$ 的弯曲件，由于弯曲变形时不仅制件的圆角变形区严重变薄，而且与其相邻的直边部分也变薄，很难准确计算展开料的长度，通常的做法是先按照变形前后体积不变的条件求出弯曲件展开的理论公式，再考虑直边的伸长变形和板厚减薄等因素的影响适当进行修正。通常采用表 4.8 所列经验公式进行计算。

表 4.8 $r < 0.5t$ 的弯曲件坯料长度计算公式

弯曲特点	简 图	计算公式
单直角弯曲	（$\alpha = 90°$）	$L = a + b + 0.4t$

续表

弯曲特点	简图	计算公式
单角弯曲	$\alpha<90°$	$L=a+b+\dfrac{\alpha}{90}\times 0.5t$
对折弯曲		$L=a+b+0.43t$
一次弯两角		$L=a+b+c+0.6t$
一次弯三角		$L=a+b+c+d+0.75t$
两次弯三角		$L=a+b+c+d+t$
一次弯四角		$L=a+2b+2c+t$
两次弯四角		$L=a+2b+2c+1.2t$

3) 铰链式弯曲件

铰链式弯曲件有两种类型，如图4.44所示。

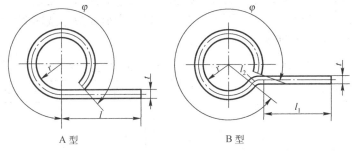

图4.44 铰链式弯曲类型

对于小型铰链件（$r=(0.6\sim0.35)t$）而言，通常采用推卷的方法。在弯曲过程中，板料切向受较大的压应力，板厚不是减薄，而是增厚。因此中性层外移，其坯料长度L_z可按式(4-24)近似计算：

$$L_Z = l + r + 1.5\pi(r + x_1 t) \quad (4\text{-}24)$$

式中，l 为直线段长度；r 为铰链内半径；x_1 为中性层位移系数，查表4.9可得。

表4.9 卷边时中性层位移 x_1 的值

r/t	>0.5～0.6	>0.6～0.8	>0.8～1.0	>1.0～1.2	>1.2～1.5	>1.5～1.8	>1.8～2.0	>2.0～2.2	>2.2
x_1	0.76	0.73	0.70	0.67	0.64	0.61	0.58	0.54	0.50

【实例4-3】 计算如图4.45所示弯曲件的坯料展开长度。

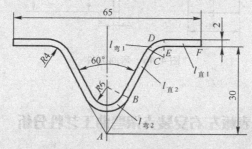

图4.45 V形支架

解：由于工件弯曲半径 $r > 0.5t$，故坯料展开长度公式为

$$L_Z = 2(l_{直1} + l_{直2} + l_{弯1} + l_{弯2})$$

查表4.7可知，当 $r/t = 2$ 时，$x = 0.38$；当 $r/t = 3$ 时，$x = 0.40$

式中：

$$l_{直1} = EF = 32.5 - (30 \times \tan 30° + 4 \times \tan 30°) = 12.87 \text{mm}$$

$$l_{直2} = BC = \frac{30}{\cos 30°} - (8 \times \tan 60° + 4 \times \tan 30°) = 18.47 \text{mm}$$

$$l_{弯1} = \frac{\pi \alpha}{180}(r + xt) = \frac{\pi \times 60}{180}(4 + 0.38 \times 2) = 4.98 \text{mm}$$

$$l_{弯2} = \frac{\pi \alpha}{180}(r + xt) = \frac{\pi \times 60}{180}(6 + 0.40 \times 2) = 7.12 \text{mm}$$

所以，坯料展开长度为：

$$L_Z = 2(12.87 + 18.47 + 4.98 + 7.12) = 86.88 \text{mm}$$

【实例4-4】 计算图4.46所示弯曲制件的坯料展开尺寸。

解：工件弯曲半径 $R0.8 < 0.5t$，$R5 > 0.5t$，坯料展开长度公式为：

$$L_Z = l_1 + l_2 + l_3 + 0.6\delta + \frac{\pi \alpha}{180}(r + xt) + l_4$$

$$= 30 - 4 + 20 - 2 + 20 - 4 - 5 + 0.6 \times 2 + \frac{\pi \times 90}{180}(5 + 0.39 \times 2) + 30 - 5$$

$$= 26 + 18 + 11 + 1.2 + 9.1 + 25$$

$$= 90.3 \text{mm}$$

冲压成形工艺与模具设计

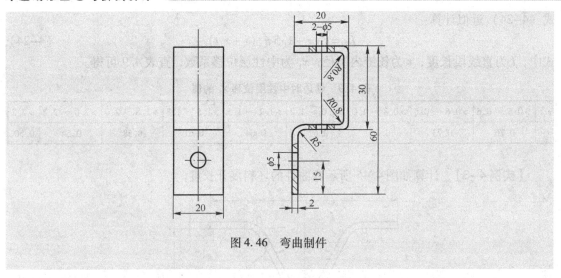

图 4.46　弯曲制件

项目实施 3-2　仪表板左右安装支架弯曲工艺性分析

该件为非对称弯曲件,如采用单件 V 形弯曲,受力不均匀,毛坯易产生偏移,而且定位也较为困难,因而将其设计成对称件,一模两件,先 U 形弯曲后剖切。总成形过程需三道工序,分别为冲孔落料、弯曲、剖切,如图 4.47～图 4.49 所示。每道工序各用一套模具。

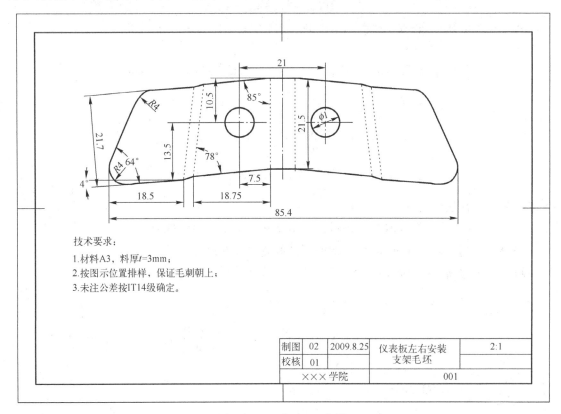

图 4.47　工序 1——落料

项目4 弯曲模具设计

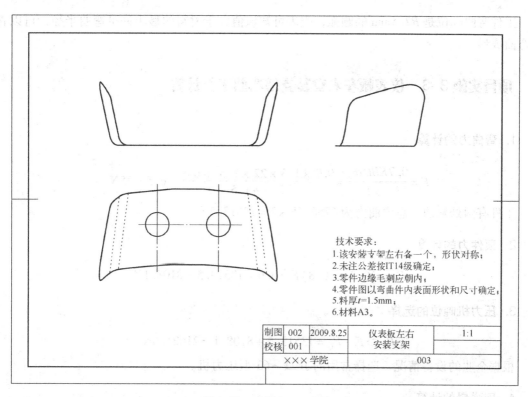

图4.48 工序2——弯曲

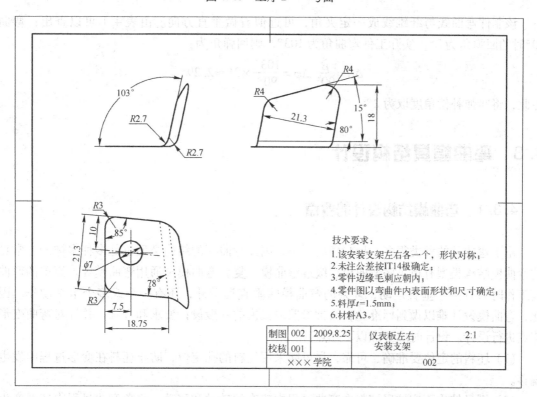

图4.49 工序3——剖切

工件弯曲部位是 $R2.5\text{mm}$ 的圆弧，查表可知该值大于材料的最小许可弯曲半径，可以直接弯曲成形。

项目实施 3-3　仪表板左右安装支架弯曲工艺计算

1. 弯曲力的计算

$$F = \frac{0.7KBt^2\sigma_b}{r+t} = \frac{0.7 \times 1.3 \times 22 \times 1.5^2 \times 600}{2.5 + 1.5} = 6756.75\text{N}$$

工件有两处弯曲，总弯曲力为 $6756.75 \times 2 = 13513.5\text{N}$。

2. 顶件力的计算

$$F_Q = (0.3 \sim 0.8)F = 0.6 \times 13513.5 = 8108.1\text{N}$$

3. 压力机吨位的选择

$$F_{机} \geq F + F_Q = 13513.5 + 8108.1 = 21621.6\text{N}$$

根据企业的设备情况，选择常用的 JF21-63 型压力机。

4. 回弹量的计算

该制件弯曲线与纤维线成一定夹角，可近似看做垂直方向。由表 4.1 可以查出：弯曲 $90°$ 时的回弹角为 $2°$，实际工件弯曲角为 $103°$，则回弹角为：

$$\Delta\beta = \frac{\beta}{90°}\Delta\varphi = \frac{103°}{90°} \times 2° \approx 2.29°$$

在此，将回弹补偿角度取为 $2°$。

4.3　弯曲模具结构设计

4.3.1　弯曲模结构设计的要点

由于弯曲件的种类很多，形状繁简不一，因此弯曲模的结构类型也是多种多样的。常见的弯曲模结构类型有单工序弯曲模、级进弯曲模、复合弯曲模和通用弯曲模等。简单的弯曲模工作时只有一个垂直运动，复杂的弯曲模除垂直运动外，还有一个或多个水平动作。因此，弯曲模设计难以做到标准化，通常参照冲裁模的一般设计要求和方法，并针对弯曲变形特点进行设计。设计时应考虑以下几点。

（1）坯料的定位要准确、可靠，尽可能采用坯料的孔定位，防止坯料在变形过程中发生偏移。

（2）模具结构不应妨碍坯料在弯曲过程中应有的转动和移动，避免弯曲过程中坯料产生过度变薄和断面发生畸变。

（3）模具结构应能保证弯曲时上、下模之间水平方向上的错移力得到平衡。

（4）为了减小回弹，弯曲行程结束时应使弯曲件的变形部位在模具中得到校正。

（5）坯料的安放和弯曲件的拿取也要方便、迅速，生产率要高，操作要安全。

（6）弯曲回弹量较大的材料时，模具在结构上必须考虑凸、凹模加工及试模时便于修正的可能性。

4.3.2 弯曲模的典型结构

在选定弯曲件工艺方案后，就可以进行弯曲模的结构设计了。

1. 单工序弯曲模

1）V形件弯曲模

图4.50表示了V形件弯曲模的一般结构形式，其特点是结构简单、通用性好，但弯曲时坯料容易偏移，影响工件精度。凸模3安装在标准槽形模柄1上，并用销钉2定位，组成上模。毛坯由定位板4定位，沿定位面加工出倒角，便于放入毛坯。由顶杆6和弹簧7组成顶件装置，工作行程中起压料作用，可以防止毛坯横向移动，回程可将工件从凹模5内顶出。弯曲模一般不需要模架，调整模具时先定位凸模，待调整满足要求后再固定凹模。

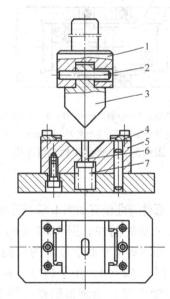

1—槽形模柄；2—销钉；3—凸模；4—定位板；5—凹模；6—顶杆；7—弹簧
图4.50 V形件弯曲模的一般结构形式

图4.51为V形件折板式弯曲模，其特点是凹模4由两块平板构成，中间以铰链8连接，铰链的心轴2沿支架7的长槽上下滑动。定位板9固定在活动凹模上。弯曲前，顶杆3将心轴顶到最高位置，使两块活动凹模成一平面，平板坯料放在定位板上定位。工作时，在凸模1

的作用下，两块凹模将绕铰链心轴转动，而铰链心轴沿支架槽下滑，从而使坯料随活动凹模一起折弯成形。当凸模回程时，活动凹模借助顶杆 3 的作用复位并顶出弯曲件。在弯曲过程中，由于坯料始终与活动凹模和定位板接触，即使坯料形状不对称也不会产生相对滑动和偏移，因此弯曲件的精度和表面质量都较高。图中铰链心轴中心至凹模面的距离 s 影响凹模成 V 形时底部开口宽度 b 的大小，b 过大时弯边接触凹模的面积减小，将失去折板凹模的优越性。为了使全部直边都能与凹模接触，一般 s 值不能大于弯曲件的外弯曲半径，即 $s \leqslant r_p + t$。这种结构特别适用于有精确孔位的小零件、坯料不易放平稳的带窄条零件，以及没有足够压料面的零件。

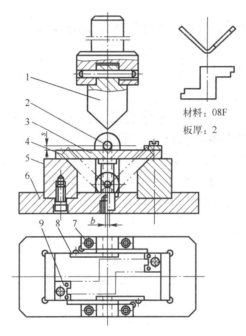

1—凸模；2—心轴；3—顶杆；4—活动凹模；
5—支撑板；6—下模座；7—支架；8—铰链；9—定位板
图 4.51　V 形件折板式弯曲模

2）U 形件弯曲模

根据弯曲件的要求，常用的 U 形件弯曲模有如图 4.52 所示的几种结构形式。图 4.52（a）所示为开底凹模，用于底部不要求平整的制件。图 4.52（b）用于底部要求平整的弯曲件。图 4.52（c）用于料厚公差较大而外侧尺寸要求较高的弯曲件，其凸模为活动结构，可随料厚自动调整凸模的横向尺寸。图 4.52（d）用于料厚公差较大而内侧尺寸要求较高的弯曲件，凹模两侧为活动结构，可随料厚自动调整凹模的横向尺寸。图 4.52（e）为 U 形精弯模，两侧的凹模活动镶块用转轴分别与顶板铰接。弯曲前顶杆将顶板顶出凹模面，同时顶板与凹模活动镶块成一平面，镶块上有定位销供工序件定位用。弯曲时工序件与凹模活动一起运动，这样就保证了两侧孔的同轴。图 4.52（f）为弯曲件两侧壁厚变薄的弯曲模。

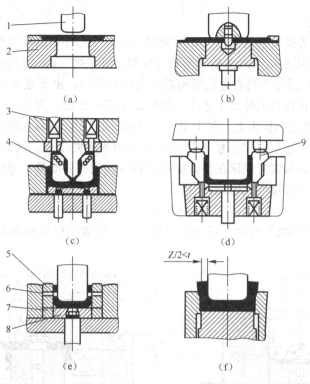

1—凸模；2—凹模；3—弹簧；4—凸模活动镶块；
5、9—凹模活动镶块；6—定位销；7—转轴；8—顶板

图4.52 U形件弯曲模

图4.53是弯曲角小于90°的U形件弯曲模。压弯时，凸模首先将坯料弯曲成U形，当凸模继续下压时，两侧的转动凹模使坯料最后压弯成弯曲角小于90°的U形件。凸模上升，弹簧使转动凹模复位，工件则由垂直图面方向从凸模上卸下。

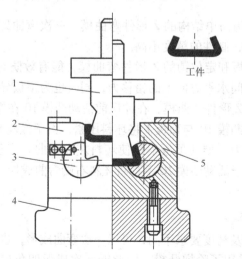

1—凸模；2—凹模转动；3—凹模镶块；4—下模座；5—弹簧

图4.53 弯曲角小于90°的U形件弯曲模

3）L形件弯曲模

对于两直边不相等的L形弯曲件，如果采用一般的V形件弯曲模弯曲，两直边的长度不容易保证，这时可采用图4.54所示的L形件弯曲模。其中图（a）适用于两直边长度相差不大的L形件，图（b）适用于两直边长度相差较大的L形件。由于是单边弯曲，弯曲时坯料容易偏移，因此必须在坯料上冲出工艺孔，利用定位销4定位。图（a）的定位销钉装在顶板5上，图（b）则装在凹模3上。对于图（b）还必须采用压料板6将坯料压住，以防止弯曲时坯料上翘。由于单边弯曲时凸模1将承受较大的水平侧压力，因此需设置反侧压块2，以平衡侧压力。挡块的高度要保证在凸模接触坯料以前先挡住凸模，因此挡块应高出凹模3的上平面，其高度差 h 可按下式确定：

$$h \geqslant 2t + r_1 + r_2$$

式中，t 为料厚；r_1 为挡块导向面入口端的圆角半径；r_2 为凸模导向面端的圆角半径，可取 $r_1 = r_2 = (2 \sim 5)t$。

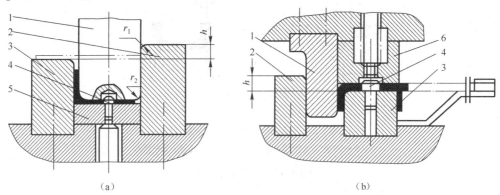

（a）　　　　　　　　　　　　　　（b）

1—凸模；2—反侧压块；3—凹模；4—定位销；5—顶板；6—压料板

图4.54　L形件弯曲模

4）Z形件弯曲模

如图4.55（a）所示为简单结构的Z形件弯曲模，一次弯曲即可成形，由于没有压料装置，压弯时坯料容易滑动，制件的精度不高。

图4.55（b）为有顶板和定位销的Z形件弯曲模，能有效防止坯料的偏移。反侧压块3的作用是克服上、下模之间水平方向上的错移力，同时也为顶板导向，防止其窜动。

图4.55（c）所示的Z形件弯曲模，在冲压前活动凸模10在橡皮8的作用下与凸模4的端面齐平。冲压时，活动凸模10与顶板1将坯料压紧，由于橡皮8产生的弹压力大于顶板1下方缓冲器所产生的弹顶力，推动顶板下移使坯料左端弯曲。当顶板接触下模座11后，橡皮8压缩，则凸模4相对于活动凸模10下移将坯料右端弯曲成形。当压块7与上模座6相碰时，整个工件得到校正。

5）四角形件的弯曲模

根据四角形件的尺寸及精度要求不同，可以一次弯曲成形，也可以二次弯曲成形。

图4.56所示的模具采用了阶梯凸模，因此能一次成形四角形件。在弯曲过程中直边受到凸模阶梯的阻碍将被连续弯曲，弯曲线将不断上移，弯曲后容易产生较大的回弹，使上口尺寸偏大。当工件高度较小时，上述影响不大。按照经验：$H \leqslant (8 \sim 10)t$、$t \leqslant 1\text{mm}$ 时的四

角形件在尺寸精度不高时可采用一次弯曲成形。

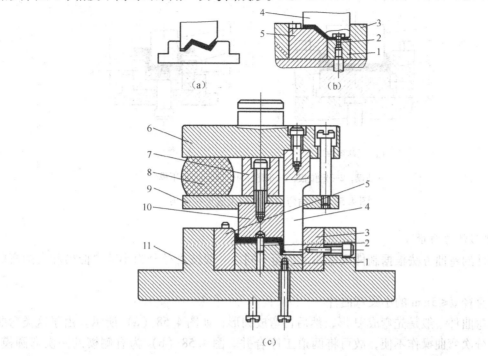

1—顶板；2—定位销；3—反侧压块；4—凸模；5—凹模；6—上模座；7—压块；
8—橡皮；9—凸模托板；10—活动凸模；11—下模座

图 4.55　Z 形件弯曲模

图 4.56（a）所示的模具比较简单，适用于 $r \geqslant 2t$ 时的四角形件弯曲。图 4.56（b）所示的摆块式弯曲模可用于 r 很小、尺寸精度较高时的四角形件弯曲，但模具结构较为复杂。

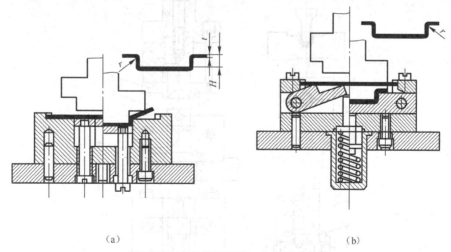

图 4.56　四角弯曲形件一次成形弯曲模

对于高度较大的四角形件（$H \geqslant (12 \sim 15)t$ 时），特别是弯曲半径较小、尺寸精度较高时，可分两次弯曲成形，首先采用图 4.57（a）所示的模具先弯曲外角，弯成一 U 形件，然后采用图 4.57（b）所示的模具再弯曲内角，完成四角件的弯曲。由于采用两副模具弯曲，从而避免了上述现象，提高了弯曲件的质量。

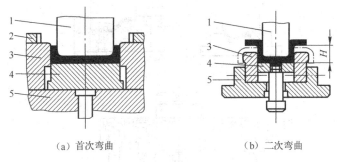

（a）首次弯曲　　　　（b）二次弯曲

1—凸模；2—定位板；3—凹模；4—顶板；5—下模形

图4.57　四角弯曲形件两次成形弯曲模

6）圆形件弯曲模

圆形件的弯曲方法根据制件尺寸的大小而不同，一般按直径分为小圆弯曲模和大圆弯曲模两种。

（1）直径 $d \leqslant 5mm$ 的小圆弯曲件

该类弯曲件一般是先弯成 U 形，然后再弯成圆形，如图 4.58（a）所示。由于这类弯曲件较小，分次弯曲操作不便，故可将两道工序合并。图 4.58（b）为有侧楔的一次弯圆模，上模下行，芯棒 3 先将坯料弯成 U 形，上模继续下行，侧楔推动活动凹模将 U 形弯成圆形。图 4.58（c）所示的也是一次弯圆模。上模下行时，压板将滑块往下压，滑块带动芯棒将坯料弯成 U 形。上模继续下行，凸模再将 U 形弯成圆形。如果工件精度要求高，可以旋转工件连冲几次，以获得较好的圆度。

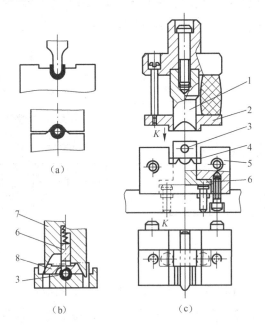

1—凸模；2—压板；3—芯棒；4—坯料；5—凹模；6—滑块；7—楔模；8—活动凹模

图4.58　小圆弯曲模

（2）直径 $d \geq 20mm$ 的大圆形件

图 4.59 是用三道工序弯曲大圆的方法，这种方法生产效率低，适合于材料厚度较大的工件。

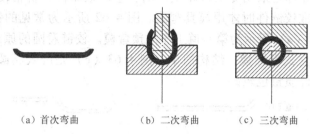

(a) 首次弯曲　　　　(b) 二次弯曲　　　　(c) 三次弯曲

图 4.59　大圆三次弯曲

图 4.60 是用两道工序弯曲大圆的方法，先预弯成三个 120°的波浪形，然后再用第二套模具弯成圆形，工件顺凸模轴线方向取下。

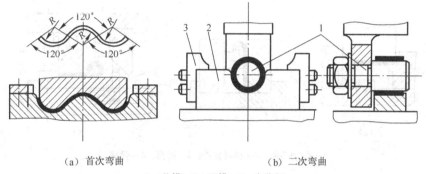

(a) 首次弯曲　　　　　　　　(b) 二次弯曲

1—凸模；2—凹模；3—定位板

图 4.60　大圆两次弯曲

对于圆筒直径 d 在 10～40mm 范围、材料厚度大约为 1 mm 的圆筒形件可以采用摆动式凹模结构的弯曲模一次弯成，如图 4.61 所示是带摆动凹模的一次弯曲成形模，凸模下行先将坯料压成 U 形，凸模继续下行，摆动凹模将 U 形弯成圆形，工件顺凸模轴线方向推开支撑取下。这种模具生产效率较高，但由于筒形件上部未受到校正，因而回弹较大，模具结构也较复杂。

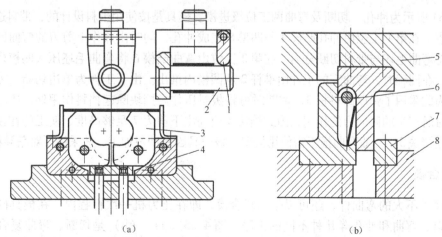

(a)　　　　　　　　　　　　(b)

1—支撑；2—凸模；3—摆动凹模；4—顶板；5—上模座；6—芯棒；7—反侧压块；8—下模座

图 4.61　大圆一次弯曲成形模

7)铰链件弯曲模

标准的铰链或合叶都是采用专用机床生产的,生产效率高,价格便宜,应尽量选用。只有当选不到合适标准铰链件时才用模具弯曲。图4.62所示为常见的铰链件形式和弯曲工序的安排。图4.63(a)所示为第一道工序的预弯模。铰链卷圆的原理通常是采用推圆法。图4.63(b)是立式卷圆模,结构简单。图4.63(c)是卧式卷圆模,有压料装置,操作方便,生产的工件质量也较好。

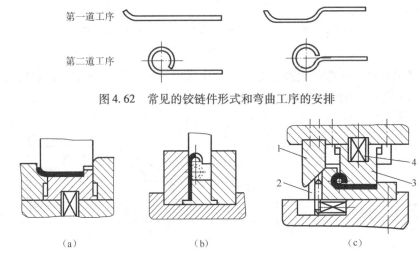

图4.62 常见的铰链件形式和弯曲工序的安排

1—摆动凸模;2—压料装置;3—凹模;4—弹簧

图4.63 铰链件弯曲模

2. 级进弯曲模

一些小型弯曲件采用单工序弯曲模加工不方便、不安全,这时可考虑采用级进模,将全部冲裁和弯曲工序安排在同一副模具上完成,可以解决上述问题,这也是现代冲压模具发展的趋势。

图4.64所示为冲孔、切断及弯曲两工位级进模。模具是按使用带料设计的,带料送进时由挡块5定距。在第1工位由冲孔凸模4与凹模8完成冲孔,同时由兼作上剪刃的弯曲凹模1与下剪刃7将弯曲毛坯与带料切断分离。在第2工位由弯曲凸模6将弯曲毛坯压入凹模内,完成弯曲加工。在回程时,弯曲完的工件由推杆2从凹模内推出。由于工件为单边切断,需防止板料上翘,为此采用了弹压卸料板3,切断时可将板料压住。挡块除起挡料作用外,还起到平衡单边切断时所产生的侧向力的作用,因此挡块5应高出下剪刃7足够高度,使工件在接触板料之前先靠住挡块5。一般弯曲模不需使用模架,该模具因有冲裁加工,故采用了对角导柱模架。

3. 复合模

对于尺寸不大的弯曲件,还可以采用复合模,即在压力机一次行程内,在模具同一位置上完成落料、弯曲和冲孔等几种不同的工序。图4.65(a)、(b)是切断、弯曲复合模结构简图。图4.65(c)是落料、弯曲、冲孔复合模,该模具结构紧凑,工件精度高,但凸、凹模修磨困难。

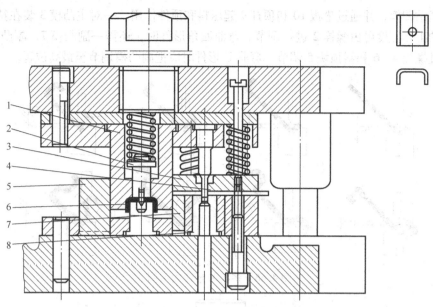

1—弯曲凹模；2—推杆；3—弹压卸料板；4—冲孔凸模；
5—挡块；6—弯曲凸模；7—下剪刃；8—冲孔凹模

图 4.64 级进弯曲模

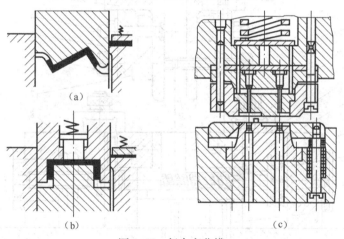

图 4.65 复合弯曲模

4. 通用弯曲模

对于小批生产或试制生产的零件，因为生产量少、品种多、形状尺寸经常改变，使用专用弯曲模成本高、周期长，而采用手工加工不仅影响零件的加工精度，增加了劳动强度，而且延长了产品的制造周期，所以生产中通常采用通用弯曲模。

采用通用弯曲模不仅可以制造一般的 V 形、U 形、四角形零件，还可以制造精度要求不高的复杂形状的零件，图 4.66 是经多次 V 形弯曲制造复杂零件的例子。

图 4.67 为通用 U 形、四角形件弯曲模的结构简图。一对活动凹模 14 装在框套 12 内，两凹模工作部分的宽度可根据不同的弯曲件宽度由螺栓 8 进行调节。一对顶件块 13 在弹簧 11 的作

用下始终紧贴凹模，并通过垫板 10 和顶杆 9 起压料和顶件作用。一对主凸模 3 装在特制模柄 1 内，凸模的工作宽度可由螺栓 2 进行调节。弯曲四角形件时，还需一副凸模 7，副凸模的高低位置可通过螺栓 4、6 和斜顶块 5 调节。弯曲 U 形件时应把副凸模调节至最高位置。

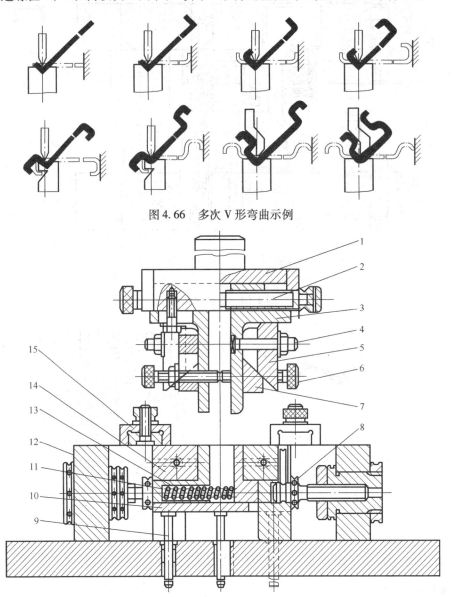

图 4.66　多次 V 形弯曲示例

1—模柄；2、4—螺栓；3—主凸模；5—斜顶块；6、8—特制螺栓；7—副凸模；9—顶杆；
10—垫板；11—弹簧；12—框套；13—顶件块；14—凹模；15—定位装置

图 4.67　通用 U 形、四角形件弯曲模

项目实施 3-4　仪表板左右安装支架的弯曲模具结构设计

本任务在弯曲时，为了防止零件弯曲时产生弯曲偏移，可以将两个零件组合在一起形成一个对称的整体来弯曲，采用的模具结构如图 4.68 所示：

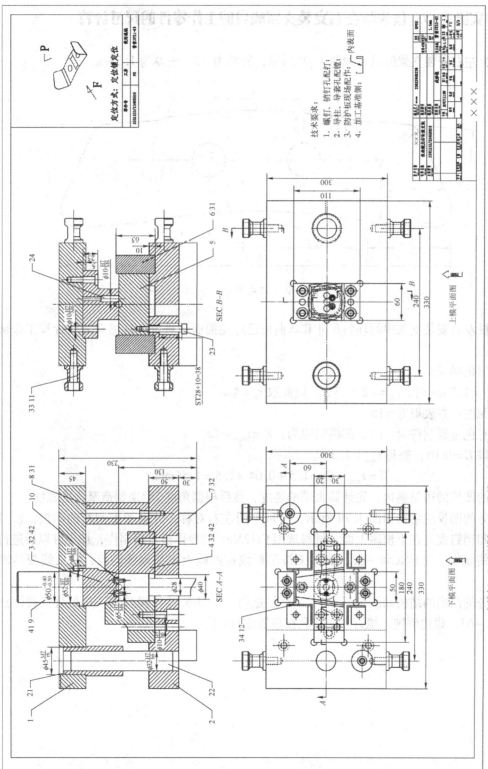

图 4.68 本任务采用的弯曲模模具结构

1—上模板；2—下模板；3—凸模；4—凹模；5—顶件器；6—导向块；7—垫脚；8—限位柱；9—模柄；10—定位销；11—吊耳；12—防护板；21—导柱；22—导套；23—卸料螺钉

项目实施 3-5 仪表板左右安装支架模具的工作零件的尺寸计算

仪表板左右安装支架的毛坯如图 4.69 所示，材料为 A3，板厚为 1.5mm。

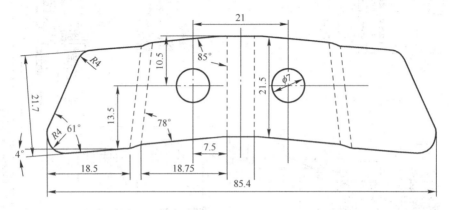

图 4.69 坯料尺寸

仪表板左右安装支架中的坯料尺寸和弯曲力已经在前面计算过，这里只需要计算工作部分的尺寸。

凹模圆角半径：

由于 $t = 1.5$ mm 时，$r_d = (2 \sim 3)t$，因此取 $r_d = 4$

凹模深度：查表得 $l_0 = 15$

弯曲有色金属制件时，凸、凹模间隙为：$Z = t_{\min} + Ct$

查表得 $C = 0.04$，查得 $t_{\min} = 1.5$

$$Z = t_{\min} + Ct = 1.5 + 0.04 \times 1.5 = 1.56 \text{mm}$$

这里的凹模的边是斜边，先计算大端的宽度，然后根据角度 78°来制造窄边的宽度。

本任务的凹模的结构如图 4.70 所示，可以采用左右对称，分别加工制造的凹模，模具采用螺钉和销钉固定在下模座上面，材料选用 Cr12MoV 的冷作模具钢制作，加工好以后进行热处理，使硬度达到 HRC58-62，机加工按落料线在凹模上表面刻线防反，防反线要清晰可辨。

本任务的凸模的结构如图 4.71 所示，材料选用 Cr12MoV 冷作模具钢，热处理使硬度达到 HRC58-62，锐边倒钝，螺钉和销钉孔按位置配打。

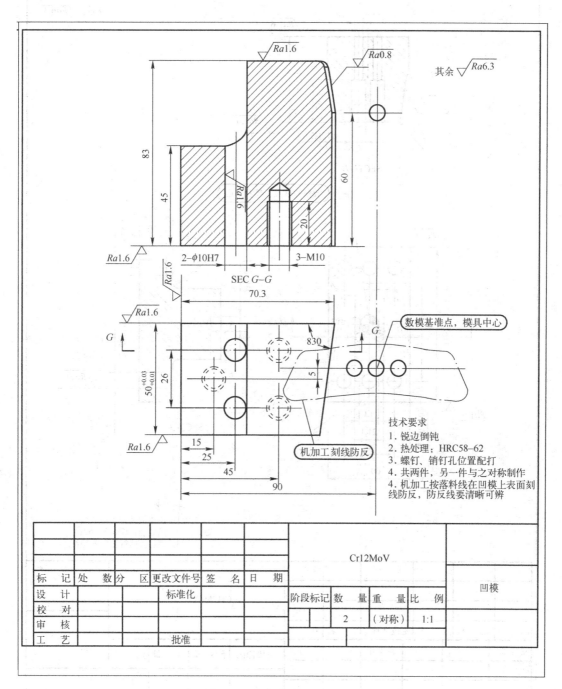

图4.70 本任务中的凹模结构

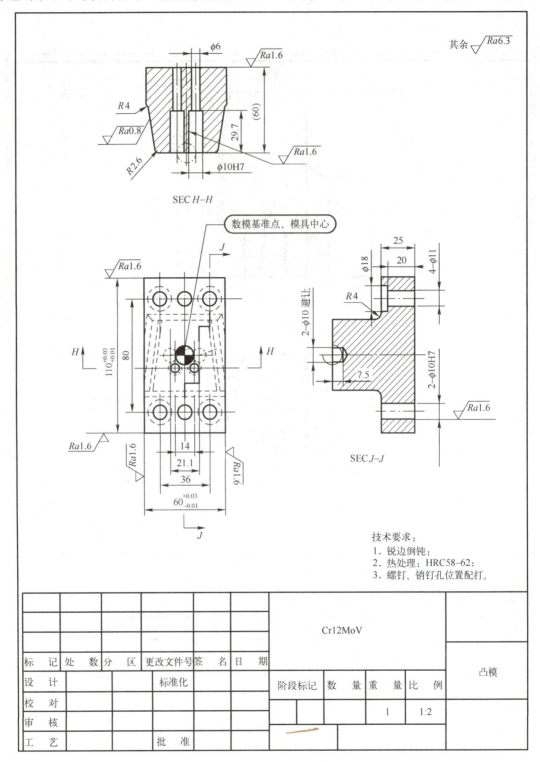

图 4.71 本任务中的凸模结构

练习与思考题

4-1 弯曲变形的过程是怎样的?
4-2 弯曲变形有何特点?
4-3 什么是最小相对弯曲半径?
4-4 影响最小相对弯曲半径的因素有哪些?
4-5 影响板料弯曲回弹的主要因素是什么?
4-6 弯曲工艺对弯曲毛坯有什么特殊要求?
4-7 弯曲模的设计要点是什么?
4-8 常用弯曲模的凹模结构形式有哪些?
4-9 试确定题图 4.9 所示冲件的展开尺寸及冲压工序过程,并选择相应的冲压设备。

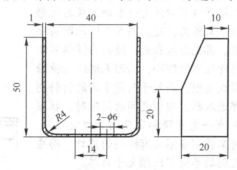

图 4.72 题 4-9 图

项目5 拉深工艺与模具设计

项目任务4

通过对一个罩杯零件的拉深模具设计，来掌握拉深件的工艺性分析、拉深模具的总体结构设计和拉深模具主要工作零件的设计。图5.1所示罩杯零件应该用什么方法生产加工？这种加工方法有什么特点？采用什么模具结构？

拉深是利用拉深模具将冲裁好的平板毛坯压制成各种开口的空心件，或将已制成的半成品开口空心件进一步加工成其他形状空心件的一种加工方法。拉深又称为拉延。图5.2所示即为平板毛坯拉成开口空心件的拉深。其变形过程是：随着凸模的不断下行，留在凹模端面上的毛坯外径不断缩小，圆形毛坯逐渐被拉进凸、凹模之间的间隙中，形成直壁，而处于凸模下面的材料则成为拉深件的底，当板料全部进入凸、凹模之间的间隙时，拉深过程结束，平板毛坯就变成具有一定直径和高度的开口空心件。与冲裁相比，拉深凸、凹模的工作部分不应有锋利的刃口，而应具有一定的圆角，凸、凹模之间的单边间隙稍大于料厚。

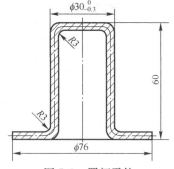

图5.1 罩杯零件

拉深是主要的冲压工序之一，应用很广，像飞机、汽车、拖拉机、电器仪表的罩壳及众多的日用品等都是应用拉深成形的。拉深件的几何形状很多，大体可以划分为三类（见图5.3）：图5.3（a）为旋转体（轴对称）零件（包括直壁旋转体及曲面旋转体）；图5.3（b）为盒形零件（方形、矩形、椭圆形、多角形等）；图5.3（c）为复杂曲面零件。

按照有、无凸缘来分，又可分为无凸缘拉深件和带凸缘拉深件（包括平凸缘和曲面凸缘）。

按照壁厚变化情况分，又可分为普通拉深件（平均厚度接近毛坯原始厚度）和变薄拉深件。

圆筒形拉深件是拉深中最简单且最典型的，通过对圆筒形件拉深过程的分析，便可了解拉深的基本原理。

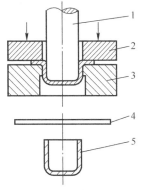

1—凸模；2—压边圈；3—凹模；4—坯料；5—拉深件

图5.2 圆筒形件的拉深

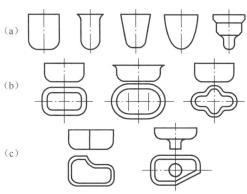

图5.3 拉深件示意图

5.1 拉深变形分析

5.1.1 拉深变形过程及毛坯各部分的应力应变状态

1. 拉深变形过程

如图 5.4 所示，如果不用模具，则只要去掉图中的阴影部分，再将剩余部分沿直径 d 的圆周弯折起来，并加以焊接就可以得到直径为 d、高度为 $(D-d)/2$、周边带有焊缝、口部呈波浪的开口筒形件。这说明圆形平板毛坯在成为筒形件的过程中必须去除多余材料。但圆形平板毛坯在拉深成形过程中并没有去除多余材料，实际获得的拉深件的筒壁高度比 $(D-d)/2$ 大，因此只能认为多余的材料在模具的作用下产生了流动。

为了解板料在拉深变形过程中产生了怎样的流动，通常采用网格试验，即拉深前在毛坯上画一些由等距离的同心圆和等角度的射线组成的网格（见图 5.5），然后进行拉深，通过比较拉深前、后网格的变化来了解材料的流动情况。拉深后筒底部的网格变化不明显，而侧壁上的网格变化很大，拉深前等距离的同心圆在拉深后变成了与筒底平行的不等距离的水平圆周线，越到口部圆周线的间距越大，即 $a_1 > a_2 > a_3 > \ldots > a$；拉深前等角度的辐射线拉深后变成了等距离、相互平行且垂直于底部的平行线，即 $b_1 = b_2 = b_3 = \ldots = b_0$。

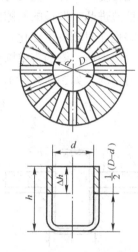

图 5.4 拉深时的材料转移

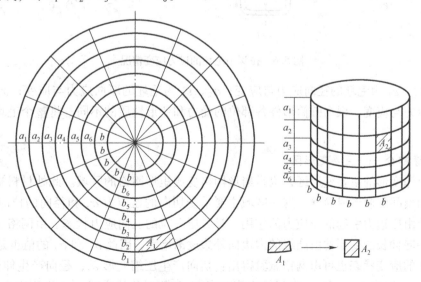

图 5.5 拉深网格的变化

原来的扇形网格 A_1，拉深后在工件的侧壁变成了等宽度的矩形 A_2，离底部越远矩形的高度越高。此时测量工件的高度，发现筒壁高度 H 大于环行部分的半径差 $(D-d)/2$。这说明材料沿高度方向产生了塑性流动。金属是怎样往高度方向流动，或者说拉深前的扇形网格是怎样变成矩形的。扇形网格只要切向受压产生压缩变形，径向受拉产生伸长变形就能产生这种情况。而在实际的变形过程中，由于有多余材料存在，拉深时材料间的相互挤压产生了切向压应力，凸模提供的拉深力产生了径向拉应力，故凹模口面上圆环变形区在径向拉应力和切向压应力的作用下径向伸长，切向缩短，扇形网格就变成了矩形网格，多余金属流到工件口部，使高度增加。

2. 毛坯各部分的应力应变状态

拉深变形过程中，材料的变形程度由底部向口部逐渐增大，因此拉深过程中毛坯各部分的硬化程度不一样，应力与应变状态各不相同。随着拉深的不断进行，留在凹模表面的材料不断被拉进凸、凹模的间隙而变为筒壁，因而即使是变形区在同一位置的材料，其应力和应变状态也在时刻发生变化。

现以带压边圈的直壁圆筒形件的首次拉深为例，说明在拉深过程中某一时刻毛坯的变形和受力情况，如图5.6所示。

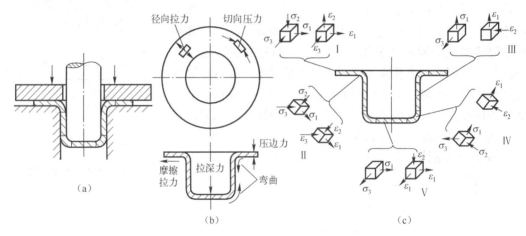

图5.6 拉深中毛坯的应力应变情况

假设 σ_1、ε_1 为毛坯的径向应力与应变；σ_2、ε_2 为毛坯的厚向应力与应变；σ_3、ε_3 为毛坯的切向应力与应变。根据圆筒形件各部位的受力和变形性质的不同，将整个毛坯分为如下五个部分：

1) 凸缘部分——主要变形区

这是拉深变形的主要变形区，也是扇形网格变成矩形网格的区域。此处材料被拉深凸模拉进凸、凹模间隙而形成筒壁。这一区域主要承受切向的压应力 σ_3 和径向的拉应力 σ_1，厚度方向承受由压边力引起的压应力的作用，是二压一拉的三向应力状态。由网格实验知：切向压缩与径向伸长的变形均由凸缘的内边向外边逐渐增大，因此 σ_1 和 σ_3 的值也是变化的。

单元体的应变状态也可由网格试验得出：切向产生压缩变形 ε_3，径向产生伸长变形 ε_1，厚向的变形 ε_2 取决于 σ_1 和 σ_3 之间的比值。当 σ_1 的绝对值最大时，ε_2 为压应变，当 σ_3 的绝对值最大时，ε_2 为拉应变。因此该区域的应变也是三向的。由图5.6可知，在凸缘的最外缘需要压缩的材料最多，因此，此处的 σ_3 应是绝对值最大的主应力，凸缘外缘的 ε_2 应是伸长变形。如果此时 σ_3 值过大，则此处材料因受压过大失稳而起皱，导致拉深不能正常进行。

2) 凹模圆角部分——过渡区

这是凸缘和筒壁部分的过渡区，材料的变形比较复杂，除有与凸缘部分相同的特点，即径向受拉应力 σ_1 和切向受压应力 σ_3 作用外，厚度方向上还要受凹模圆角的压力和弯曲作用产生的压应力 σ_2 的作用。此区域的应变状态也是三向的，ε_1 是绝对值最大的主变形，ε_2 和 ε_3 是压应变，此处材料厚度减薄。

3) 筒壁部分——传力区

筒壁部分将凸模的作用力传给凸缘，因此是传力区。拉深过程中直径受凸模的阻碍不再发生变化，即切向应变 ε_3 为零。如果间隙合适，厚度方向上将不受力的作用，即 σ_2 为零。σ_1 是凸模产生的拉应力，由于材料在切向受凸模的限制不能自由收缩，也是拉应力。因此变形与应力均为平面状态。其中 ε_1 为拉应变，ε_2 为压应变。

4) 凸模圆角部分——过渡区

这部分是筒壁和筒底部的过渡区，材料承受筒壁较大的拉应力 σ_1、凸模圆角的压力和弯曲作用产生的压应力 σ_2 和切向拉应力 σ_3。在这个区间的筒壁与筒底转角处稍上的地方，拉深开始时材料处于凸、凹模间隙之中，需要转移的材料较少，变形的程度小，冷作硬化程度低，加之该处材料变薄，使传力的截面积变小，所以此处往往成为整个拉深件强度最弱的地方，是拉深过程中的"危险断面"。

5) 圆筒底部——小变形区

这部分材料处于凸模下面，直接接受凸模施加的力并由它将力传给圆筒壁部，因此该区域也是传力区。该处材料在拉深开始就被拉入凹模内，并始终保持平面形状。它受两向拉应力 σ_1 和 σ_3 的作用，相当于周边受均匀拉力的圆板。此区域的变形是三向的，ε_1 和 ε_3 为拉应变，ε_2 为压应变。由于凸模圆角处的摩擦制约了底部材料的向外流动，所以圆筒底部变形不大，一般可忽略不计。

综上所述，拉深变形过程可描述为：处于凸模底部的材料在拉深过程中变化很小，变形主要集中在处于凹模平面上的 $D-d$ 圆环形部分。该处金属在切向压应力和径向拉应力的共同作用下沿切向被压缩，且越到口部压缩得越多，沿径向伸长，且越到口部伸长得越多，该部分是拉深的主要变形区。

5.1.2 拉深起皱与拉裂

影响圆筒形件拉深过程顺利进行的两个主要障碍是凸缘起皱和筒壁拉裂。起皱和拉裂也是拉深工艺中最常出现的问题。

1. 起皱

拉深时凸缘变形区的每个小扇形块在切向均受到 σ_3 的作用。当 σ_3 过大，扇形块又较薄，超过扇形块所能承受的临界压应力时，扇形块就会失稳弯曲而拱起。当沿着圆周的每个小扇形块都拱起时，在凸缘变形区沿切向就会形成高低不平的皱褶，这种现象称为起皱，如图 5.7 所示。起皱在拉深薄料时更容易发生，而且首先在凸缘的外缘开始，因为此处的 σ_3 值最大。

变形区一旦起皱，对拉深的正常进行是非常不利的。因为毛坯起皱后，拱起的皱褶很难通过凸、凹模间隙被拉入凹模，如果强行拉入，则拉应力迅速增大，容易使毛坯受过大的拉力而导致断裂报废。即使模具间隙较大，或者起皱不严重，拱起的皱褶能勉强被拉进凹模内形成筒壁，皱褶也会留在工件的侧壁上，从而影响零件的表面质量。同时，起皱后的材料在通过模具间隙时与模具间的压力增加，导致与模具间的摩擦加剧，磨损严重，使得模具的寿命大为降低。因此，起皱应尽量避免。拉深是否失稳，与拉深件所受的压力大小和拉深中凸缘的几何尺寸有关。主要取决于下列因素。

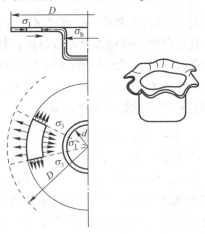

图 5.7 拉深时毛坯的起皱现象

（1）凸缘部分材料的相对厚度。凸缘部分的相对料厚，即

$$t/(D_f - d) \text{ 或 } t/(R_f - r)$$

式中，t 为料厚；D_f 为凸缘外径；d 为工件直径；r 为工件半径；R_f 为凸缘外半径。

凸缘相对料厚越大，说明 t 较大而 $(D_f - d)$ 较小，即变形区较小、较厚，因此抗失稳能力强，稳定性好，不易起皱。反之，材料抗纵向弯曲能力弱，容易起皱。

（2）切向压应力 σ_3 的大小。拉深时 σ_3 的值决定于变形程度，变形程度越大，需要转移的剩余材料越多，加工硬化现象越严重，则 σ_3 越大，就越容易起皱。

（3）材料的力学性能。板料的屈强比 σ_s/σ_b 小，则屈服极限小，变形区内的切向压应力也相对减小，因此板料不容易起皱。当板厚向异性系数 $R > 1$ 时，说明板料在宽度方向上的变形易于厚度方向，材料易于沿平面流动，因此不容易起皱。

（4）凹模工作部分的几何形状。与普通的平端面凹模相比，锥形凹模允许用相对厚度较小的毛坯而不致起皱。生产中可用下述公式概略估算拉深件是否会起皱。

平端面凹模拉深时，毛坯首次拉深不起皱的条件是

$$\frac{t}{D} \geq (0.07 \sim 0.09)\left(1 - \frac{d}{D}\right)$$

用锥形凹模首次拉深时，材料不起皱的条件是

$$\frac{t}{D} \geq 0.03\left(1 - \frac{d}{D}\right)$$

式中，D，d 为毛坯的直径和工件的直径；t 为板料的厚度。

如果不能满足上述要求，毛坯在拉深变形过程中就要起皱，必须采取措施防止起皱现象的发生，防皱最简单的方法（也是实际生产中最常用的方法）是采用压边圈。加压边圈后，材料被强迫在压边圈和凹模平面之间的间隙中流动，稳定性得到增加，起皱也就不容易发生。

拉深中是否起皱与切向压应力 σ_3 的大小和凸缘的相对厚度 $t/(R_f - r)$ 有关。σ_3 在凸缘外边缘最大，所以凸缘外边缘是首先起皱的地方。在拉深过程中凸缘何时会起皱取决于 σ_3 和凸缘相对厚度两个因素综合的结果。凸缘外边缘的切向压应力 $|\sigma_3|_{max}$ 在拉深过程中不断增

大,这会增大失稳起皱的趋势。但随着拉深的进行,凸缘变形区不断缩小,材料厚度不断增大,凸缘的相对厚度逐渐增大,这又提高了材料抵抗失稳起皱的能力。两个作用相反的因素在拉深中相互消长,造成起皱只可能在拉深过程中某时刻才发生。实验证明,失稳起皱的规律与径向最大拉应力的变化规律相似,凸缘失稳起皱最强烈的时刻基本上也就是径向最大拉应力达到最大的时刻,即 $\dfrac{d_{t}}{D} \approx (0.7 \sim 0.9)$ 时。

为了防止起皱,需加压边力,此压边力又为凸缘移动的阻力,此力与材料自身的变形阻力和材料通过凹模圆角时的弯曲阻力合在一起成为总的拉深阻力。

2. 拉裂

拉深后得到工件的厚度沿底部向口部方向是不同的,如图 5.8 所示。在圆筒件侧壁的上部厚度增加最多,约为 30%;而在筒壁与底部转角稍上的地方板料厚度最小,厚度减小了将近 10%,该处拉深时最容易被拉断。通常称此断面为"危险断面"。当该断面的应力超过材料此时的强度极限时,零件就在此处产生破裂。即使拉深件未被拉裂,由于材料变薄过于严重,也可能使产品报废,所以此处的承载能力大小就成了决定拉深成形能否取得成功的关键因素。

为防止拉裂,可根据板材的成形性能,采用适当的拉深比和压边力,增加凸模的表面粗糙度,改善凸缘部分变形材料的润滑条件,合理设计模具工作部分的形状,选用拉深性能好的材料等措施。

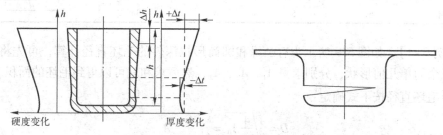

图 5.8 拉深时毛坯的厚度变化及断裂

综上所述,在拉深中经常遇到的问题是破裂和起皱。但一般情况下起皱不是主要难题,因为只要采用压边圈等措施后即可解决。主要的问题是掌握了拉深工艺的这些特点后,在制定工艺、设计模具时就要考虑如何在保证最大的变形程度下避免毛坯破裂,使拉深能顺利进行,同时还要使厚度变化和冷作硬化程度在工件质量标准的允许范围之内。

5.2 拉深工艺设计

5.2.1 拉深件毛坯展开尺寸的计算

在不变薄的拉深中,材料厚度虽有变化,但其平均值与毛坯原始厚度十分接近。因此,毛坯展开尺寸可根据毛坯面积等于拉深件面积的原则来确定。由于材料的各向异性,以及拉深时金属流动条件的差异,为了保证零件的尺寸,必须留出修边余量,在计算毛坯尺寸时,必须计入修边余量,修边余量的数值可查表 5.1 和表 5.2。

表 5.1　无凸缘圆筒形拉深件的修边余量 δ

工件高度 h	工件相对高度 h/d				附图
	>0.5~0.8	>0.8~1.6	>1.6~2.5	>2.5~4	
≤10	1.0	1.2	1.5	2	
>10~20	1.2	1.6	2	2.5	
>20~50	2	2.5	3.3	4	
>50~100	3	3.8	5	6	
>100~150	4	5	6.5	8	
>150~200	5	6.3	8	10	
>200~250	6	7.5	9	11	
>250	7	8.5	10	12	

表 5.2　有凸缘圆筒形拉深件的修边余量 δ

凸缘直径 d_f	凸缘相对直径 d_f/d				附图
	≤1.5	>1.5~2	>2~2.5	>2.5	
≤25	1.8	1.6	1.4	1.2	
>25~50	2.5	2.0	1.5	1.6	
>50~100	3.5	3.0	2.5	2.2	
>100~150	4.3	3.6	3.0	2.5	
>150~200	5.0	4.2	3.5	2.7	
>200~250	5.5	4.6	3.8	2.8	
>250	6	5	4	3	

【实例 5-1】　如图 5.9 所示为有凸缘和圆筒形拉深件的毛坯直径计算，可先将该零件分解成三个简单几何形状，分别求得 A_1、A_2、A_3，然后求和就可以得到毛坯的面积。

解： 毛坯直径按下式确定：

$$D = \sqrt{\frac{4}{\pi} A_0} = \sqrt{\frac{4}{\pi} \sum A} \tag{5-1}$$

式中，A_0 为包括修边余量的拉深件的表面积；$\sum A$ 为拉深件各部分表面积的代数和。

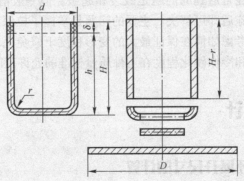

图 5.9　圆筒形件毛坯尺寸的确定

$$A_1 = \pi d(H - r)$$

$$A_2 = 2\pi \left(\frac{d}{2} + \frac{2r}{\pi} \right) \frac{\pi}{2} r = \frac{\pi}{4}(2\pi r d + 8r^2)$$

$$A_3 = \frac{\pi}{4}(d-2r)^2$$

$$A_0 = A_1 + A_2 + A_3$$

$$\frac{\pi}{4}D^2 = \pi d(H-r) + \frac{\pi}{4}(2\pi rd + 8r^2) + \frac{\pi}{4}(d-2r)^2$$

解得：

$$D = \sqrt{(d-2r)^2 + 4d(H-r) + 2\pi r(d-2r)^2 + 8r^2} \tag{5-2}$$

对于复杂的拉深件，可查阅相关手册得到相应计算公式直接求得其毛坯直径 D。

5.2.2 无凸缘圆筒形件的拉深

1. 拉深系数

所谓拉深系数，即每次拉深后圆筒形件的直径与拉深前毛坯（或半成品）直径的比值（见图 5.10），以 m 表示，它是衡量拉深变形程度的指标。它的倒数称为拉深程度，也称为拉深比，表示为 $K = \frac{1}{m} = \frac{D}{d}$。

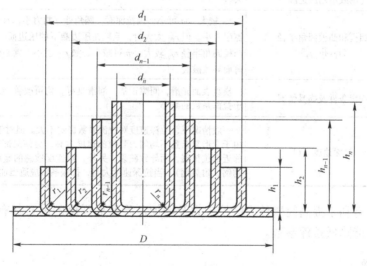

图 5.10 多次拉深工序示意图

第一次拉深系数：$m_1 = \frac{d_1}{D}$；

第二次拉深系数：$m_2 = \frac{d_2}{d_1}$；

……

第 n 次拉深系数：$m_n = \frac{d_n}{d_{n-1}}$。

拉深件的总拉深系数等于各次拉深系数的乘积，即

$$m = \frac{d_n}{D} = \frac{d_1}{D}\frac{d_2}{d_1}\frac{d_3}{d_2}\cdots\frac{d_{n-1}}{d_{n-2}}\frac{d_n}{d_{n-1}} = m_1 m_2 m_3 \cdots m_{n-1} m_n \qquad (5-3)$$

如果 m 取得过小，会使拉深件起皱、断裂或严重变薄，所以在保证拉深件不起皱、不开裂的前提下能够达到的最小拉深系数叫极限拉深系数。拉深系数越小，每次拉深工序毛坯的变形程度越大，所需要的拉深工序也越少。拉深系数是拉深工艺计算中的主要工艺参数之一，通常用它来决定拉深的顺序和次数。

影响极限拉深系数的主要因素列于表5.3中。

表5.3 影响极限拉深系数的因素

序号	因素	对拉深系数的影响
1	材料的内部组织及力学性能	一般来说，板料塑性好，组织均匀、晶粒大小适当、屈强比小、塑性应变比 r 值大时，板材拉深性能好，可以采用较小的 m 值
2	材料的相对厚度（t/D）	材料相对厚度是 m 值的一个重要影响因素。t/D 大则 m 可小，反之，m 要大，因为越薄的材料拉深时，越易失去稳定而起皱
3	拉深道次	在拉深之后，材料将产生冷作硬化，塑性降低，故第一次拉深，m 值最小，以后各道依次增大。只有当工序间增加了退火工序时，才可再取较小的拉深系数
4	拉深方式（用或不用压边圈）	有压边圈时，因不易起皱，m 可取得小些。不用压边圈时，m 要取得大些
5	凹模和凸模圆角半径（$r_凹$ 和 $r_凸$）	$r_凹$ 较大，m 可小，因拉深时，圆角处弯曲力小，且金属容易流动，摩擦阻力小。但 $r_凹$ 太大时，毛坯在压边圈下的压边面积减小，容易起皱，凸模圆角半径 $r_凸$ 较大，m 可减小，如 $r_凸$ 过小，则易使危险断面严重变薄而导致破裂
6	润滑条件及模具情况	模具表面光滑，间隙正常，润滑良好，均可改善金属流动条件，有助于拉深系数的减小
7	拉深速度（v）	一般情况下，拉深速度对拉深系数影响不大。但对于复杂大型拉深件，由于变形复杂且不均匀，若拉深速度过高，会使局部变形加剧，不易向邻近部位扩展，而导致破裂。另外，对速度敏感的金属（如钛合金、不锈钢、耐热钢），当拉深速度大时，拉深系数应适当加大

总之，只要有利于提高筒壁传力区拉应力及增加危险断面强度的因素都有助于变形区的塑性变形，所以能降低拉深系数。

2. 拉深次数

当 $m_总 > [m]$ 时，拉深件可一次拉成，否则需要多次拉深。其拉深次数的确定有以下几种方法。

（1）查表（表5.4）法。

（2）推算法。

① 由表5.5和表5.6中查得各次的极限拉深系数；

② 依次计算出各次拉深直径，即

$$d_1 = m_1 D, d_2 = m_2 d_1, \cdots, d_n = m_n d_{n-1}$$

③ 当 $d_n \leq d$ 时，计算的次数即为拉深次数。

(3) 计算法。

拉深次数为：

$$n = 1 + \frac{\lg d - \lg m_1 D}{\lg m_{均}} \tag{5-4}$$

式中，d 为冲件直径；D 为坯料直径；m_1 为第一次拉深系数；$m_{均}$ 为第一次拉深以后各次的平均拉深系数。

在生产中采用的拉深系数见表 5.4 和表 5.5，其他金属材料的拉深系数见表 5.6。

表 5.4　无凸缘筒形件拉深的相对高度 h/d 与拉深次数的关系（材料：08F，10F）

拉深次数	毛坯相对厚度 t/D/%					
	0.08～0.15	0.15～0.3	0.3～0.6	0.6～1.0	1.0～1.5	1.5～2.0
1	0.38～0.46	0.45～0.52	0.5～0.62	0.57～0.71	0.65～0.84	0.77～0.94
2	0.7～0.9	0.83～0.96	0.94～1.13	1.1～1.36	1.32～1.60	1.54～1.88
3	1.1～1.3	1.3～1.6	1.5～1.9	1.8～2.3	2.2～2.8	2.7～3.5
4	1.5～2.0	2.0～2.4	2.4～2.9	2.9～3.6	3.5～4.3	4.3～5.6
5	2.0～2.7	2.7～3.3	3.3～4.1	4.1～5.2	5.1～6.6	6.6～8.9

注：大的 h/d 适用于首次拉深工序的大凹模圆角。反之，适用于首次拉深工序的小凹模圆角。

表 5.5　无凸缘圆筒形件用压边圈拉深时的极限拉深系数

拉深系数	毛坯相对厚度 100（t/D）					
	2～1.5	1.5～1.0	1.0～0.6	0.6～0.3	0.3～0.15	0.15～0.08
m_1	0.48～0.50	0.50～0.53	0.53～0.55	0.55～0.58	0.58～0.60	0.60～0.63
m_2	0.73～0.75	0.75～0.76	0.76～0.78	0.78～0.79	0.79～0.80	0.80～0.82
m_3	0.76～0.78	0.78～0.79	0.79～0.80	0.80～0.81	0.81～0.82	0.82～0.84
m_4	0.78～0.80	0.80～0.81	0.81～0.82	0.82～0.83	0.83～0.85	0.85～0.86
m_5	0.80～0.82	0.82～0.84	0.84～0.85	0.85～0.86	0.86～0.87	0.87～0.88

注：1. 凹模圆角半径大时（$r_{凹}=8～15t$），拉深系数取小值，凹模圆角半径小时（$r_{凹}=4～8t$），拉深系数取大值。

2. 表中拉深系数适用于 08、10S、15S 钢与软黄铜 H62、H68。当拉深塑性更大的金属时（05、08Z、10Z、铝等），应比表中数值减小 1.5%～2%。而当拉深塑性较小的金属时（20、25、Q215、Q235 钢、酸洗钢、硬铝、硬黄铜等），应比表中数值增大 1.5%～2%（符号 S 为深拉深钢；Z 为最深拉深钢）。

表 5.6　无凸缘圆筒形件不带压边圈拉深时的极限拉深系数

拉深系数	毛坯相对厚度 100（t/D）				
	1.5	2.0	2.5	3.0	>3
m_1	0.65	0.60	0.55	0.53	0.50
m_2	0.80	0.75	0.75	0.75	0.70
m_3	0.84	0.80	0.80	0.80	0.75
m_4	0.87	0.84	0.84	0.84	0.78
m_5	0.90	0.87	0.87	0.87	0.82
m_6	—	0.90	0.90	0.90	0.85

注：此表适合于 08、10 及 15Mn 等材料，其余与表 5.4 相同。

3. 无凸缘圆筒形件拉深工艺设计

无凸缘圆筒形件拉深工艺设计通过下面的实例进行说明。

【实例 5-2】 如图 5.11 所示为一无凸缘圆筒形件，材料为 08，料厚 $t=2\text{mm}$，对该零件进行拉深工艺计算。

(1) 毛坯直径计算

查修边余量表格得到修边余量为 $\delta=7\text{mm}$。

加修边余量后零件的高度为：$H=200+7=207\text{mm}$

因为坯料厚度为 2mm，大于 1mm，所以应该以坯料中性层尺寸为计算基础。

$$d=88\text{mm}, r=3\text{mm}, h=196\text{mm}$$

代入毛坯尺寸计算公式，得

$$D=\sqrt{(d-2r)^2+4d(H-r)+2\pi r(d-2r)^2+8r^2}\approx 283\text{mm}$$

$$m_{总}=\frac{d}{D}=\frac{88}{283}=0.31$$

$$\frac{t}{D}\times 100=0.7$$

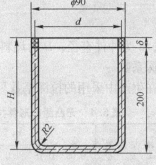

图 5.11　无凸缘圆筒形件

(2) 拉深次数的确定

查无凸缘筒形件拉深的极限拉深系数为：

$$m_1=0.54, m_2=0.77, m_3=0.80, m_4=0.82$$

$m_{总}<m_1$，所以要多次拉深成形。

第 1 次：$d_1=m_1 D=0.54\times 283=153\text{mm}$

第 2 次：$d_2=m_2 d_1=0.77\times 153=117.8\text{mm}$

第 3 次：$d_3=m_3\times d_2=0.80\times 118=94.4\text{mm}$

第 4 次：$d_4=m_4\times d_3=0.82\times 95=77.5\text{mm}$

第 4 次所得到的半成品直径小于零件所要求的直径，所以该零件需要 4 次拉深成形。

(3) 半成品尺寸的确定

① 半成品直径为：

$$d_1=160\text{mm}, m_1'=\frac{160}{283}=0.57\geqslant m_1=0.54$$

$$d_2=126\text{mm}, m_2'=\frac{126}{160}=0.79\geqslant m_2=0.77$$

$$d_3=104\text{mm}, m_3'=\frac{104}{126}=0.82\geqslant m_3=0.80$$

$$d_4=88\text{mm}, m_4'=\frac{88}{104}=0.85\geqslant m_4=0.82$$

② 半成品圆角半径为：

$$r_1=12\text{mm}, r_2=8\text{mm}, r_3=5\text{mm}, r_4=3\text{mm}$$

③ 半成品高度为：

$$h_1=\frac{D^2-d_{10}^2-2\pi r_1 d_{10}-8r_1^2}{4d_1}=78\text{mm}$$

$$h_2=\frac{D^2-d_{20}^2-2\pi r_2 d_{20}-8r_2^2}{4d_2}=123\text{mm}$$

$$h_3 = \frac{D^2 - d_{30}^2 - 2\pi r_3 d_{30} - 8r_3^2}{4d_3} = 164\text{mm}$$

$$h_4 = 203\text{mm}$$

式中，$d_{10} = d_1 - t - 2r_1 = 160 - 2 - 24 = 134\text{mm}$，同理得到 d_{20}、d_{30} 等。

所以，总高度为：

$$H_1 = h_1 + r_1 + \frac{t}{2} = 78 + 12 + 1 = 91\text{mm}$$

$$H_2 = h_2 + r_2 + \frac{t}{2} = 132\text{mm}$$

$$H_3 = h_3 + r_3 + \frac{t}{2} = 170\text{mm}$$

$$H_4 = h_4 + r_4 + \frac{t}{2} = 207\text{mm}$$

5.2.3 有凸缘圆筒形件的拉深

筒形件中无凸缘圆筒形件拉深最为简单，带凸缘圆筒形件拉深从变形区的应力应变特点来看，与无凸缘圆筒形件是相同的，但其拉深过程和设计方法却有很大区别（见图 5.12）。

1. 带凸缘筒形件总的拉深系数

拉深系数仍然用下式表示：

$$m = \frac{d}{D}$$

式中，d 为制件直径；D 为毛坯直径，其值为（当 $R = r$ 时）：

$$D = \sqrt{d_t^2 + 4dh - 3.44dr} = \sqrt{\left(\frac{d_t}{d}\right)^2 + 4\frac{h}{d} - 3.44\frac{r}{d}} \tag{5-5}$$

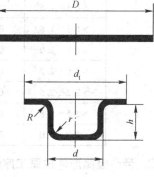

图 5.12 带凸缘圆筒形件拉深

由上式可以看出，带凸缘圆筒形件的拉深系数，取决于三个尺寸因素：d_t/d、h/d 和 r/d。其中 d_t/d 的影响最大，d_t/d 和 h/d 值越大，表示拉深时毛坯变形区的宽度越大，拉深越困难。当 d_t/d 和 h/d 的值超过一定值时，便不能一次成形，表 5.7 是第一次拉深成形可能达到的最大拉深相对高度。

表 5.7 带凸缘筒形件第一次拉深的最大相对高度 h/d

凸缘相对直径 d_t/d_1	毛坯相对厚度 $(t/D) \times 100$				
	≤2～1.5	<1.5～1.0	<1.0～0.6	<0.6～0.3	<0.3～0.15
≤1.1	0.90～0.75	0.82～0.65	0.70～0.57	0.62～0.50	0.52～0.45
>1.1～1.3	0.80～0.65	0.72～0.56	0.60～0.50	0.53～0.45	0.47～0.40
>1.3～1.5	0.70～0.58	0.63～0.50	0.53～0.45	0.48～0.40	0.42～0.35
>1.5～1.8	0.58～0.48	0.53～0.42	0.44～0.37	0.39～0.34	0.35～0.29

续表

凸缘相对直径 d_t/d_1	毛坯相对厚度 $(t/D) \times 100$				
	≤2～1.5	<1.5～1.0	<1.0～0.6	<0.6～0.3	<0.3～0.15
>1.8～2.0	0.51～0.42	0.46～0.36	0.38～0.32	0.34～0.29	0.30～0.25
>2.0～2.2	0.45～0.35	0.40～0.31	0.33～0.27	0.29～0.25	0.26～0.22
>2.2～2.5	0.35～0.28	0.32～0.25	0.27～0.22	0.23～0.20	0.21～0.17
>2.5～2.8	0.27～0.22	0.24～0.19	0.21～0.17	0.18～0.15	0.16～0.13
>2.8～3.0	0.22～0.18	0.20～0.16	0.17～0.14	0.15～0.12	0.13～0.10

注：1. 表中数值适用于 10 号钢，比 10 号钢塑性好的金属取大值，比 10 钢塑性差的金属取小值。
2. 表中大的数值适用于大的圆角半径，小的数值适用于小的圆角半径（$r = 4 \sim 8t$）。

带凸缘筒形件第一次拉深的最小拉深系数见表 5.8，带凸缘筒形件以后的各次拉深系数可以参照无凸缘筒形件的拉深系数（见表 5.5 和表 5.6）。

表 5.8 带凸缘筒形件（10 号钢）第一次拉深的最小拉深系数

凸缘相对直径 d_t/d_1	毛坯相对厚度 $(t/D) \times 100$				
	≤2～1.5	<1.5～1.0	<1.0～0.6	<0.6～0.3	<0.3～0.15
≤1.1	0.51	0.53	0.55	0.57	0.59
>1.1～1.3	0.49	0.51	0.53	0.54	0.55
>1.3～1.5	0.47	0.49	0.50	0.51	0.52
>1.5～1.8	0.45	0.46	0.47	0.48	0.48
>1.8～2.0	0.42	0.43	0.44	0.45	0.45
>2.0～2.2	0.40	0.41	0.42	0.42	0.42
>2.2～2.5	0.37	0.38	0.38	0.38	0.38
>2.5～2.8	0.34	0.35	0.35	0.35	0.35
>2.8～3.0	0.32	0.33	0.33	0.33	0.33

2. 带凸缘筒形件拉深工序件的尺寸计算

（1）对于窄凸缘（$d_t/d \leq 1.1 \sim 1.4$）筒形件，由于凸缘很窄，其前几道拉深过程与无凸缘筒形件一样，只不过在最后两道将凸缘保留下来，如图 5.13 所示。

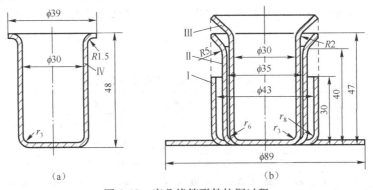

图 5.13 窄凸缘筒形件拉深过程

（2）对于宽凸缘（$d_t/d > 1.4$）筒形件，其拉深原则是第一次拉深就要将凸缘拉出，以后各次拉深中，凸缘尺寸保持不变。如图5.14所示，宽凸缘筒形件的拉深方法有两种，图5.14（a）是通过多次拉深，逐步缩小拉深直径，增加拉深高度的。该方法容易在制件上留下各次拉深时的痕迹，所以一般要增加一道整形工序。图5.14（b）是第一次拉深时，将平板毛坯拉深成带大圆角半径的过渡毛坯，在以后各道拉深工序中，毛坯高度基本保持不变，仅仅缩小各部分的圆角半径和拉深直径。用这种拉深方法获得的制件表面光滑平整，而且厚度均匀。但是，这种方法只适合于毛坯的相对厚度较大，不易起皱的情况。

对于宽凸缘件拉深来说，凸缘直径获得以后，不能再参与变形，也就是说从凸缘直径获得以后的各道拉深不要惊动到凸缘。因为凸缘一旦参与变形，就会导致拉深系数过小而拉裂，所以在设计模具时，通常把第一次拉入凹模的面积比制件所需要的面积加大3%～5%，有的制件可以加大到10%，并在以后各道拉深工序中，把这部分额外多拉入凹模的材料逐步返还到筒壁和凸缘上。这种方法叫做"以预惊动，防止再惊动"，在生产实际中能够有效地防止宽凸缘件被拉裂的现象。

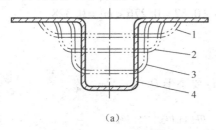
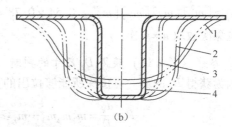

图5.14 宽凸缘筒形件的拉深方法

3. 带凸缘筒形件拉深的拉深高度

各次拉深的拉深高度计算公式为：

$$H_n = \frac{0.25}{d_n}(D^2 - d_t^2) + 0.43(r_{dn} + r_{tn}) + \frac{0.14}{d_n}(r_{dn}^2 - r_{tn}^2) \tag{5-6}$$

式中，H_n为第n次拉深高度（mm）；d_n为第n次拉深后的筒壁直径（mm）；D为平板毛坯直径（mm）；d_t为凸缘直径（mm）；r_{dn}为第n次拉深筒底圆角半径（mm）；r_{tn}为第n次拉深后凸缘根部的圆角半径（mm）。

4. 带凸缘筒形件拉深工艺设计

带凸缘筒形件拉深工艺设计通过下面的实例进行说明。

【实例5-3】 如图5.15所示为一带凸缘筒形件，料厚$t = 1$mm，中心层尺寸为：$d = 50$mm，$H = 75$mm，$r_d = 5.5$mm，$r_a = 5.5$mm，$d_f = 90$mm。

1）毛坯尺寸及基本工艺参数计算

（1）修边余量

根据$d_f/d = 1.8$、d_f，查表5.2，得$\delta = 3$mm 则拉深件凸缘直径加上修边余量后为：$D_f = d_f + 2\delta = 90 + 6 = 96$mm。

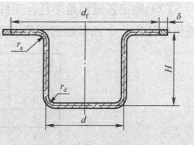

图5.15 带凸缘筒形件

(2) 毛坯直径计算
$$D = \sqrt{D_f^2 + 4dH - 1.72d(r_a + r_d) - 0.56(r_d^2 - r_a^2)}$$

当 $r_a = r_d = r$ 时，$D = \sqrt{D_f^2 + 4dH - 3.44dr} = 152.5\text{mm}$

(3) 基本工艺参数计算
$$\frac{t}{D} \times 100 = 0.66, \quad F = \frac{D_f}{D} = 0.63,$$

$$m_z = \frac{d}{D} = 0.328, \quad 设定 \frac{r_{a1}}{t} \geq \frac{r_d}{t} = 6\text{mm}。$$

(4) 查表 5.5，得各次压边拉深的许用拉深系数为：
$$[m_1] = 0.54, \quad [m_2] = 0.78, \quad [m_3] = 0.80, \quad [m_4] = 0.82。$$

2）判断最少压边拉深次数

$m_z < [m_1]$，要压边多次拉深，

$m_z \geq [m_1][m_2][m_3][m_4] = 0.54 \times 0.78 \times 0.80 \times 0.82 = 0.276 < m_z = 0.328$

所以拉深次数取 $n = 4$ 次。

3）尽早（第 k 道）获得 D_f 尺寸的判断

因为获得 D_f 的那一道拉深所能够拉出的直径 d_k 要小于 D_f

$$F \geq \frac{d_k}{D} = m_1 m_2 m_3 \cdots m_k \geq [m_1][m_2][m_3]\cdots[m_k]$$

$$F = 0.63 \geq [m_1] = 0.54$$

所以，$k = 1$，即第一道拉深就可以获得凸缘直径，第一道拉深就可以获得凸缘直径的工件叫宽凸缘件。

4）半成品尺寸计算

(1) 各道半成品直径的计算：
$$d_i \geq [m_i] d_{i-1}$$

则，$d_1 \geq [m_1]D = 82.35\text{mm}$，取 $d_1 = 84\text{mm}$；

$d_2 \geq [m_2]d_1 = 65.5\text{mm}$，取 $d_2 = 68\text{mm}$；

$d_3 \geq [m_3]d_2 = 54.4\text{mm}$，取 $d_3 = 57\text{mm}$；

校核：$m_4 = \frac{50}{57} = 0.877 > m_4 = 0.82$，所以可行。

(2) 确定各道圆角半径，工件口部圆角半径为 r_{ki}、工件底部圆角半径为 r_{di}、凹模口部圆角半径为 r_{ai}、凸模端部圆角半径为 r_{ti}，则有：

道次	r_{ki}	r_{di}	r_{ai}	r_{ti}
4	5.5	5.5	5	5
3	6.5	6.5	6	6
2	6.5	6.5	6	6
1	6.5	6.5	6	6

(3) 各道计算高度 H'_i

$$H'_i = \frac{D^2 - D_f^2}{4d_i} + 0.86r_i$$

$H'_1 = 47.4\text{mm}$、$H'_2 = 57.2\text{mm}$、$H'_3 = 67.16\text{mm}$、$H'_4 = 75\text{mm}$。

(4) 为了防止 D_f 获得后被惊动，要对 H'_i 进行修正，以预惊动防止再惊动，第 k 道 $H_k = H'_k + \Delta H_k$，从第 k 道到第 $(n-1)$ 道工序都要多拉 ΔH_i，并且按照 $\Delta H_i \leqslant \Delta H_{i-1}$ 进行修正。

$$H_1 = H'_1 + \Delta H_1 = H'_1 + (0.01 \sim 0.02)H'_1 = 48\text{mm}$$
$$H_2 = H'_2 + \Delta H_2 = H'_2 + (0.01 \sim 0.02)H'_2 = 57.6\text{mm}$$
$$H_3 = H'_3 + \Delta H_3 = H'_3 + (0.01 \sim 0.02)H'_3 = 67.4\text{mm}$$

$H_4 = 75\text{mm}$，最后一道拉深高度不需修正。

5.2.4 阶梯形零件的拉深

阶梯筒形件的拉深（见图 5.16），相当于圆筒形件多次拉深的过渡状态。毛坯变形区的应力应变状态和圆筒形件相同。

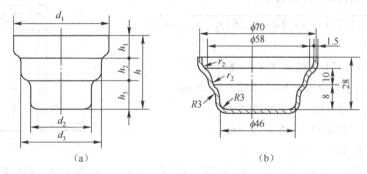

图 5.16 阶梯筒形件

1. 拉深次数

阶梯筒形件一次拉深的条件是制件总高度与最小直径之比不超过带凸缘圆筒形件第一次拉深的允许相对高度（见表 5.7）。否则，要多道拉深。

2. 多道拉深的工序安排

（1）在阶梯筒形件任意两相邻阶梯直径比值 d_n/d_{n-1} 都大于或等于相应圆筒形件的极限拉深系数时，拉深次数与制件阶梯数相等。其拉深方法是由大阶梯到小阶梯逐次拉深，每次拉出一个台阶（见图 5.17（a））。

（2）在阶梯筒形件某两相邻阶梯直径比值 d_n/d_{n-1} 小于相应圆筒形件的极限拉深系数时，这两个阶梯的成形，应按带凸缘件的拉深方法进行，即先拉小直径，再拉大直径（见图 5.17（b））。

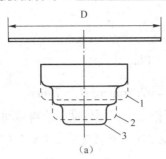 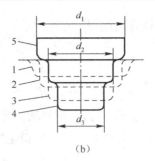

图 5.17 阶梯筒形件多道拉深的方法

项目实施 4-1 罩杯零件拉深工艺计算

1. 计算毛坯尺寸

如图 5.18 所示，$d_凸 = 76\text{mm}$，$d = 30 - 1.5 = 28.5\text{mm}$。由凸缘的相对直径 $\dfrac{d_凸}{d} = \dfrac{76}{28.5} = 2.7$，查表 5.2，得 $\delta = 2\text{mm}$。

有凸缘圆筒形件的毛坯直径为：

$$D = \sqrt{d_凸^2 - 1.72(r_1 + r_2)d - 0.56(r_2^2 - r_1^2) + 4dH}$$

其中：

$$d_凸 = 76 + 2\delta = 76 + 4 = 80\text{mm}$$
$$r_1 = r_2 = 3 + t/2 = 3 + 1.5/2 = 3.75\text{mm}$$
$$d = 30 - 1.5 = 28.5\text{mm}$$
$$H = 60 - 1.5 = 58.5\text{mm}$$

代入上式，得到毛坯的直径为：

$$D = \sqrt{80^2 - 1.72 \times 2 \times 3.75 \times 28.5 + 4 \times 28.5 \times 58.5} = 113\text{mm}$$

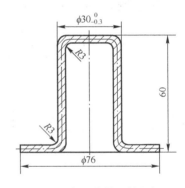

图 5.18 有凸缘筒形件的加工

2. 判断能否一次拉成

工件总的拉深系数：$m_总 = d/D = 28.5/113 = 0.25$

工件总的拉深相对高度：$H/d = 58.5/28.5 = 2.05$

由 $d_凸/d = 80/28.5 = 2.8$，$t/D \times 100 = 1.5/113 \times 100 = 1.33$，查表 5.8 得，有凸缘圆筒形件第一次拉深的最小拉深系数 $m_1 = 0.35$，由表 5.7 查得有凸缘圆筒形件第一次拉深的最大相对高度 $h_1/d_1 = 0.20$，由于 $m_总 < m_1$，$H/d > h_1/d_1$，故此工件不能一次拉成。

3. 试制订首次拉深系数

取首次 $d_凸/d_1 = 1.1$，查表 5.8，得 $m_1 = 0.53$，而第一次拉深系数 $m_1 = d_1/D$，则第一次拉深的半成品直径为 $d_1 = m_1 D = 0.53 \times 113 = 59.89\text{mm}$（调整为 61mm）。

第一次拉深的凹模圆角半径计算：

$$r_{凹1} = 0.8\sqrt{(D - d_1)t} = 0.8\sqrt{(113 - 61) \times 1.5} = 7.1\text{mm}$$

则：$r_1 = r_{凹1} + t/2 = 7.1 + 1.5/2 = 7.85$ mm

取 $r_1 = 8$ mm，并取 $r_{凸1} = r_{凹1}$，则 $r_2 = r_1 = 8$ mm，根据工件圆角重新调整凸、凹模的圆角，取为 $r_{凸1} = r_{凹1} = 8 - 1.5/2 = 7.25$ mm。

为了以后的拉深不使已拉深好的凸缘变形，第一次拉深要将坯料多拉入凹模所需要量的 5%，所以需对坯料做相应的放大。过程如下：

图 5.19（a）所示为第一次拉深的半成品，其凸缘的圆环面积 $A_环$ 可求得为：

$$A_环 = \frac{\pi}{4}[d_凸^2 - (d_1 + 2r_1)^2]$$

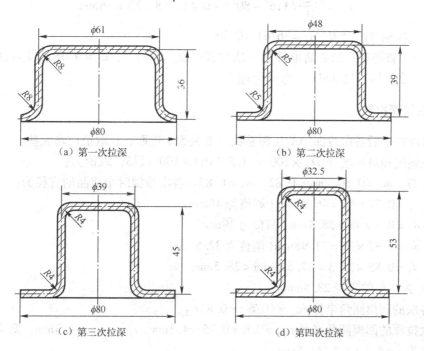

图 5.19 各工序图

将各值代入上式，得

$$A_环 = \frac{\pi}{4}[80^2 - (61 + 2 \times 8)^2] = \left(471 \times \frac{\pi}{4}\right) \text{mm}^2$$

工件的面积应等于毛坯的面积，求得

$$A_{工件} = \frac{\pi}{4}D^2 = \frac{\pi}{4} \times 113^2 = \left(12769 \times \frac{\pi}{4}\right) \text{mm}^2$$

被拉入凹模的面积应为：

$$A_凹 = A_{工件} - A_环 = \left(12298 \times \frac{\pi}{4}\right) \text{mm}^2$$

若多拉入 5% 的料进入凹模，则被拉入凹模的面积为 $1.05 A_凹 = \left(12913 \times \frac{\pi}{4}\right) \text{mm}^2$，使扩大的毛坯面积为：

$$A'_环 = 1.05 A_凹 + A_环 = 12913 \times \frac{\pi}{4} + 471 \times \frac{\pi}{4} = \left(13384 \times \frac{\pi}{4}\right) \text{mm}^2$$

故扩大后的坯料直径为：

$$D' = \sqrt{\frac{4A'_{环}}{\pi}} = \sqrt{13384} = 116\text{mm}$$

由公式可求得半成品的高度，因圆角半径 $r_1 = r_2$，则有：

$$H_n = \frac{0.25}{d_n}(D'^2 - d_{凸}^2) + 0.43(r_1 + r_2)$$

将第一次的相关各值代入上式，得第一次拉深的高度为：

$$H_n = \frac{0.25}{61}(116^2 - 80^2) + 0.43 \times (8+8) = 36\text{mm}$$

工件第一次相对高度 $H_1/d_1 = 36/61 = 0.59$。

由表5.7，查得有凸缘圆筒形件第一次拉深的最大高度 $h_1/d_1 = 0.65$。因为 $H_1/d_1 < h_1/d_1$，所以第一次拉深直径 $\phi 61$mm 选择合理。

4. 确定拉深次数

有凸缘件在以后各次拉深中的拉深系数可由表5.5选取，且取值应略大些。
根据毛坯的相对厚度 $(t/D) \times 100 = (1.5/116) \times 100 = 1.3$，取值为：
$m_2 = 0.77$，$m_3 = 0.80$，$m_4 = 0.82$，$m_5 = 0.85$。各次拉深时半成品的直径为：
$d_2 = m_2 d_1 = 0.77 \times 61 = 46.97\text{mm}$（调整为48mm）
$d_3 = m_3 d_2 = 0.8 \times 48 = 38.4\text{mm}$（调整为39mm）
$d_4 = m_4 d_3 = 0.82 \times 39 = 31.98\text{mm}$（调整为32.5mm）
$d_5 = m_5 d_4 = 0.85 \times 32.5 = 27.625\text{mm} < 28.5\text{mm}$

选定 d_5 为工件的直径28.5mm。

以后各次的凹模圆角半径 $r_{凹n} = (0.6 \sim 0.8) r_{凹(n-1)}$。

第二次拉深的凹模圆角半径 $r_{凹2} = 0.6 \times 0.75 \approx 4.3\text{mm}$，$r_{凸2} = r_{凹2} = 4.3\text{mm}$，则第二次拉深的工件尺寸为 $r = 4.3 + 1.5/2 \approx 5\text{mm}$。

同理，第三次拉深的模具的圆角半径 $r_{凸3} = r_{凹3} = 3.25\text{mm}$，工件的尺寸为 $r = 4\text{mm}$。

第四次拉深的模具圆角半径 $r_{凸4} = r_{凹4} = 3.25\text{mm}$，半成品的圆角半径取为 $r = 4\text{mm}$。

最后一次拉深时，凸、凹模的圆角半径应取工件的圆角半径值，即 $r_{凸5} = r_{凹5} = 3\text{mm}$。

第二次拉深时，多拉入3%的材料，第一次余下的2%的材料返回凸缘上。

$$A_{环} = \frac{\pi}{4}[d_{凸}^2 - (d_2 + 2r_2)^2] = \frac{\pi}{4} \times [80^2 - (48 + 2 \times 5)^2] = \left(3036 \times \frac{\pi}{4}\right)\text{mm}^2$$

$$A_{凹} = A_{工件} - A_{环} = \frac{\pi}{4}D^2 - A_{环} = \frac{\pi}{4} \times 113^2 - 3036 \times \frac{\pi}{4} = \left(9733 \times \frac{\pi}{4}\right)\text{mm}^2$$

$$A'_{凹} = 1.03 \times A_{凹} = \left(10025 \times \frac{\pi}{4}\right)\text{mm}^2$$

$$A'_{环} = A'_{凹} + A_{环} = \left(13061 \times \frac{\pi}{4}\right)\text{mm}^2$$

$$D' = \sqrt{\frac{4A'_{环}}{\pi}} = \sqrt{13061} = 114\text{mm}$$

则第二次拉深时半成品的高度为：

$$H_2 = \frac{0.25}{d_2}(D'^2 - d_{凸}^2) + 0.43 \times 2r_2 = \frac{0.25}{48}(114^2 - 80^2) + 0.43 \times 2 \times 5 = 39\text{mm}$$

第三次多拉入1.5%的材料,求得毛坯直径为 $D' = 113.6\text{mm}$,则第三次拉深时半成品的高度为:

$$H_3 = \frac{0.25}{d_3}(D'^2 - d_{凸}^2) + 0.43 \times 2r_3 = \frac{0.25}{39}(113.6^2 - 80^2) + 0.43 \times 2 \times 4 = 45\text{mm}$$

第四次多拉入1%的材料,求得毛坯直径为 $D' = 113.4\text{mm}$,则第四次拉深时半成品的高度为:

$$H_4 = \frac{0.25}{d_4}(D'^2 - d_{凸}^2) + 0.43 \times 2r_4 = \frac{0.25}{32.5}(113.4^2 - 80^2) + 0.43 \times 2 \times 4 = 53\text{mm}$$

各半成品的外形总高度为 $(H_n + 1.5)$ mm,分别为:$h_1 = 37.5\text{mm}$,$h_2 = 40.5\text{mm}$,$h_3 = 46.5\text{mm}$,$h_4 = 54.5\text{mm}$,$h_5 = 60\text{mm}$。

5.3 其他旋转体零件的拉深

5.3.1 球面零件的拉深

球形件属于非直壁旋转体,这类制件拉深时整个毛坯都处于变形区,而且凹模口内的材料还是主要的变形区。因此,这类零件的起皱不仅可能在凸缘部分产生,也可能在中间部分产生,由于中间部分不与凸模接触,薄料起皱更为严重。

球形件有半球形和非半球形两类(见图5.20)。

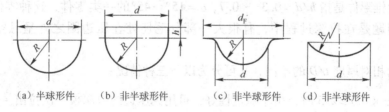

(a)半球形件　　(b)非半球形件　　(c)非半球形件　　(d)非半球形件

图5.20　球形件分类

根据表面积相等的原则,对半球形件来说,其拉深系数是一个与零件大小无关的常数。其值为:$m = \frac{d}{D} = \frac{d}{\sqrt{2}d} = 0.707 \approx 0.71$,在决定半球形件拉深难易及选择拉深方法的依据时,已不能采用拉深系数,而是采用毛坯的相对厚度 t/D。在生产实际中,有以下三种方法:

(1)当 $t/D \times 100 > 3$ 时,不用压边圈即可拉成,但是必须在行程末对制件进行校正。
(2)当 $t/D \times 100 = 0.5 \sim 3$ 时,需采用带压边圈的拉深模,防止起皱。
(3)当 $t/D \times 100 < 0.5$ 时,则应采用带拉深筋的拉深模或反拉深。

图5.20(b)、(c)所示为带直边和带凸缘的球形件,由于直边和凸缘的存在,有利于采用压边措施,防止拉深时起皱,提高了制件的质量和尺寸精度,因此,对于不带直边或凸缘的半球形件来说,有时为了提高制件质量,有意增加高度为 $(0.1 \sim 0.2)d$ 的工

艺直边或增加宽度为（0.1～0.15）d 的工艺凸缘，拉深后切除工艺余量。图 5.20（d）所示的浅球形件，当 $D \leq 9\sqrt{Rt}$ 时，拉深时制件不会起皱，但回弹比较严重，制件质量不高，如果制件质量要求较高，应增设校正工序，并根据制件的回弹量来修正模具。当 $D \geq \sqrt{Rt}$ 时，拉深容易起皱，应通过增加工艺凸缘的方法进行拉深，拉深后切除工艺余量，提高制件的质量。

5.3.2 锥形零件的拉深

锥形件的拉深过程取决于它的几何参数（见图 5.21），即相对高度、锥度及材料的相对厚度不同，拉深方法也不同。应区别情况，分别对待。

1. 浅锥形件

浅锥形件是指 $h/d = 0.1 \sim 0.25$，$\alpha = 50° \sim 80°$ 的一类零件。这种零件由于拉伸变形不足，弹复量大，因此，当对形状精度要求高时，须设法增加压边力，以加大径向拉应力，具体措施有以下几种：

（1）无凸缘的可补加凸缘；
（2）采用带拉深筋的凹模；
（3）用橡皮或液压代替凸模进行拉深。

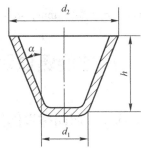

图 5.21 锥形件

2. 中等深度锥形件

中等深度锥形件是指 $h/d = 0.3 \sim 0.7$，$\alpha = 15° \sim 45°$ 的一类零件，这种零件变形程度也不大，主要问题是在拉深过程中，有很大一部分毛坯处在压边圈之外呈悬空状态而容易起皱。

按材料的相对厚度 t/D 的不同，又可分为以下三种情况：

（1）当 $\dfrac{t}{D} \times 100 \geq 2.5$ 时，由于稳定性好，可用无压边的拉深模一次拉出。

（2）当 $\dfrac{t}{D} \times 100 = 1.5 \sim 2$ 时，应采用带压边装置的模具一次拉成。

（3）当 $\dfrac{t}{D} \times 100 \leq 1.5$ 或有较宽的凸缘时，须用压边装置，经两三次拉深而成。首次拉深常拉出大圆角或半球形圆筒件，然后按图纸尺寸成形。有时第二次采用反拉深可有效地防止皱纹的产生。

3. 深锥形件

深锥形件是指 $\dfrac{h}{d} > 0.8$ 的一类零件。这种零件由于变形程度大，且锥角大，凸模的压力仅通过毛坯中部的一小块面积传递到变形区，因而产生很大的局部变薄，有时甚至使材料拉裂，故需进行多次拉深。

深锥形件的拉深方法有以下几种。

（1）阶梯拉深法（见图5.22）。这种方法是将毛坯分数道工序逐步拉成阶梯形，阶梯与成品的内形相切，最后在成形模内整形。这种成形方法的缺点是：有壁厚不均匀现象；有明显的印痕；工件表面不光滑；所用的模具套数多；结构、加工都较复杂。

（2）锥面逐步成形法（见图5.23）。这种方法先将毛坯拉成圆筒形，使其表面积等于或大于成品圆锥表面积，而直径等于圆锥大端直径，以后各道工序逐步拉出圆锥面，使其高度逐渐增加，最后形成所需的圆锥形。这种方法与阶梯法相比，在表面光滑与壁厚均匀性方面有所好转，但需要的模具套数还是较多。

图5.22　阶梯拉深法　　　　　　图5.23　锥面逐步成形法

5.3.3　抛物面零件的拉深

抛物面形零件（见图5.24（a））拉深应力和变形特点都与球形件相似，但是由于制件曲面部分的高度与口部直径的比值，即相对高度h/d，比球形件大，所以拉深难度更大。

生产中将抛物面形零件分为以下两类：

（1）浅抛物面形零件（$h/d < 0.5 \sim 0.6$）。这类零件的高径比与球形件相近，因此其拉深方法与球形件一样。

（2）深抛物面形零件（$h/d > 0.6$）。为了防止起皱，这类零件的拉深通常采用多道拉深或反拉深方法。

抛物面形零件拉深时为了使毛坯中间部分紧贴模具而不起皱，通常采用带拉深筋的模具以增加径向拉应力，有的甚至采用两道拉深筋（见图5.24（b））。

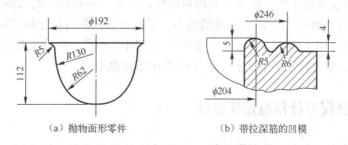

（a）抛物面形零件　　　　　（b）带拉深筋的凹模

图5.24　抛物面形零件及拉深筋

5.4 盒形件的拉深

5.4.1 矩形盒的拉深特点

对矩形盒作几何分解，划分成两个长度为 $(A-2r)$ 和两个长度为 $(B-2r)$ 的直边加上 4 个半径为 r 的 1/4 圆筒部分（见图 5.25）。若将圆角部分和直边部分分开考虑，则圆角部分的变形相当于直径为 $2r$、高为 h 的圆筒件的拉深，直边部分的变形相当于弯曲。但实际上圆角部分和直边部分是联系在一起的一个整体，因此盒形件的拉深又不完全等同于简单的弯曲和拉深，有其特有的变形特点，这可通过网格试验进行验证。

由于材料是一块整体，在拉深变形中，圆角部分和直边部分必然互相牵连，因此，变形比较复杂。为了研究清楚盒形件拉深过程中毛坯的变形特点，拉深前将平板毛坯画上方网格，其网格距离分别为 a 和 b，且 $a=b$。拉深后网格发生了变化（图 5.26），横向间距缩小，而且越靠近角部缩小越明显，即 $b>b_1>b_2>b_3$；纵向间距增大，而且越靠近口部和角部间距增大越多，即 $a>a_1>a_2>a_3$。这说明，直边部分不是单纯的弯曲，因为圆角部分的材料除向上流动外还可以向直边部分流动，故直边部分的材料受到挤压。同样，圆角部分也不完全与圆筒形件的拉深相同，由于圆角部分的材料可以向直边部分流动，这就减轻了圆角部分的变形程度。

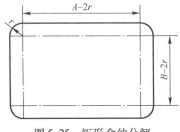
图 5.25 矩形盒的分解

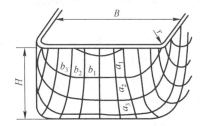
图 5.26 盒形件拉深变形特点

由以上分析可知，盒形件拉深有以下特点。

(1) 径向拉应力 σ_ρ 沿盒形件周边分布不均匀，在圆角部最大，在直边部最小；周向压应力 σ_θ 的分布与 σ_ρ 相同。就角部看，由于应力分布不均匀，其平均拉应力与相应的筒形件相比要小得多，这就减轻了危险断面拉裂的可能性，因此，可用较小的拉深系数。

(2) 由于 σ_θ 在角部最大，向直边逐渐减小，因此材料拉深时稳定性较好，不易起皱。

(3) 直边和圆角相互影响的大小随盒形件尺寸不同而不同。如果相对圆角半径 r/B 和相对高度 H/B 不同，那么其毛坯形状和中间工序毛坯形状也不同。

5.4.2 毛坯尺寸计算与形状设计

毛坯形状和尺寸的确定应根据零件的 r/B 和 H/B 的值来进行，因为这两个因素决定了圆角和直边在拉深时的影响程度。计算的原则仍然是保证毛坯的面积等于加上修边量后的工件面积，并尽可能要满足口部平齐的要求。一次拉深成形的低盒形件与多次拉深成形的高盒形件计算毛坯的方法是不同的。下面主要介绍这两种零件毛坯的确定方法。

1. 一次拉深成形的低盒形件毛坯的计算

低盒形件（$H \leqslant 0.3B$，B 为盒形件的短边长度）是指一次可以拉深成形，或虽两次拉深，但第二次仅用来整形的零件。这种零件拉深时仅有微量材料从角部转移到直边，即圆角与直边间的相互影响很小，因此可以认为直边部分只是简单的弯曲变形，毛坯按弯曲变形展开计算。圆角部分只发生拉深变形，按圆筒形拉深展开，再用光滑曲线进行修正即得毛坯，如图 5.27 所示。计算步骤如下。

（1）求出弯曲部分展开长度 l。
$$l = H + 0.57 r_d$$

（2）把圆角部分当做直径为 d（$d = 2r$）、高度为 H 的圆筒形件，毛坯半径为
$$R = \sqrt{r^2 + 2rH - 0.86 r_d (r + 0.16 r_d)}$$

当 $r = r_d$ 时，$R = \sqrt{2rH} = \sqrt{dH}$

（3）做出由圆角到直边的过渡毛坯（光滑过渡）。

由 ab 线段的中点作圆弧 R 的切线，然后用圆角半径为 R 的圆弧连接直边与切线即可求出毛坯的形状和尺寸。之所以用圆弧 R 连接，就是根据面积相等的原则，即去掉的面积（$-f$）和加上的面积（$+f$）近似相等。用此方

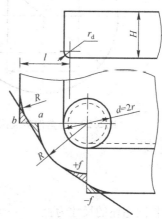

图 5.27 低矩形盒毛坯的作图法

法所求出的毛坯，在凸、凹模间隙和凹模圆角半径正常的情况下，拉深后可不进行修边。若制件要求较高时，拉深后需要修边，则 H 为加上修边余量后的制件高度。

2. 多次拉深成形的高矩形盒毛坯的确定

毛坯尺寸仍根据工件表面积与毛坯表面积相等的原则计算。

（1）当零件为方盒形且高度比较大（$H/B \geqslant 0.65 \sim 0.7$），需要多道工序拉深时，可采用圆形毛坯，如图 5.28 所示，其直径为：
$$D = 1.13 \sqrt{B^2 + 4B(H - 0.43 r_d) - 1.72 r_d (H + 0.5r) - 4 r_d (0.11 r_d - 0.18r)} \quad (5-7)$$

（2）高矩形盒多次拉深的毛坯。可将矩形盒看做是一个宽度为 B 的方盒对开后中间增加槽形部分（槽宽为 B，槽长为 $A - B$ 组合而成），如图 5.29 所示。

毛坯外形可以是由长度为 L、宽度为 K，由 $R = K/2$ 连接的长圆，或者是由长度为 L、宽度为 K、短边半径为 R_b、长边半径为 R_a 组成的椭圆。

椭圆毛坯尺寸分别为：
$$L = D + (A - B) \quad (5-8)$$

式中，D 为假设宽度为 B 的高方盒件的毛坯直径；其余符号如图 5.29 所示。

$$K = \frac{D(B - 2r) + [B + 2(H - 0.43 r_d)](A - B)}{A - 2 r_d} \quad (5-9)$$

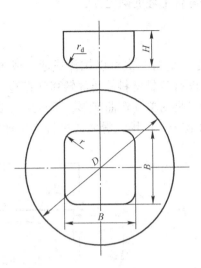
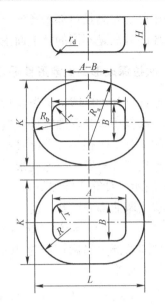

图 5.28　方盒件多次拉深毛坯　　　　图 5.29　矩形盒多次拉深毛坯

$$R_b = D/2$$
$$R_a = \frac{0.25(L^2 - K^2) - LR_b}{K - 2R_b} \tag{5-10}$$

长圆毛坯的尺寸为：
$$L = D + (A - B)$$
$$K = \frac{D(B - 2r) + [B + 2(H - 0.43r_d)](A - B)}{A - 2r_d}$$
$$R = 0.5K \tag{5-11}$$

如果计算出的 L 和 K 相差不大，可以把毛坯简化为圆形。

5.4.3　盒形件的拉深工艺

1. 盒形件一次能成形的极限

毛坯首次拉深可能达到的最大相对高度 H/r 取决于盒形件的相对角部圆角半径 r/B。用平板毛坯一次能拉出的最大相对高度值见表 5.9。

表 5.9　盒形件首次拉深的最大相对高度值

相对角部圆角半径 r/B	0.4	0.3	0.2	0.1	0.05
相对高度 H/r	2~3	2.8~4	4~6	8~12	10~15

2. 高盒形件多工序拉深优化设计

高方盒件的多次拉深采用直径为 D 的圆形板料，中间工序都拉成圆形，最后一道工序拉成要求的正方形形状和尺寸，所以变形不均匀主要出现在最后一道拉深，并且，角部变形区

宽度 x 是一个非常重要的参数。工序计算由倒数第二道（即 $n-1$ 道）工序开始往前推算，直到由毛坯能一次拉成相应的半成品为止，如图 5.30 所示。

第 $n-1$ 道工序过渡毛坯的尺寸可按下式计算：

$$D_{n-1} = 1.41B - 0.82r + 2x \tag{5-12}$$

式中，D_{n-1} 为第 $n-1$ 道拉深所得毛坯的内径；B 为方盒件边宽（内表面计算）；r 为方盒件内角半径；x 为角部变形区的宽度，见表 5.10。

表 5.10 方盒件拉深角部变形区的宽度

角部相对圆角半径 r/B	0.025	0.05	0.1	0.2	0.3	0.4
相对角部变形区宽度 x/r	0.12	0.13	0.135	0.16	0.17	0.2

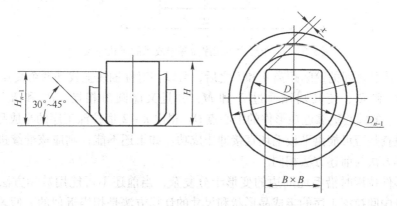

图 5.30 方盒件过渡毛坯形状及尺寸

高矩形盒多次拉深可以采用如图 5.31 所示的中间毛坯形状和尺寸。把矩形盒的两个边看做四个方盒件的边长，在保证同一角部壁间距离为 x 时，可采用由四段圆弧构成的椭圆形筒作为最后一道工序拉深的半成品毛坯（是 $n-1$ 道拉深所得的半成品）。其长轴与短轴处的曲率半径分别用 $R_{a(n-1)}$ 和 $R_{b(n-1)}$ 来表示，并用下式计算：

$$\begin{aligned} R_{a(n-1)} &= 0.707A - 0.41r + x \\ R_{b(n-1)} &= 0.707B - 0.41r + x \end{aligned} \tag{5-13}$$

式中，A 和 B 分别为矩形盒的长度与宽度。

椭圆长、短半轴 a_{n-1} 和 b_{n-1} 分别用下式求得：

$$\begin{aligned} a_{n-1} &= R_{b(n-1)} + (A-B)/2 \\ b_{n-1} &= R_{a(n-1)} - (A-B)/2 \end{aligned} \tag{5-14}$$

由于 $n-1$ 道拉深所得到的半成品形状是椭圆形筒，所以高矩形盒多工序拉深工艺的计算又可以归结为高椭圆筒的多次拉深成形。圆弧 $R_{a(n-1)}$ 和 $R_{b(n-1)}$ 的圆心可按图 5.31 的关系确定，得出 $n-1$ 道工序后的毛坯过渡形状和尺寸后，用前面讲过的矩形件第一次拉深的计算方法，检查是否可以用平板毛坯一次拉成 $n-1$ 道工序的过渡毛坯形状和尺寸。若不行，要进行第 $n-2$ 道工序的计算。$n-2$ 道拉深工序把椭圆形毛坯拉深成椭圆形筒，这时应保证：

$$\frac{R_{a(n-1)}}{R_{a(n-1)}+a} = \frac{R_{b(n-1)}}{R_{b(n-1)}+b} = 0.75 \sim 0.85 \tag{5-15}$$

式中，a 和 b 分别是椭圆形过渡毛坯之间在长轴和短轴上的壁间距离（图 5.31）。

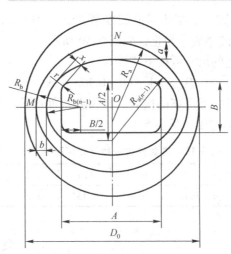

图 5.31 高矩形盒多工序拉深半成品的形状与尺寸

得到椭圆形半成品之间的壁间距离 a 和 b 之后,可以在对称轴线上找到两个交点 M 和 N,然后选定半径 R_a 和 R_b,使其圆弧通过 N 和 M,并且又能圆滑相接,R_a 和 R_b 的圆心都比 $R_{a(n-1)}$ 和 $R_{b(n-1)}$ 的圆心更靠近矩形件的中心点 O。得出 $n-2$ 道拉深工序的半成品形状和尺寸后,应重新检查是否可能由平板毛坯直接冲压成功。如果还不能,则应该继续进行前一道工序的计算,其方法与前述方法相同。

由于矩形件拉深时沿毛坯周边的变形十分复杂,当前还不可能用数学方法进行精确计算,前述的各中间拉深工序的半成品形状和尺寸的计算方法是相当近似的。假若在试模调整时发现圆角部分出现材料堆聚,应当适当减小圆角部分的壁间距离。

5.5 拉深模的结构设计

5.5.1 拉深模工作部分的结构和尺寸

拉深模工作部分的尺寸指的是凹模圆角半径 r_A,凸模圆角半径 r_T,凸、凹模的间隙 $Z/2$,凸模直径 d_T,凹模直径 d 等,如图 5.32 所示。

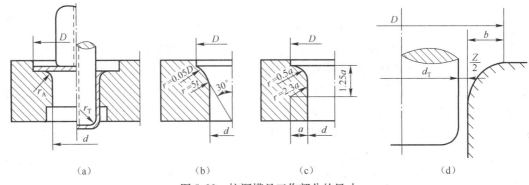

图 5.32 拉深模具工作部分的尺寸

项目 5 拉深工艺与模具设计

1. 凹模的圆角半径 r_A

拉深过程中，材料在经过凹模圆角时不仅发生弯曲变形，还要克服因相对流动所引起的摩擦阻力，所以凹模的圆角半径 r_A 的大小对拉深工作的影响非常大。

凹模的圆角半径 r_A 小，材料的流动阻力增大，拉深力大；当 r_A 过小时，坯料在滑过凹模圆角时容易被刮伤，结果使工件的表面质量受损；r_A 过小会导致模具的磨损加剧，从而降低模具的寿命。r_A 过大，在拉深后期毛坯外边缘也会因过早脱离压边圈的作用而起皱，使拉深件质量不好，在侧壁下部和口部形成皱褶。尤其是当毛坯的相对厚度小时，这个现象更严重。在这种情况下，也不宜采用大的变形程度。r_A 通常按照经验公式计算：

$$r_A = 0.8\sqrt{(D-d)t} \tag{5-16}$$

式中，D 为毛坯直径（mm）；d 为本道工序的拉深直径（mm）。

对于首次拉深可以按表 5.11 查取。后续各次拉深凹模圆角半径应逐渐减小，可按 $r_{An} = (0.6 \sim 0.8) r_{A(n-1)}$ 确定，但应大于 2 倍料厚。

表 5.11 首次拉深的凹模圆角半径 r_A

	t/mm				
	2.0~1.5	1.5~1.0	1.0~0.6	0.6~0.3	0.3~0.1
无凸缘拉深	(4~7)t	(5~8)t	(6~9)t	(7~10)t	(8~13)t
有凸缘拉深	(6~10)t	(8~13)t	(10~16)t	(12~18)t	(15~22)t

2. 凸模圆角半径 r_T

凸模圆角半径 r_T 对拉深工序的影响没有凹模圆角半径大，但其值也必须合适。r_T 太小，拉深初期毛坯在 r_T 处弯曲变形大，危险断面受拉力增大，工件易产生局部变薄或拉裂，且局部变薄和弯曲变形的痕迹在后续拉深时将会遗留在成品零件的侧壁上，影响零件的质量。而且多工序拉深时，由于后继工序的压边圈圆角半径应等于前道工序的凸模圆角半径，所以当 r_T 过小时，在以后的拉深工序中毛坯沿压边圈滑动的阻力会增大，这对拉深过程是不利的。因而，凸模圆角半径不能太小。若凸模圆角半径 r_T 过大，会使 r_T 处材料在拉深初期不与凸模表面接触，易产生底部变薄和内皱。

一般首次拉深时凸模的圆角半径为：

$$r_T = (0.7 \sim 1.0) r_A \tag{5-17}$$

以后各次 r_T 可取为各次拉深中直径减小量的一半，即

$$r_{T(n-1)} = \frac{d_{n-1} - d_n - 2t}{2} \tag{5-18}$$

最后一道拉深时，凸模圆角半径等于零件底部内表面圆角半径，但应比料厚大。若零件底部圆角半径比料厚还小，要增加一道整形工序，将底部半径进一步减小到零件上所要求的数值。

3. 凸模和凹模的间隙 $Z/2$

拉深模间隙是指单面间隙，间隙的大小对拉深力、拉深件的质量及拉深模的寿命都有影

响。若 Z/2 值太小，凸缘区变厚的材料通过间隙时，校直与变形的阻力增加，与模具表面间的摩擦、磨损严重，使拉深力增加，零件变薄严重，甚至拉破，模具寿命降低。间隙小时得到的零件侧壁平直而光滑，质量较好，精度较高。当 Z/2 过大时，对毛坯的校直和挤压作用减小，拉深力降低，模具的寿命提高，但零件的质量变差，冲出的零件侧壁不直。因此拉深模的间隙值也应合适，确定 Z/2 时要考虑压边状况、拉深次数和工件精度等。其原则是：既要考虑板料本身的公差，又要考虑板料的增厚现象，间隙一般都比毛坯厚度略大一些。采用压边拉深时其值可按下式计算：

$$Z/2 = t_{max} + \lambda t \tag{5-19}$$

式中，λ 为考虑材料变厚，为减小摩擦而增大间隙的系数，可查表 5.12 取得。

表 5.12 增大间隙的系数 λ

拉深工序		坯料厚度/mm		
		0.5/2	2/4	4/6
1	第 1 道	0.2/0.1	0.1/0.08	0.1/0.06
2	第 1 道 第 2 道	0.3 0.1	0.25 0.1	0.2 0.1
3	第 1 道 第 2 道 第 3 道	0.5 0.3 0.1/0.08	0.4 0.25 0.1/0.06	0.35 0.2 0.1/0.05
4	第 1、2 道 第 3 道 第 4 道	0.5 0.3 0.1/0	0.4 0.25 0.1/0	0.35 0.2 0.1/0
5	第 1、2 道 第 3 道 第 4 道 第 5 道	0.5 0.5 0.3 0.1/0.08	0.4 0.4 0.25 0.1/0.06	0.35 0.35 0.2 0.1/0.05

注：表中数值适用于一般精度（自由公差）零件的拉深。具有分数的地方，分母的数值适用于精密零件（IT10～IT12 级）的拉深。

4. 凸、凹模尺寸及制造公差

工件的尺寸精度由最后一次拉深的凸、凹模的尺寸及公差决定，因此除最后一道拉深模的尺寸公差需要考虑外，首次及中间各道次的模具尺寸公差和拉深半成品的尺寸公差没有必要做严格限制，这时模具的尺寸只要取等于毛坯的过渡尺寸即可。若以凹模为基准，凹模尺寸为：

$$D_A = D^{+\delta_A} \tag{5-20}$$

凸模尺寸为：

$$D_T = (D - Z)_{-\delta_T} \tag{5-21}$$

对于最后一道拉深工序，当零件尺寸标注在外形时（图 5.33（a）），以凹模为基准，工作部分尺寸为：

$$D_A = (D_{max} - 0.75\Delta)^{+\delta_A}_{0} \tag{5-22}$$

$$D_T = (D_{max} - 0.75\Delta - Z)_{-\delta_T}^{0} \qquad (5-23)$$

当零件尺寸标注在零件内形时（图 5.33（b）），以凸模尺寸为基准，工作部分尺寸为：

$$d_T = (d_{min} + 0.4\Delta)_{-\delta_T}^{0} \qquad (5-24)$$

$$d_A = (d_{min} + 0.4\Delta + Z)_{0}^{+\delta_A} \qquad (5-25)$$

凸、凹模的制造公差 δ_A 和 δ_T 可根据工件的公差来选定。工件公差为 IT13 级以上时，δ_A 和 δ_T 可按 IT6～IT8 级取，工件公差在 IT14 级以下时，δ_A 和 δ_T 按 IT10 级取。

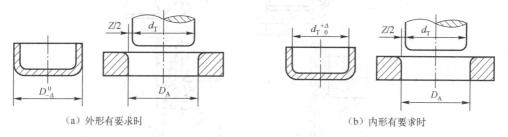

图 5.33　拉深零件尺寸与模具尺寸

5. 凸、凹模结构

拉深凸模与凹模的结构形式取决于工件的形状、尺寸，以及拉深方法、拉深次数等工艺要求，不同的结构形式对拉深的变形情况、变形程度的大小及产品的质量均有不同的影响。

当毛坯的相对厚度较大，不易起皱，不需用压边圈压边时，应采用锥形凹模（图 5.34）。这种模具在拉深的初期就使毛坯呈曲面形状，因而较平端面拉深凹模具有更大的抗失稳能力，故可以采用更小的拉深系数进行拉深。

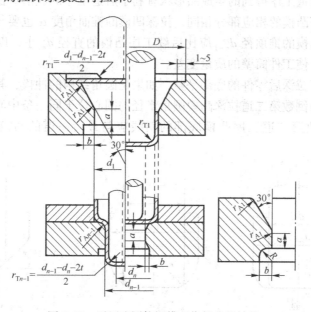

图 5.34　无压边圈拉深模工作部分的结构

当毛坯的相对厚度较小，必须采用压边圈进行多次拉深时，应该采用如图 5.35 所示的模具结构。图 5.35（a）中的凸、凹模具有圆角结构，用于拉深直径 $d \leqslant 100$mm 的拉深件。

图 5.35（b）中的凸、凹模具有斜角结构，用于拉深直径 $d \geqslant 100\text{mm}$ 的拉深件。

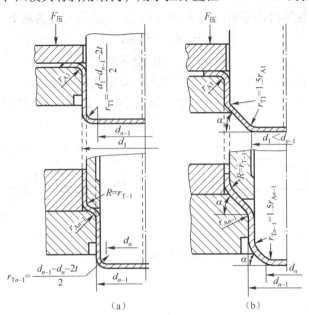

图 5.35　带压边圈时拉深模工作部分的结构

采用这种有斜角的凸模和凹模，除具有改善金属的流动性，减小变形抗力，材料不易变薄等一般锥形凹模的特点外，还可减轻毛坯反复弯曲变形的程度，提高零件侧壁的质量，使毛坯在下次工序中容易定位。不论采用哪种结构，均需注意前、后两道工序的冲模在形状和尺寸上的协调，使前道工序得到的半成品形状有利于后道工序的成形。比如，压边圈的形状和尺寸应与前道工序凸模的相应部分相同，拉深凹模的锥面角度 α 也要与前道工序凸模的斜角一致，前道工序凸模的锥顶径 d_{n-1} 应比后续工序凸模的直径 d_n 小，以避免毛坯可能产生不必要的反复弯曲，使工件筒壁的质量变差。

为了使最后一道拉深后零件的底部平整，如果是圆角结构的冲模，其最后一次拉深凸模圆角半径的圆心应与倒数第二道拉深凸模圆角半径的圆心位于同一条中心线上。如果是斜角的冲模结构，则倒数第二道工序凸模底部的斜线应与最后一道的凸模圆角半径相切，如图 5.36 所示。

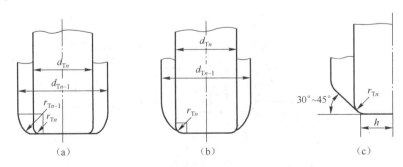

图 5.36　最后一道和倒数第二道拉深凸模结构尺寸关系

为了便于取出工件，拉深凸模应钻通气孔，其尺寸可查表 5.13。

表 5.13 通气孔尺寸

凸模直径（mm）	≤50	50～100	100～200	>200
通气孔直径 d（mm）	5	6.5	8	9.5

5.5.2 典型拉深模具结构

拉深模具结构按照工序顺序可以分为首次拉深模具和以后各次拉深模具；按照工序组合程度可以分为单工序拉深模具和复合拉深模具。

1. 首次拉深模具

首次拉深模具的最大特点是毛坯是平板坯料。根据毛坯是否需要压边，可分为无压边装置的拉深模具和带压边装置的拉深模具。

图 5.37 为无压边装置的首次拉深模具。该模具结构简单，常用于板料塑性好，相对料厚 $t/D \geq 0.03(1-m)$，$m \geq 0.6$ 时的拉深。坯料以定位板 1 定位，拉深结束后制件由凹模 4 底部的台阶（脱料颈）卸料，适合于拉深深度较浅的制件。

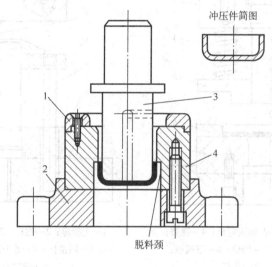

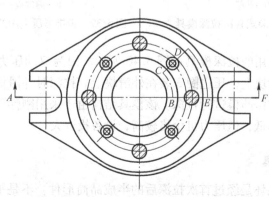

1—定位板；2—下模板；3—拉深凸模；4—拉深凹模
图 5.37 无压边装置的首次拉深模具

带压边装置的首次拉深模具如图 5.38 和图 5.39 所示,这是应用最为广泛的拉深模具结构,压边力由弹性元件压缩产生。压边圈可以装在上模(图 5.38 正装式结构),也可以装在下模(图 5.39 倒装式结构)。正装式由于上模空间有限,不能安装尺寸很大的弹簧或橡皮,因此正装式压边装置的压边力小,主要用在压边力较小、拉深深度不大的场合。反之,倒装式压边装置,弹性元件可以装在下模板的下面,不受安装空间的限制,弹性元件的压缩量大,适合于压边力大、拉深深度较深的制件,所以拉深模具常采用倒装式结构。

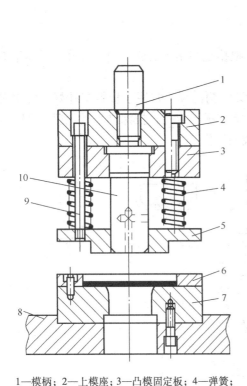
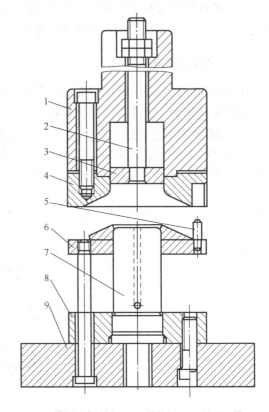

1—模柄;2—上模座;3—凸模固定板;4—弹簧;
5—压边圈;6—定位板;7—凹模;8—下模座;
9—卸料螺钉;10—凸模

图 5.38 带压边装置的正装式首次拉深模具

1—上模座;2—推杆;3—推件板;4—锥形凹模;
5—限位柱;6—锥形压边圈;7—拉深凸模;
8—固定板;9—下模座

图 5.39 带锥形压边圈的倒装式首次拉深模具

双动拉深压力机上使用的拉深模具如图 5.40 所示。因为双动压力机上有内滑块和外滑块,拉深凸模 2 装在内滑块上,压边圈 3 装在外滑块上。拉深时外滑块首先带动压边圈压住坯料,然后内滑块带动拉深凸模进行拉深。该模具结构由于采用刚性压边装置,所以其结构简单,制造周期短,成本低,但压力机价格较高,设备投资大。

2. 以后各次拉深模具

以后各次拉深由于毛坯是经过首次拉深后的半成品筒形件,不是平板毛坯,所以模具中的定位装置和压边装置与首次拉深模具是不同的。

无压边装置的后续各工序拉深模如图 5.41 所示,此拉深模因无压边圈,故不能进行严格的多次拉深，用于直径缩小程度较小的拉深或整形等，要求侧壁料厚一致或要求尺寸精度高时采用该模具。

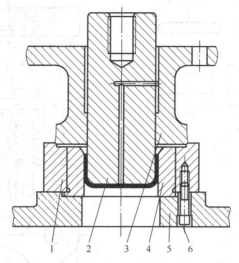

1—固定板；2—拉深凸模；3—刚性压边圈；4—拉深凹模；5—下模板；6—螺钉

图 5.40 带刚性压边装置的首次拉深模具

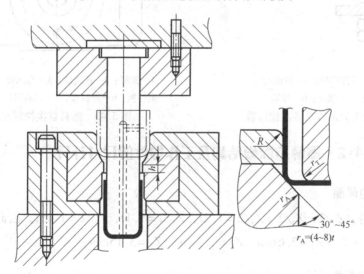

图 5.41 无压边装置的以后各次拉深模具

带压边装置的后续各工序拉深模如图 5.42 所示，此结构是广泛采用的形式。压边圈兼作毛坯的定位圈。由于再次拉深工件一般较深，为了防止弹性压边力随行程的增加而不断增加，可以在压边圈上安装限位销来控制压边力的增长（见图 5.51）。

3. 复合拉深模具

落料首次拉深复合模（图 5.43）为在通用压力机上使用的落斜首次拉深复合模。它一般采用条料为坯料，故需设置定位销与卸料板。拉深凸模 8 的顶面稍低于落料凹模 7 刃口约一个料厚，使落料完毕后才进行拉深。拉深时由压力机气垫通过顶杆 1 和压边圈 2 进行压边。拉深完毕后靠顶杆 1 顶件，卸料则由推件板 5 和刚性卸料板 6 承担。

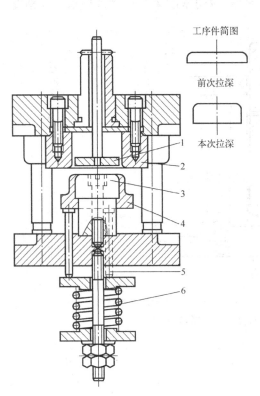

1—推件板；2—拉深凹模；3—拉深凸模；
4—压边圈；5—顶杆；6—弹簧

图5.42 带压边装置的以后各次拉深模具

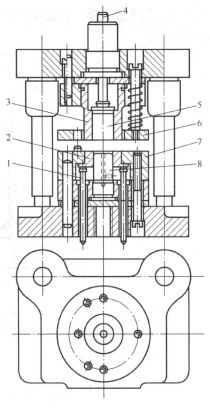

1—顶杆；2—压边圈；3—凸凹模；4—推杆；
5—推件板；6—卸料板；7—落料凹模；8—拉深凸模

图5.43 落料首次拉深复合模

项目实施4-2 罩杯拉深模结构及工作零件的尺寸计算

1. 拉深模的间隙

由表5.12得，$Z_1/2 = Z_2/2 = Z_3/2 = 1.2t$，$Z_4/2 = 1.1t$，$Z_5/2 = 1.05t$。因此可以求得各次拉深间隙为：$Z_1 = Z_2 = Z_3 = 3.6$mm，$Z_4 = 3.3$mm，$Z_5 = 3.15$mm。

2. 拉深模的圆角半径

$$r_{凸1} = r_{凹1} = 8 - 0.75 = 7.25\text{mm}$$
$$r_{凸2} = r_{凹2} = 5 - 0.75 = 4.25\text{mm}$$
$$r_{凸3} = r_{凹3} = r_{凸4} = r_{凹4} = 4 - 0.75 = 3.25\text{mm}$$
$$r_{凸5} = r_{凹5} = r_{工件} = 3\text{mm}$$

3. 凸、凹模工作部分的尺寸和公差

前四次拉深以凹模为基准，模具的制造公差按IT10级选取，由式（5-20）计算出各次凹模的尺寸为：$D_{A1} = 62.5^{+0.12}_{\ 0}$mm，$D_{A2} = 49.5^{+0.1}_{\ 0}$mm，$D_{A3} = 40.5^{+0.1}_{\ 0}$mm，$D_{A4} = 34^{+0.1}_{\ 0}$mm。

由式（5-21）计算出各次凸模的尺寸为：$D_{T1} = 58.9^{\ 0}_{-0.12}$mm，$D_{T2} = 45.9^{\ 0}_{-0.1}$mm，$D_{T3} = $

$36.9_{-0.1}^{0}$ mm, $D_{T4} = 30.7_{-0.1}^{0}$ mm。

第五次拉深是最后一次拉深，由于要求外形尺寸，因此以凹模为设计基准，模具按IT8级选取公差。由式（5-22）和式（5-23）计算出模具的尺寸为：

$$D_{A5} = (D_{max} - 0.75\Delta)_{0}^{+\delta_A} = (30 - 0.75 \times 0.3)_{0}^{+0.033} = 29.78_{0}^{+0.033} \text{mm}$$

$$D_{T5} = (D_{max} - 0.75\Delta - Z_5)_{-\delta_T}^{0} = (29.78 - 3.25)_{-0.033}^{0} = 26.405_{-0.033}^{0} \text{mm}$$

4. 确定凸模的通气孔

由表5.13，查得凸模的通气孔直径为 ϕ5mm。

5. 模具的总体设计

图5.44所示为本工件的首次拉深模。

说明：五次拉深模具都是在单动压力机上拉深的，采用标准后座模架，压边圈是通过顶件杆由气垫来压边的，气垫的压边提供的压边力恒定，是较为理想的弹性压边装置。由限位圈来防止压边圈被顶出，尽量减小压边面积，以增大单位压边力。模具仍为倒装结构，由打杆顶出工件。

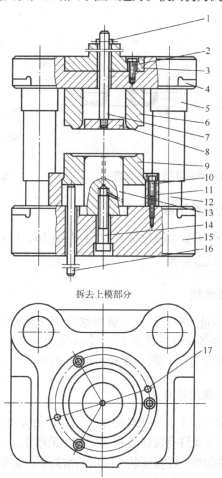

1—担环；2、10、14—螺钉；3—模柄；4—上模座；5—导套；6—凹模；7—打杆；8—打板；9—压边圈；
11—限位套；12—导柱；13—凸模；15—下模座；16—顶件杆；17—销钉

图5.44 带凸缘筒形件的拉深模

5.6 拉深工艺设计

5.6.1 拉深件的工艺性

1. 拉深件的形状应尽量简单、对称

轴对称拉深件在圆周方向上的变形是均匀的，模具加工也容易，其工艺性最好。其他形状的拉深件，应尽量避免急剧的轮廓变化。如图 5.45 所示为汽车消声器后盖形状的改进，在保证使用要求的前提下，形状简化后，生产过程由八道工序减为二道工序，材料消耗也减少了 50%。

对于半敞及非对称的拉深件，工艺上还可以采取成双拉深，然后剖切成两件的方法，以改善拉深时的受力状况（见图 5.46）。

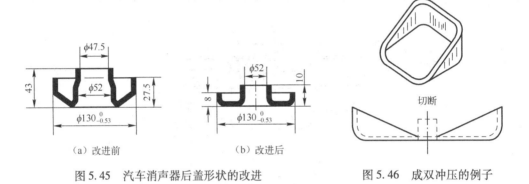

图 5.45　汽车消声器后盖形状的改进　　　图 5.46　成双冲压的例子

2. 拉深件各部分尺寸比例要恰当

应尽量避免设计宽凸缘和深度大的拉深件（即 $d_凸 \geqslant 3d$，$h \geqslant 2d$），因为这类工件需要较多的拉深次数，不符合拉深工艺要求。

3. 拉深件的圆角半径要合适

拉深件的圆角半径，应尽量大些，以利于成形和减少拉深次数。拉深件底与壁，以及凸缘与壁、矩形件的四壁间的圆角半径（见图 5.47）应满足 $r_1 \geqslant t$，$r_2 \geqslant 2t$，$r_3 \geqslant 3t$，否则，应增加整形工序，如果增加一次整形工序，其圆角半径可取 $r_1 \geqslant (0.1 \sim 0.3)t$，$r_2 \geqslant (0.1 \sim 0.3)t$。

4. 拉深件厚度的不均匀现象要考虑

拉深件由于各处变形不均匀，上、下壁厚变化可达 $1.2t$ 至 $0.75t$。多次拉深的工件内、外壁上或带凸缘拉深件的凸缘表面，应允许有拉深过程中所产生的印痕。除非工件有特殊要求时才采用整形或起形的方法来消除这些印痕。在保证装配要求的前提下，应允许拉深件侧壁有一定的斜度。

5. 拉深件上的孔位要合理布置

拉深件上的孔位应设置在与主要结构面（凸缘面）同一平面上，或使孔壁垂直于该平面，以便冲孔与修边同时在一道工序中完成，且孔的位置（见图 5.48）要满足如下要求：
拉深件凸缘上的孔距应为：

$$D_1 \geqslant d_1 + 3t + 2r_2 + d \tag{5-26}$$

拉深件底部孔径应为：

$$d \leqslant d_1 - 2r_1 - t \tag{5-27}$$

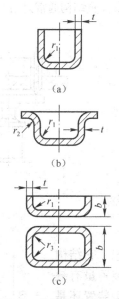

图 5.47 拉深件的圆角半径

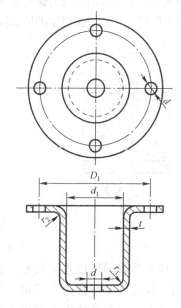

图 5.48 拉深件上孔位的合理设计

6. 拉深件的尺寸精度要求不宜过高

拉深件的制造精度包括直径方向上的精度和高度方向上的精度。在一般情况下，拉深件的断面尺寸公差都在 IT11 以下。如果公差等级要求高，可增加整形工序。

7. 拉深件的尺寸标注

拉深件不能同时标注内、外形尺寸。带台阶的拉深件，其高度方向上的尺寸标注一般应以底部为基准。

8. 拉深材料

用于拉深的材料一般要求具有较好的塑性、低的屈强比、大的板厚方向性系数和小的板平面方向性系数。

5.6.2 压边形式与压边力

1. 压边形式

目前生产中常用的压边装置有以下两大类。

1) 弹性压边装置

弹性压边装置多用于普通冲床。通常有三种形式：橡皮压边装置（见图5.49（a））；弹簧压边装置（见图5.49（b））；气垫式压边装置（见图5.49（c））。这三种压边装置压边力的变化曲线如图5.50所示。另外氮气弹簧技术也逐渐在模具中使用。随着拉深深度的增加，需要压边的凸缘部分不断减小，故需要的压边力也逐渐减小。从图5.50可以看出，橡皮及弹簧压边装置的压边力恰好与需要的相反，随拉深深度的增加而增加，因此橡皮及弹簧结构通常只用于浅拉深。

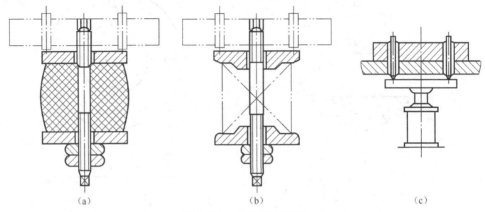

图5.49 弹性压边装置

气垫式压边装置的压边效果较好，但也不是十分理想。它结构复杂，制造、使用及维修都比较困难。弹簧与橡皮压边装置虽有缺点，但结构简单，对单动的中小型压力机采用橡皮或弹簧装置还是很方便。根据生产经验，只要正确地选择弹簧规格及橡皮的牌号和尺寸，就能尺量降低它们不利方面的影响，充分发挥它们的作用。当拉深行程较大时，应选择总压缩量大、压边力随压缩量缓慢增加的弹簧。橡皮应选用软橡皮（冲裁卸料是用硬橡皮）。橡皮的压边力随压缩量增加很快，因此橡皮的总厚度应选大些，以保证相对压缩量不致过大。建议所选取的橡皮总厚度不小于拉深行程的5倍。在拉深宽凸缘件时，为了克服弹簧和橡皮的缺点，可采用如图5.51所示的限位装置（定位销、柱销或螺栓），使压边圈和凹模之间始终保持一定的距离s。

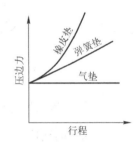

图5.50 三种压边装置压边力随拉深行程的变化

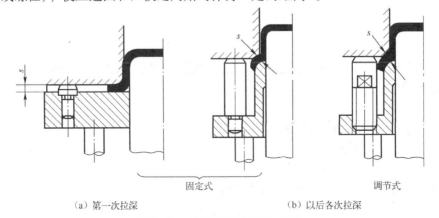

(a) 第一次拉深　　　　　(b) 以后各次拉深

图5.51 有限位装置的压边装置

2) 刚性压边装置

这种压边装置的特点是压边力不随行程变化,拉深效果较好,且模具结构简单。这种结构用于双动压力机,凸模装在压力机的内滑块上,压边装置装在外滑块上(图5.40)。

实际生产中是否需要采用压边圈,是一个非常复杂的问题,可以按照表5.14的条件决定。

表5.14 是否采用压边圈的条件

拉深方法	第1次拉深		以后各次拉深	
	$(t/D) \times 100$	m_1	$(t/D) \times 100$	m_n
用压边圈	<1.5	<0.6	<1.0	<0.8
可用可不用	1.5~2.0	0.6	1.0~1.5	0.8
不用压边圈	2.0	>0.6	>1.5	>0.8

2. 压边力的计算

为了在拉深过程中防止起皱,通常采用压边圈防皱(图5.52)。

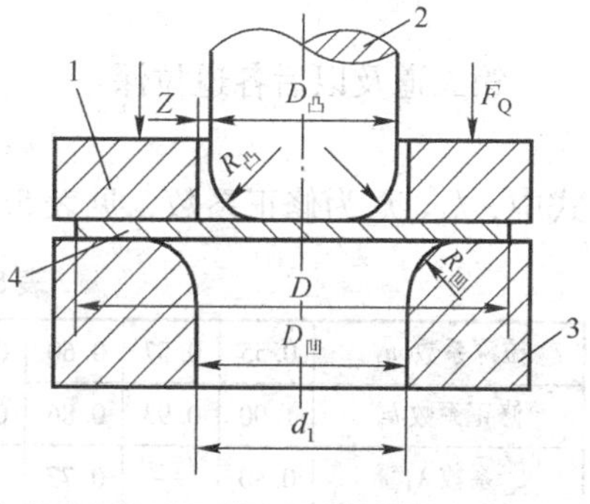

压边圈压边力的大小对拉深影响很大,压边力太小不足以防皱,压边力太大会增加拉裂的可能性,所以压边力要选择适当,可按下式计算:

总的压边力:

$$F_Q = Ap \tag{5-28}$$

第一次拉深:

$$F_{Q1} = \frac{\pi}{4}[D^2 - (d_1 + 2R_{凹})^2]p \tag{5-29}$$

以后各次拉深:

$$F_{Qn} = \frac{\pi}{4}[d_{n-1}^2 - (d_n + 2R_{凹})^2]p \tag{5-30}$$

式中,p 为单位压边力(MPa),按表5.15查得;$d_1, \cdots, d_n$ 为各次拉深所得工件的外径。其他参数如图5.52所示。

生产中,一次拉深时的压边力也可以按拉深力的1/4选用,即

$$F_Q = 0.25 F_1 \tag{5-31}$$

1—压边圈;2—凸模;3—凹模;4—坯料

图5.52 压边圈防皱

表5.15 单位压边力

材料名称		单位压边力 q/MPa
铝		0.8~1.2
软铜、硬铝(已退火)		1.2~1.8
黄铜		1.5~2.0
软钢	$t < 0.5$ mm	2.5~3.0
	$t > 0.5$ mm	2.0~2.5

续表

材料名称	单位压边力 q/MPa
镀锡钢板	2.5～3.0
高合金不锈钢	3.0～4.5
高温合金	2.8～3.5

5.6.3 拉深力的计算及冲压设备的选用

1. 拉深力的计算

从理论上计算拉深力在前面已经推导过,但是这种方法使用起来并不方便,生产中常用经验公式。圆筒形拉深件采用压边拉深可用下式计算:

第一道拉深:

$$F_1 = \pi d_1 t \sigma_b k_1 \tag{5-32}$$

第二道及以后各道拉深:

$$F_n = \pi d_n t \sigma_b k_2 \tag{5-33}$$

式中,k_1、k_2 为修正系数,见表 5.16。

表 5.16 修正系数 k_1、k_2、λ_1、λ_2

拉深系数 m_1	0.55	0.57	0.60	0.62	0.65	0.67	0.70	0.72	0.75	0.77	0.80	—	—	—
修正系数 k_1	1.00	0.93	0.86	0.79	0.72	0.66	0.60	0.55	0.50	0.45	0.40	—	—	—
系数 λ_1	0.80	—	0.77	—	0.74	—	0.70	—	0.67	—	0.64	—	—	—
拉深系数 m_2	—	—	—	—	—	—	0.70	0.72	0.75	0.77	0.80	0.85	0.90	0.95
修正系数 k_2	—	—	—	—	—	—	1.00	0.95	0.90	0.85	0.80	0.70	0.60	0.50
系数 λ_2	—	—	—	—	—	—	0.80	—	0.80	—	0.75	—	0.70	—

2. 拉深功的计算及压力机的选择

当拉深行程较大,特别是采用落料、拉深复合模时,不能简单地将落料力与拉深力叠加来选择压力机(因为压力机的公称压力是指在接近下死点时的压力机压力)。因此,应该注意压力机的压力曲线,否则很可能由于过早地出现最大冲压力而使压力机超载损坏。一般可按下式做概略计算。

浅拉深时:

$$\sum F \leqslant (0.7 \sim 0.8) F_0 \tag{5-34}$$

深拉深时:

$$\sum F \leqslant (0.5 \sim 0.6) F_0 \tag{5-35}$$

式中,$\sum F$ 为拉深力和压边力的总和,在用复合冲压时,还包括其他力;F_0 为压力机的公称压力。

拉深功可按下式计算。

第一次拉深：

$$A_1 = \frac{\lambda_1 F_{1\max} h_1}{1000} \tag{5-36}$$

后续各次拉深：

$$A_n = \frac{\lambda_2 F_{n\max} h_n}{1000} \tag{5-37}$$

式中，$F_{1\max}$、$F_{n\max}$ 分别为第一次和以后各次拉深的最大拉深力（N）；λ_1、λ_2 为平均变形力与最大变形力的比值；h_1、h_n 为第一次和以后各次的拉深高度（mm）。

拉深所需压力机的电动机功率为：

$$N = \frac{A\xi n}{60 \times 75 \times \eta_1 \eta_2 \times 1.36 \times 10} \quad (\text{kW}) \tag{5-38}$$

式中，A 为拉深功（N·m）；ξ 为不均衡系数，取 $\xi = 1.2 \sim 1.4$；η_1、η_2 为压力机效率、电动机效率，取 $\eta_1 = 0.6 \sim 0.8$，$\eta_2 = 0.9 \sim 0.95$；n 取压力机每分钟的行程次数。若所选压力机的电动机功率小于计算值，则应另选功率较大的压力机。

5.6.4 拉深工艺的辅助工序

拉深中的辅助工序很多，可以分为拉深工序前的辅助工序，如材料的软化处理、清洗、润滑等；拉深工序间的辅助工序，如软化处理、涂漆、润滑等；拉深后的辅助工序，如去应力退火、清洗打毛刺、表面处理、检验等。以下就润滑和热处理工序做简要介绍。

1. 润滑

拉深过程中凡是与毛坯接触的模具表面上均有摩擦存在。

毛坯凸缘部分与凹模入口处的有害摩擦不仅降低了拉深变形程度，而且会导致制件表面严重擦伤，降低模具寿命，在拉深不锈钢、高温合金等黏模性大的材料时更是如此。

因此，采用润滑剂的目的如下。

（1）减小模具和制件之间的有害摩擦系数，提高拉深变形程度和减少拉深次数。

（2）提高模具寿命。

（3）减少危险断面处的变薄。

（4）提高制件的表面质量。

在拉深过程中使用不同润滑剂的原则如下。

（1）当拉深材料中的应力接近强度极限时，必须采用含有大量粉状填料（如白垩、石墨、滑石等，含量不少于20%）的润滑剂。

（2）当拉深材料中应力不大时，允许采用不带填料的油剂润滑剂。

（3）当拉深圆锥类零件时，为了增加摩擦以减少毛坯起皱，同时又要求不断通入润滑液进行冷却时，一般采用乳化液。

（4）在变薄拉深时，润滑剂不仅可以减小摩擦，同时又起到了冷却模具的作用，因此不能采用干摩擦。在拉深钢质零件时，要在毛坯表面镀铜或磷化处理，使毛坯表面形成一层与模具的隔离层，它能储存液体润滑剂和在拉深中具有自润性能。

（5）拉深不锈钢、高温合金等黏模严重、硬化剧烈的材料时，一般需要对毛坯表面进行"隔离层"处理，目前常用的方法是，在金属表面喷涂氯化乙烯漆（G01-4），拉深时再涂机油。

2. 热处理

用于拉深的材料，为了增大拉深变形程度，一般均应是软化状态，在拉深中材料要产生冷作硬化，冲压所用的金属材料按硬化率可分为两类：

（1）普通硬化金属。出现颈缩时的断面收缩率 $\psi = 0.2 \sim 0.25$，如 08、10、15、黄铜和经过退火的铝。

（2）高度硬化金属。出现颈缩时的断面收缩率 $\psi = 0.25 \sim 0.30$，如不锈钢、高温合金和退火紫铜等。

硬化能力较弱的金属不适宜用于拉深。对于普通硬化金属，如果工艺过程制订正确，模具设计合理，一般不需要进行中间退火；而对于高度硬化的金属，一般在 1、2 次拉深工序后，需要进行退火处理，以恢复塑性。中间热处理工序主要有以下两种。

（1）低温退火。这种热处理方法主要用于消除硬化和恢复塑性。其热处理规范是：加热至略低于 AC1，然后在空气中冷却。低温退火的结果是引起材料再结晶，使得材料的硬化消除，塑性得到恢复，从而能够继续进行拉深。

（2）高温退火。对某些材料或制件，若低温退火的结果还不能满足要求，可采用高温退火。其热处理规范是：把材料加热到 AC3 以上 $30 \sim 40℃$，保温后，按规定的速度进行冷却。

各种材料的低温退火、高温退火规范可参考金属材料热处理相关手册。

应该指出的是，拉深后的制件常常需要去应力低温退火，否则时间一长，制件在内应力的作用下会产生变形或龟裂。特别是对不锈钢、高温合金及黄铜等硬化严重的材料，这些材料制成的制件，拉深后不经过热处理是不能存放的。

项目实施 4-3　罩杯零件拉深压边力和拉深力的计算

（1）由公式计算第一次拉深的压边力为：

$$F_{Q1} = \frac{\pi}{4}[D^2 - (d_1 + 2r_{凹})^2]p = \frac{\pi}{4}[116^2 - (61 + 2 \times 8)^2] \times 3 = 17700\text{N}$$

以后各次的压边力为：

$$F_{Q2} = \frac{\pi}{4}[d_1^2 - d_2^2]p = \frac{\pi}{4}[61^2 - 48^2] \times 3 = 3300\text{N}$$

$$F_{Q3} = \frac{\pi}{4}[d_2^2 - d_3^2]p = \frac{\pi}{4}[48^2 - 39^2] \times 3 = 1800\text{N}$$

$$F_{Q4} = \frac{\pi}{4}[d_3^2 - d_4^2]p = \frac{\pi}{4}[39^2 - 32.5^2] \times 3 = 1100\text{N}$$

$$F_{Q5} = \frac{\pi}{4}[d_4^2 - d_5^2]p = \frac{\pi}{4}[32.5^2 - 28.5^2] \times 3 = 600\text{N}$$

（2）拉深力的计算

$$F = K\pi dt\sigma_b$$

查出因数 K：

$$m_1 = \frac{d_1}{D} = \frac{61}{113} = 0.54, K_1 = 1.0$$

$$m_2 = \frac{d_2}{d_1} = \frac{48}{61} = 0.79, K_2 = 0.82$$

$$m_3 = \frac{d_3}{d_2} = \frac{38}{48} = 0.81, K_3 = 0.78$$

$$m_4 = \frac{d_4}{d_3} = \frac{32.5}{39} = 0.83, K_4 = 0.76$$

$$m_5 = \frac{d_5}{d_4} = \frac{28.5}{32.5} = 0.88, K_5 = 0.64$$

则各次拉深力为：

$$F_1 = 1 \times 3.14 \times 61 \times 1.5 \times 440 = 126\,400\text{N}$$
$$F_2 = 0.82 \times 3.14 \times 48 \times 1.5 \times 440 = 81\,600\text{N}$$
$$F_3 = 0.78 \times 3.14 \times 39 \times 1.5 \times 440 = 63\,000\text{N}$$
$$F_4 = 0.76 \times 3.14 \times 32.5 \times 1.5 \times 440 = 51\,200\text{N}$$
$$F_5 = 0.64 \times 3.14 \times 28.5 \times 1.5 \times 440 = 37\,800\text{N}$$

（3）计算压力机公称压力为：

$$F_压 \geqslant 1.4(F + F_Q)$$

代入各次的压边力、拉深力，得

$$F_{压1} \geqslant 200\text{kN}, F_{压2} \geqslant 120\text{kN}, F_{压3} \geqslant 91\text{kN}, F_{压4} \geqslant 73\text{kN}, F_{压5} \geqslant 54\text{kN}.$$

5.7 其他拉深方法

为了满足制件形状和尺寸的要求，以及提高金属的塑性和拉深变形程度，除前述的基本方法外，还有许多特殊的拉深工艺，如变薄拉深、软模拉深、温差拉深、爆炸拉深等。下面介绍生产中使用较为广泛而又行之有效的特殊拉深工艺及模具。

5.7.1 软模拉深

软模拉深是利用橡胶、液体或气体等柔软介质的压力代替刚性凸模或凹模对板料进行冲压成形的方法，它可以完成冲裁、弯曲、拉深、胀形、翻边等冲压工序。

1. 软凸模拉深

如图 5.53 所示为利用高压液体代替金属凸模的拉深过程示意图。

拉深过程：在液压力的作用下，平板毛坯的中部首先产生胀形，当压力继续增大使毛坯凸缘产生拉深变形时，板料逐渐被拉入凹模，形成筒壁。

2. 软凹模拉深

软凹模即利用橡胶、高压液体或气体代替金属凹模。拉深时，软凹模将毛坯压紧在凸模上贴合，增大了凸模与毛坯之间的摩擦力，防止毛坯变薄拉裂，从而提高了传力区的承载能力。同时减小了毛坯与凹模之间的滑动摩擦，降低了径向拉应力。故能够显著降低极限拉深系数（$m_1 = 0.4 \sim 0.45$），并且拉深后所得的零件壁厚均匀，变薄率小，尺寸精确，表面质量高。

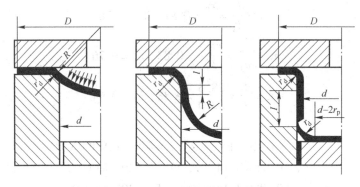

图 5.53　液体凸模拉深变形过程

（1）橡胶凹模拉深。图 5.54 所示为橡胶凹模拉深。所需橡胶的单位压力与制件材料、拉深系数和毛坯相对厚度有关。（a）图为不带压边圈的拉深模，（b）图为带压边圈的拉深模。橡胶过盈地装入容框内，以增加橡胶的刚度。

（2）橡皮液囊凹模拉深。橡皮液囊凹模拉深如图 5.55 所示。

（3）强制润滑拉深。如图 5.56 所示，拉深时用高压润滑剂使毛坯紧贴凸模成形，并在凹模与毛坯表面之间挤出，产生强制润滑。此种方法可以显著提高极限变形程度。厚度为 $0.5 \sim 1.2$mm 的 08 钢板拉深时，拉深系数可达 $0.34 \sim 0.37$。

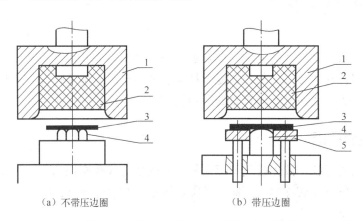

（a）不带压边圈　　　　（b）带压边圈

1—容框；2—橡胶；3—毛坯；4—凸模；5—压边圈

图 5.54　橡胶凹模拉深

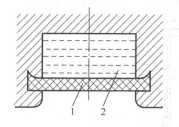
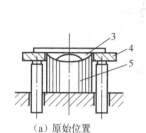
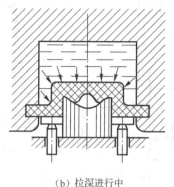

(a) 原始位置　　　　　(b) 拉深进行中　　　　　(c) 拉深结束

1—橡皮；2—液体；3—毛坯；4—压边圈；5—凸模

图 5.55　橡皮液囊凹模拉深

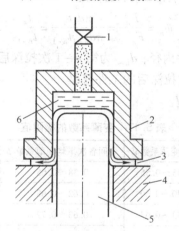

1—溢流阀；2—凹模；3—毛坯；4—模座；5—凸模；6—润滑油

图 5.56　强制润滑拉深

5.7.2　变薄拉深

变薄拉深是指在拉深过程中，只是通过减小毛坯壁厚来增加其高度，而毛坯的直径变化很小的一种拉深方法。此方法主要用于壁薄底厚的制件，如子弹壳、炮弹壳等。变薄拉深毛坯变形区凹模内的锥形部分，传力区为通过凹模圆角后的筒壁及筒底部分（见图 5.57）。

变薄拉深的变形程度为：

$$\varepsilon_n = (F_{n-1} - F_n)/F_{n-1} \tag{5-39}$$

式中，ε_n 为变形程度；F_{n-1} 为第 $n-1$ 道拉深后的工件断面积(mm^2)；F_n 为第 n 道拉深后工件的断面积(mm^2)。

实际应用中常用变薄系数，变薄系数 ψ_n 为

$$\psi_n = F_n/F_{n-1} \tag{5-40}$$

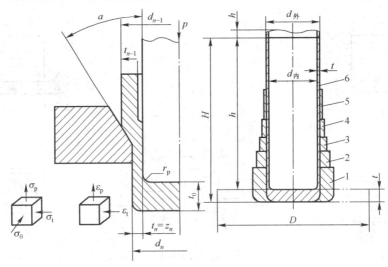

图 5.57 变薄拉深变形过程及工序示意图

所以，$\varepsilon_n = 1 - \psi_n$，如果拉深时内径尺寸不变，则

$$\psi_n = \frac{F_n}{F_{n-1}} = \frac{\pi d_n t_n}{\pi d_{n-1} t_{n-1}} = \frac{t_n}{t_{n-1}} \tag{5-41}$$

式中，d_n 为第 n 次拉深后的工件内径；d_{n-1} 为第 $n-1$ 次拉深后的工件内径；t_n 为第 n 次拉深后的工件壁厚；t_{n-1} 为第 $n-1$ 次拉深后的工件壁厚。

变薄系数的极限值见表 5.17。

表 5.17 变薄系数的极限值

材料	首次变薄系数 ψ	中间各次平均变薄系数 ψ	末次变薄系数 ψ_n
铜、黄铜	0.45～0.55	0.58～0.65	0.65～0.73
铝	0.50～0.60	0.62～0.68	0.72～0.77
软钢	0.53～0.63	0.63～0.72	0.75～0.77
中硬钢	0.70～0.75	0.78～0.82	0.82～0.90
不锈钢	0.65～0.70	0.70～0.75	0.75～0.80

注：表中所列数值，厚材料取大值，薄材料取小值。

练习与思考题

5-1 拉深变形有何特点？

5-2 拉深过程中材料的应力与应变状态是怎样的？

5-3 拉深的危险断面在哪里？它的应力与应变状态如何？

5-4 什么情况下会产生拉裂？

5-5 试述产生起皱的原因是什么？

5-6 影响拉深时坯料起皱的主要因素是什么？防止起皱的方法有哪些？

5-7 什么是拉深系数？拉深系数对拉深有何影响？

5-8 影响拉深系数的因素有哪些?

5-9 生产中减小拉深系数的途径是什么?

5-10 什么是拉深间隙?拉深间隙对拉深工艺有何影响?

5-11 盒形件拉深时有何特点?

5-12 拉深过程中工件热处理的目的是什么?

5-13 拉深过程中润滑的目的是什么?如何合理润滑?

5-14 计算图5.58中拉深件的坯料尺寸、拉深次数及各次拉深半成品的尺寸,并用工序图表示出来。材料为08F。

5-15 计算图5.59中拉深件的坯料尺寸、拉深次数及各次拉深半成品的尺寸,并用工序图表示出来。材料为H62软。

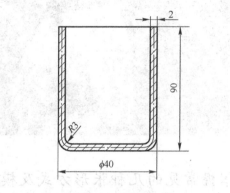

图5.58 题5-14图

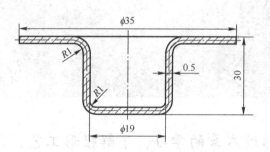

图5.59 题5-15图

项目6 其他成形工艺与模具设计

通过本章的学习，了解胀形工艺，掌握常见的几种胀形方式及模具结构原理，能够看懂胀形模具结构图。了解缩口工艺，掌握缩口的支撑方式及模具结构原理，能够看懂缩口模具结构图。了解翻边的种类及各自变形的特点，熟悉其工艺计算，掌握其模具结构原理，能够看懂各类翻边模具结构图。

项目6 其他成形工艺与模具设计

6.1 胀形

6.1.1 胀形变形分析

利用模具迫使板料厚度减薄和表面积增大,以获取零件几何形状和尺寸的冲压成形方法称为胀形。

图6.1是胀形成形示意图。胀形变形时毛坯的塑性变形局限在一个固定的变形区范围内,材料不向变形区外转移,也不从外部进入变形区,仅靠毛坯厚度的减薄来达到表面的增大。因此在胀形时,毛坯处于双向受拉的应力状态,在这种应力状态下,变形区毛坯不会产生失稳起皱现象,所以胀形零件表面光滑,质量好,并且胀形的成形极限受到拉裂的限制。材料的塑性越好,硬化指数 n 值越大,可能达到的极限变形程度越大。坯料胀形区内变形的分布是不均匀的,因此凡是能使变形均匀、降低危险部位应变值的各种因素,均有利于提高极限变形程度。

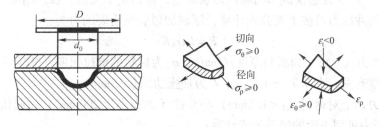

图6.1 胀形成形示意图

6.1.2 胀形工艺与模具

1. 胀形方法与工艺计算

1)平板毛坯上的局部胀形(起伏成形)

起伏成形是在平板毛坯上的局部胀形,可以压制加强筋、凸包、凹坑、花纹图案及标记等。这类成形的主要目的是提高零件的刚性或获得文字、图案,以及使零件美观等。如图6.2所示。

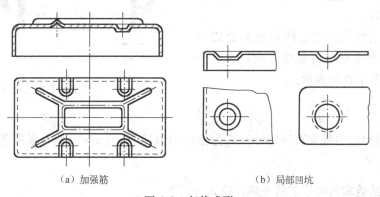

(a)加强筋　　　　　　　　　(b)局部凹坑

图6.2 起伏成形

如果起伏成形的零件的深度较大，可采用如图 6.3 所示的两次胀形法。在第一道工序中直接用直径较大的球形凸模胀形，扩大变形区，然后成形为所需形状尺寸。如果制件圆角半径超过了极限范围，还可以采用先加大胀形凸模圆角半径和凹模圆角半径，胀形后再整形的方法成形。另外，降低凸模表面粗糙度值、改善模具表面的润滑条件也能取得一定的效果。

起伏成形的极限变形程度主要受材料的塑性、凸模的几何形状、胀形方法，以及润滑等因素的影响。可按式（6-1）计算极限变形程度：

$$\delta_{\max} = \frac{l - l_0}{l_0} \times 100\% < (0.7 \sim 0.75)\delta \quad (6\text{-}1)$$

图 6.3 深度较大的起伏成形

式中，$\delta_{\max}$ 为起伏成形的极限变形程度；δ 为单向伸长的伸长率；l_0、l 为变形前后的长度。

系数 0.7～0.75 视起伏成形的断面形状而定，球面肋取大值，梯形肋取小值。

起伏成形的冲压力可按下面公式计算，压制加强肋所需要的力为：

$$P = Lt\sigma_b K \quad (6\text{-}2)$$

式中，P 为胀形力（N）；t 为板料厚度（mm）；σ_b 为材料的抗拉强度（MPa）；K 为系数，与肋的宽度及深度有关，在 0.7～1 之间；L 为加强肋周长（mm）。

在曲柄压力机上对薄料（$t < 1.5\text{mm}$）小零件（面积小于 200mm^2）做起伏成形时（加强肋除外），其压力可用下面的经验公式计算：

$$P = AKt^2 \quad (6\text{-}3)$$

式中，P 为胀形力（N）；t 为板料厚度（mm）；A 为起伏成形的面积（mm^2）；K 为系数（钢为 200～300N/mm^4，黄铜为 150～200N/mm^4）。

2）空心毛坯上的胀形

空心毛坯上的胀形俗称凸肚，是将圆柱形空心毛坯向外扩张成曲面空心零件的一种冲压成形方法（见图 6.4）。用这种成形方法可以制造许多形状复杂的零件，如壶嘴、皮带轮、波纹管等。

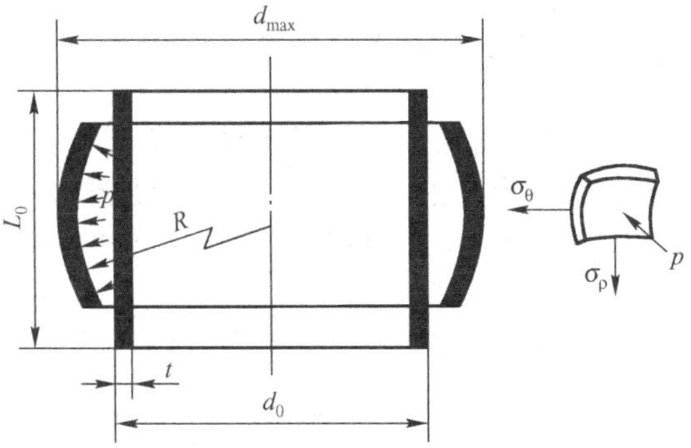

圆柱空心毛坯胀形主要依靠材料的切向伸长，其变形程度受材料塑性影响较大。变形程度可用胀形系数来表示：

$$K = \frac{d_{\max}}{d_0} \quad (6\text{-}4)$$

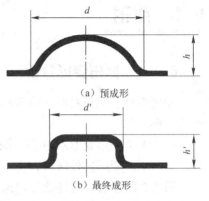

图 6.4 圆柱空心毛坯胀形时的应力

式中，$d_{\max}$ 为胀形后的最大直径（mm）；d_0 为毛坯的原始直径（mm）；K 为胀形系数（见表 6.1 和表 6.2）。

根据胀形系数求出胀形前的毛坯直径 $d_0 = \dfrac{d_{\max}}{K}$。

毛坯高度 l_0 可按下式确定：

$$l_0 = l\,[1+(0.3\sim0.4)\delta] + b \qquad (6\text{-}5)$$

式中，l 为变形区母线长度（mm）；δ 为毛坯切向最大伸长率；b 为修边余量，一般取 5～15mm。

表6.1 胀形系数 K 的近似值

材料	毛坯相对厚度 $(t/d_0)\times 100$			
	0.45～0.35		0.32～0.28	
	不退火	经过退火	不退火	经过退火
10钢	1.10	1.20	1.05	1.15
铝、黄铜	1.20	1.25	1.15	1.20

表6.2 铝管毛坯的实验胀形系数 K

胀形方法	极限胀形系数
简单的橡胶胀形	1.2～1.25
带轴向压缩毛坯的橡胶胀形	1.6～1.7
局部加热到 200～250℃ 的胀形	2.0～2.1
用锥形凸模并加热到 380℃ 的边缘胀形	～3.0

胀形力可由下式求得：

$$F = qA = 1.15\sigma_b \frac{2t}{d_{\max}} A \qquad (6\text{-}6)$$

式中，F 为胀形力（N）；q 为单位胀形力（MPa）；A 为参与胀形的材料表面面积（mm^2）；σ_b 为材料的抗拉强度（MPa）；$d_{\max}$ 为胀形最大直径（mm）；t 为材料厚度（mm）。

2. 胀形模具

常用胀形模具有两种，即刚体凸模胀形模和软凸模胀形模。对平板毛坯的局部胀形，采用刚体凸模较为适宜，因为用此种模具进行平板毛坯的局部胀形，模具结构简单，生产效率高。但若采用刚性凸模对圆柱空心毛坯进行胀形，则模具结构复杂，成本较高，工件质量也不易保证。因为刚性凸模变形的均匀程度较差，胀形后往往在零件的内壁留有凸模的分瓣印痕，影响零件的表面质量，工件的质量取决于凸模分瓣的数目，分瓣越多，质量越好，模具结构也越复杂，所以刚体分瓣凸模胀形模一般适用于工件要求不高和形状简单的工件。如图 6.5 所示的刚模胀

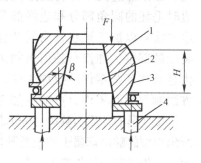

1—分瓣凸模；2—锥形芯轴；
3—毛坯；4—顶杆
图 6.5 刚模胀形

形中，分瓣凸模 1 在向下移动时因锥形芯轴 2 的作用向外胀开，使毛坯 3 胀形成所需形状尺寸的工件。胀形结束后，分瓣凸模在顶杆 4 的作用下复位，便可取出工件。

软凸模胀形模（利用橡胶、液体、气体或钢丸等代替刚性凸模）进行圆柱空心毛坯胀形时，毛坯胀形比较均匀，容易保证工件准确成形，零件的表面质量明显好于刚性凸模胀形，因此在生产中应用广泛。如图6.6（a）所示的软模胀形中，凸模1将力传递给液体、气体、橡胶等软体介质3，软体介质再将力作用于毛坯6使之胀形并贴合于可以对开的凹模2，从而得到所需形状尺寸的工件。

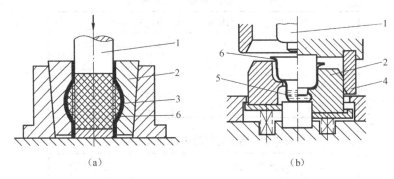

1—凸模；2—分块凹模；3—橡胶；4—侧楔；5—液体；6—毛坯

图6.6 软模胀形

6.2 翻边

翻边是将毛坯或半成品的外边缘或孔边缘沿一定的曲线翻成竖立的边缘的冲压方法，如图6.7所示。当翻边的沿线是一条直线时，翻边变形就转变成弯曲，所以也可以说弯曲是翻边的一种特殊形式。但弯曲时毛坯的变形仅局限于弯曲线的圆角部分，而翻边时毛坯的圆角部分和边缘部分都是变形区，所以翻边变形比弯曲变形复杂得多。用翻边方法可以加工形状较为复杂且有良好刚度的立体零件，能在冲压件上制取与其他零件装配的部位，如汽车外门板翻边、摩托车油箱翻孔、金属板小螺纹孔翻边等。翻边可以代替某些复杂零件的拉深工序，改善材料的塑性流动以免破裂或起皱。代替先拉后切的方法制取无底零件，可减少加工次数，节省材料。

按变形的性质，翻边可分为伸长类翻边和压缩类翻边。图6.7（a）、（b）、（c）、（d）所示类型的翻边都属于伸长类翻边，伸长类翻边的共同特点是毛坯变形区在切向拉应力的作用下产生切向的伸长变形，其变形特点属于伸长类变形，极限变形程度主要受变形区开裂的限制。图6.7（e）、（f）所示类型的翻边都属于压缩类翻边，压缩类翻边的共同特点是，除靠近竖边根部圆角半径附近区域的金属产生弯曲变形外，毛坯变形区的其余部分在切向压应力的作用下产生切向的压缩变形，其变形特点属于压缩类变形，应力状态和变形特点和拉深相同，极限变形程度主要受毛坯变形区失稳起皱的限制。此外，按竖边壁厚是否有强制变薄，可分为变薄翻边和不变薄翻边。按翻边的毛坯及工件边缘形状，可分为内孔（圆孔或非圆孔）翻边、平面外缘翻边和曲面翻边等。

项目6 其他成形工艺与模具设计

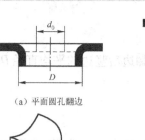
（a）平面圆孔翻边

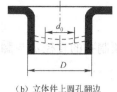
（b）立体件上圆孔翻边

（c）平面内凹外缘翻边

（d）伸长类曲面翻边

（e）压缩类曲面翻边

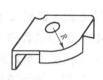
（f）平面外凸外缘翻边

图 6.7 各种翻边示意图

6.2.1 圆孔翻边

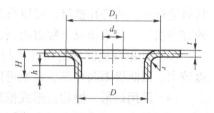

图 6.8 圆孔翻边

沿工件内孔周围将材料翻成侧立凸缘的冲压工序称为内孔翻边。内孔翻边包括圆孔翻边和非圆孔翻边。其中圆孔翻边为比较常见的翻边形式。图 6.8 所示为圆孔翻边。在圆孔翻边时，毛坯变形区的受力情况和变形特点如图 6.9 所示。在翻边前毛坯直径为 d_0，翻边变形区是内径为 d_0、外径为 D_1 的环形部分。当凸模下行时，d_0 不断扩大，并逐渐形成侧边，最后使平面环形变成竖直的侧边。变形区毛坯的应力应变如图 6.10 所示。变形区毛坯受切向拉应力 σ_θ 和径向拉应力 σ_r 的作用，其中切向拉应力是最大主应力，而径向拉应力值较小，它是由毛坯与模具的摩擦而产生的。在整个变形区内，孔的外缘处于切向拉应力状态，且其值最大，该处的应变在变形区内也最大。因此，圆孔翻边的缺陷往往是边缘拉裂，拉裂与否主要取决于切向伸长变形的大小。

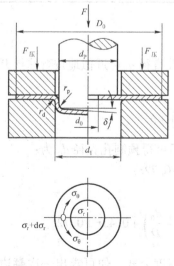

图 6.9 圆孔翻边时的应力与变形

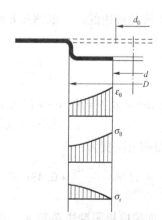

图 6.10 圆孔翻边时的应力应变

1. 圆孔翻边系数

圆孔翻边的变形程度用翻边前预制孔的直径 d_0 与翻边后竖边的平均直径 D 的比值 K 来表示，即

$$K = \frac{d_0}{D} \tag{6-7}$$

K 称为圆孔翻边系数。显然 K 值越小，翻边的变形程度越大。圆孔翻边时孔的边缘不破裂所能达到的最小圆孔翻边系数称为极限圆孔翻边系数 $K_{\min}$，表 6.3 列出低碳钢的极限圆孔翻边系数 $K_{\min}$，影响圆孔翻边系数的主要因素如下。

（1）材料的性能。塑性越好，极限圆孔翻边系数越小。

（2）预制孔的加工方法。钻出的孔没有撕裂面，翻孔时不易出现裂纹，极限圆孔翻边系数较小。冲出的孔有部分撕裂面，翻边时容易开裂，极限圆孔翻边系数较大。如果冲孔后对材料进行退火或将孔整修，可以得到与钻孔相接近的效果。此外还可以将冲孔的方向与翻边的方向相反，使毛刺位于翻边内侧，这样也可以减小开裂，降低极限圆孔翻边系数。

（3）如果翻边前预制孔径 d_0 与材料厚度 t 的比值 d_0/t 较小，在开裂前材料的绝对伸长可以较大，因此极限圆孔翻边系数可以取较小值。

（4）采用球形、抛物面形或锥形凸模翻边时，孔边圆滑地逐渐胀开，所以极限圆孔翻边系数可以较小，而采用平面凸模则容易开裂。

表 6.3 低碳钢的极限圆孔翻边系数 $K_{\min}$

翻边方法	孔的加工方法	比值 d_0/t								
		100	50	35	20	10	8	6.5	5	3	1
球形凸模	钻后去毛刺冲孔	0.70 0.75	0.60 0.65	0.52 0.57	0.45 0.52	0.36 0.45	0.33 0.44	0.31 0.43	0.30 0.42	0.25 0.42	0.20 —
圆柱形凸模	钻后去毛刺冲孔	0.80 0.85	0.70 0.75	0.60 0.65	0.50 0.60	0.42 0.52	0.40 0.50	0.37 0.50	0.35 0.48	0.30 0.47	0.25 —

2. 圆孔翻边工艺尺寸计算

平板毛坯上圆孔翻边的尺寸如图 6.8 所示。预制孔直径 d_0 可近似地按弯曲展开计算，由图可知：

$$\frac{D_1 - d_0}{2} = \frac{\pi}{2}\left(r + \frac{t}{2}\right) + h$$

将 $D_1 = D + 2r + t$ 及 $h = H - r - t$ 代入上式，整理后可得预制孔直径 d_0 为：

$$d_0 = D - 2(H - 0.43r - 0.72t) \tag{6-8}$$

将上式变换，得翻边高度为：

$$H = \frac{D - d_0}{2} + 0.43r + 0.72t = \frac{D}{2}\left(1 - \frac{d_0}{D}\right) + 0.43r + 0.72t \tag{6-9}$$

式中，$\frac{d_0}{D} = K$。如果取极限翻边系数 $K_{\min}$ 并代入翻边高度公式，便可求出一次翻边的极限高

度为：

$$H_{\max} = \frac{D}{2}(1 - K_{\min}) + 0.43r + 0.72t \tag{6-10}$$

若工件要求的翻边高度大于一次所能达到的极限翻边高度，可采用加热翻边、多次翻边或经拉深、冲底孔后再翻边的工艺方法。

但是，翻边高度也不能太小（一般 $H > 1.5r$）。如果 H 过小，则翻边后回弹严重，直径和高度尺寸误差大。在工艺上，一般采用加热翻边或增加翻边高度，然后再按零件的要求切除多余高度的方法。

图 6.11 为在拉深后的底部冲孔翻边，这是一种常用的冲压方法。其工艺计算过程是：先计算允许的翻边高度 h，然后按零件的要求高度 H 和 h 确定拉深高度 h_1 及预孔直径 d_0。

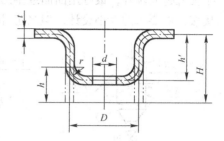

图 6.11 拉深后底部冲孔翻边

按图中的几何关系：

$$H = \frac{D-d}{2} - \left(r + \frac{t}{2}\right) + \frac{\pi}{2}\left(r + \frac{t}{2}\right) = \frac{D}{2}\left(1 - \frac{d}{D}\right) + 0.57\left(r + \frac{t}{2}\right)$$

将翻边系数代入，得出允许的翻边高度为：

$$h_{\max} = \frac{D}{2}(1 - K_{\min}) + 0.57\left(r + \frac{t}{2}\right) \tag{6-11}$$

预孔直径 d 为：

$$d = K_{\min} D \quad \text{或} \quad d = D + 1.14\left(r + \frac{t}{2}\right) - 2h_{\max} \tag{6-12}$$

拉深高度为：

$$h' = H - h_{\max} + r \tag{6-13}$$

3. 翻边力的计算

有预制孔的圆孔翻边力可按下式计算：

$$F = 1.1\pi t \sigma_s (D - d_0) \tag{6-14}$$

式中，F 为翻边力（N）；σ_s 为材料屈服点（MPa）；D 为翻边后中性层直径（mm）；d_0 为预制孔直径（mm）；t 为材料厚度（mm）。

无预制孔的翻边力要比有预制孔的翻边力大 1.3～1.7 倍。

4. 圆孔翻边模

1）圆孔翻边凸模与凹模

翻边凸模的形状有平底形、曲面形（球形、抛物线形等）和锥形，图 6.12 为几种常见的翻边凸模的结构形状，图中凸模直径 D_0 段为凸模工作部分，凸模直径 d_0 段为导正部分，1 为整形台阶，2 为锥形过渡部分，其中：图（a）为带导正销的锥形凸模，当竖边高度不高、竖边直径大于 10mm 时，可设计整形台阶，相反可不设整形台阶，当翻边模采用压边圈时也可不设整形台阶；图（b）为一种双圆弧形无导正销的曲面形凸模，当竖边直径大于

6mm 时用平底，竖边直径小于或等于 6mm 时用圆底；图（c）为带导正销的竖边直径小于 4mm 时可同时冲孔和翻边的凸模。此外，还有用于无预制孔的带尖锥形凸模。

凸、凹模尺寸可参照拉深模的尺寸确定原则确定，只是应注意保证翻边间隙。凸模圆角半径 r_p 越大越好，最好用曲面或锥形凸模，对平底凸模一般取 $r_p \geq 4t$。凹模圆角半径可以直接按工件要求的大小设计，但当工件凸缘圆角半径小于最小值时应加整形工序。

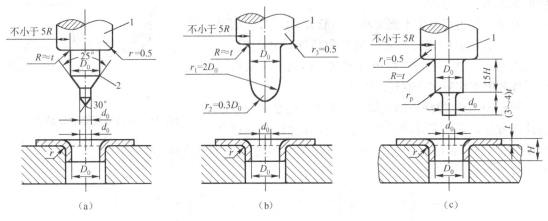

图 6.12　翻边凸、凹模形状及尺寸

2）凸、凹模间隙

由于翻边变形区材料变薄，为了保证竖边的尺寸及其精度，翻边凸、凹模间隙以稍小于材料厚度为宜，可取单边间隙 $Z = (0.75 \sim 0.85)t$。若翻边成螺纹底孔或需与轴配合的小孔，则取 $Z \approx 0.7t$。

3）翻边模具

图 6.13 所示为内孔翻边模，其结构与拉深模基本相似。图 6.14 为内孔与外缘同时翻边的模具。

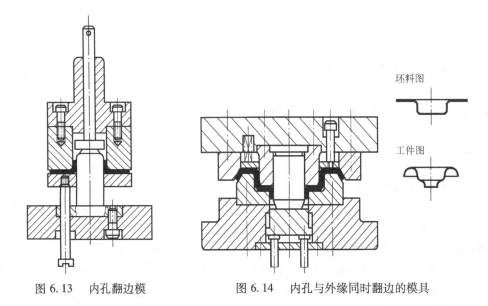

图 6.13　内孔翻边模　　　　图 6.14　内孔与外缘同时翻边的模具

图 6.15 所示为落料、拉深、冲孔、翻边复合模。凸凹模 8 与落料凹模 4 均固定在固定板 7 上，以保证同轴度。冲孔凸模 2 压入凸凹模 1 内，并以垫片 10 调整它们的高度差，以此控制冲孔前的拉深高度，确保翻出合格的零件高度。该模具的工作顺序是：上模下行，首先在凸凹模 1 和凹模 4 的作用下落料。上模继续下行，在凸凹模 1 和凸凹模 8 的作用下将坯料拉深，冲床缓冲器的力通过顶杆 6 传递给顶件块 5 并对坯料施加压料力。当拉深到一定深度后由凸模 2 和凸凹模 8 进行冲孔并翻边。当上模回升时，在顶件块 5 和推件块 3 的作用下将工件顶出，条料由卸料板 9 卸下。

6.2.2 外缘翻边

沿工件外形曲线周围将材料翻成侧立短边的冲压工序称为外缘翻边。外缘翻边按其变形性质的不同可以分为伸长类翻边和压缩类翻边。

1. 伸长类翻边

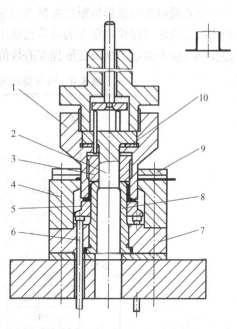

1、8—凸凹模；2—冲孔凸模；3—推件块；4—落料凹模；5—顶件块；6—顶杆；7—固定板；9—卸料板；10—垫片

图 6.15 落料、拉深、冲孔、翻边复合模

图 6.16 所示为伸长类翻边，其中图（a）为伸长类平面翻边，图（b）为伸长类曲面翻边。伸长类翻边的变形类似于圆孔翻边。由于沿不封闭曲线翻边，坯料变形区内切向的拉应力和切向的伸长变形沿全部翻边线是不均匀的，在中部最大，两端为零。如果采用宽度一致的坯料形状，则翻边后零件的高度就不平齐了，即两端高度大于中间高度。另外，竖边的端线也不垂直，而是向内成一定倾斜角度。为了得到平齐一致的翻边高度，应在坯料两端对坯料的轮廓线做必要的修正，如图 6.16 所示的虚线形状。

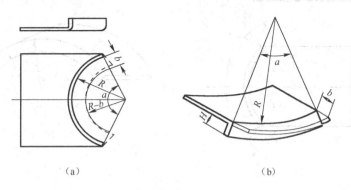

（a）　　　　　　　　　　（b）

图 6.16 伸长类翻边

伸长类翻边的变形程度可按下式计算：

$$K = \frac{b}{R-b} \tag{6-15}$$

伸长类翻边的成形极限根据翻边后竖边的边缘是否发生破裂来判断。如果变形程度过大，竖边边缘的切向伸长和厚度的减薄也就比较大，容易发生破裂，在制订伸长类翻边工艺时，翻边变形程度不能超出极限变形程度的数值。几种常用材料翻边的允许变形程度见表6.4。

表6.4 伸长类和压缩类翻边时材料允许变形程度(%)

材料名称		伸长类变形程度		压缩类变形程度	
		橡胶成形	模具成形	橡胶成形	模具成形
铝合金	L4M	25	30	6	40
	L4Y	5	8	3	12
	LY12M	14	20	6	30
	LY12Y	6	8	0.5	9
黄铜	H62 软	30	40	8	45
	H62 半硬	10	14	4	16
	H68 软	35	45	8	55
	H68 半硬	10	14	4	16
钢	10	—	38	—	10
	20	—	22	—	10

2. 压缩类翻边

图6.17所示为压缩类翻边，其中图（a）为压缩类平面翻边，图（b）为压缩类曲面翻边。压缩类翻边的变形类似于拉深，所以当翻边高度较大时，模具上也需要压边防皱装置。由于沿不封闭曲线翻边，翻边线上切向压应力和径向拉应力的分布是不均匀的，在中部最大，两端最小。为了得到翻边后竖边的高度平齐而两端线垂直的零件，必须如图6.17虚线所示修正坯料的展开形状。

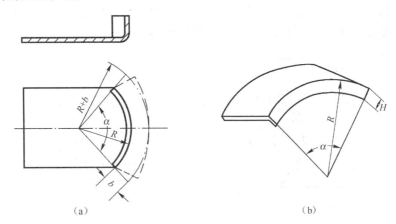

图6.17 压缩类翻边

压缩类翻边的变形程度可用下式计算：

$$K = \frac{b}{R+b} \qquad (6-16)$$

6.2.3 非圆孔翻边

非圆孔翻边的变形性质比较复杂，它包括有圆孔翻边、弯曲、拉深等变形性质。对于非圆孔翻边的预制孔，可以分别按圆孔翻边、弯曲、拉深展开，然后用作图法把各展开线光滑连接即可。如图 6.18 所示的零件是由外凸弧线 Ⅰ、直线段 Ⅱ 和内凹弧线段 Ⅲ 组成的非圆孔。翻边时 Ⅰ、Ⅱ、Ⅲ 段分别属于压缩类翻边、弯曲和伸长类翻边，是综合成形。

在非圆孔翻边中，由于变形性质不相同的各部分互相毗邻，对翻边和拉深都有利，因此翻边系数可以按翻边角度的大小来计算：

$$K' = \frac{\alpha}{180°} \quad (\alpha < 180°) \tag{6-17}$$

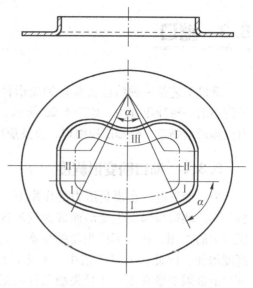

图 6.18 非圆孔翻边

当 $\alpha > 180°$ 时，$K' = K$，其中，K 为圆孔翻边系数，K' 为非圆孔翻边系数。

6.2.4 变薄翻边

变薄翻边是通过减小翻边凸、凹模的间隙强迫材料变薄，提高工件竖边高度的一种冲压方法。如果零件壁部允许变薄，采用变薄翻边，既可提高生产效率，又能节约材料。在实际生产中，变薄翻边通常用于在平板毛坯或半成品的制件上冲制小螺孔的底孔（多为 M5 以下），又俗称抽芽孔。如图 6.19 所示为用变薄翻边成形小螺纹底孔的示意图。凸模头部处的材料变形与圆孔翻边相似。在竖边成形后，随凸模的继续下行，竖边的材料在凸模和凹模的小间隙内受到挤压，发生进一步的塑性变形，使竖边的厚度显著减薄，从而增加了竖边的高度。

螺纹底孔变薄翻边的有关参数可按下式计算，变薄翻边后的孔壁厚度 t_1 为：

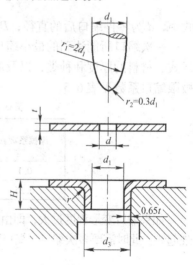

图 6.19 变薄翻边成形小螺纹底孔

$$t_1 = \frac{d_3 - d_1}{2} = 0.65t \tag{6-18}$$

毛坯预制孔直径 d 为：

$$d = 0.45d_1 \tag{6-19}$$

凸模直径 d_1 由螺纹内径 d_s 决定，应保证 $d_s \leq \frac{d_3 - d_1}{2}$；凹模内径（竖边外径）$d_3 = d_1 + 1.3t$；竖边高度按体积不变的条件计算，一般为 $h = (2 \sim 2.5)t$。

6.3 缩口

缩口工艺是一种将已拉深好的筒形件或管坯开口端直径缩小的一种冲压方法,如图6.20所示。常见的缩口方式有整体凹模缩口、分瓣凹模缩口,以及旋压缩口等。

6.3.1 缩口的变形程度

缩口变形时,在模具压力的作用下,缩口凹模压迫坯料口部,坯料口部发生变形而成为变形区,变形区受切向压应力的作用,使口部产生压缩变形,直径减小,厚度和高度增加。因此在缩口工艺中,毛坯可能产生失稳起皱,缩口的极限变形程度主要受失稳条件的限制。缩口变形程度用缩口系数来表示:

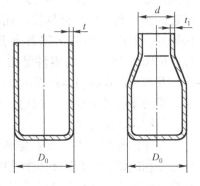

图 6.20 筒形件的缩口

$$K = \frac{d}{D_0} \tag{6-20}$$

式中,d 为零件缩口后的直径;D_0 为缩口前空心毛坯的直径。

一次缩口所能达到的最小缩口系数称为极限缩口系数 $K_{\min}$,极限缩口系数与模具的结构形式、材料的厚度和种类,以及摩擦系数等有关。材料相对厚度越小,则系数要相应增大。极限缩口系数见表6.5。

表6.5 理论上计算的极限缩口系数 $K_{\min}$

摩擦系数 μ	材料屈强比				
	0.5	0.6	0.7	0.8	0.9
0.1	0.72	0.69	0.65	0.62	0.55
0.25	0.80	0.75	0.71	0.68	0.65

如果缩口变形程度过大,即由较大直径一次缩口成较小直径,材料受压缩变形太大有可能出现起皱。此时需要多次缩口。缩口次数 n 可由零件总缩口系数 K 与平均缩口系数 K_i 估算:

$$n = \frac{\lg K}{\lg K_i} \tag{6-21}$$

K_i 为平均缩口系数,可以取极限缩口系数的1.1倍,或参见表6.6给出的不同材料、不同模具形式的平均缩口系数。

表6.6 平均缩口系数 K_i

材料名称	模具形式			材料名称	模具形式		
	无支撑	外部支撑	内外支撑		无支撑	外部支撑	内外支撑
软钢	0.70~0.75	0.55~0.60	0.30~0.35	硬铝(退火)	0.73~0.80	0.60~0.63	0.35~0.40
黄铜H62、H68	0.65~0.70	0.50~0.55	0.27~0.32	硬铝(淬火)	0.75~0.80	0.68~0.72	0.40~0.43
铝	0.68~0.72	0.53~0.57	0.27~0.32				

6.3.2 缩口模结构

根据坯料及零件的形状、变形程度及产品的技术要求，可以采用自由缩口模具，即无支撑的模具形式、外部支撑及内外支撑的模具形式，如图 6.21 所示。图（a）为无支撑缩口模，这种模具结构简单，适用于毛坯相对厚度较大，变形程度较小，变形区不易失稳起皱的缩口成形。图（b）和图（c）为有支撑的缩口模，缩口模采用有支撑结构后，可以提高缩口成形的尺寸精度，同时可以有效地减轻或防止变形区的失稳起皱。特别是采用内支撑的结构，防止失稳起皱的效果更好。

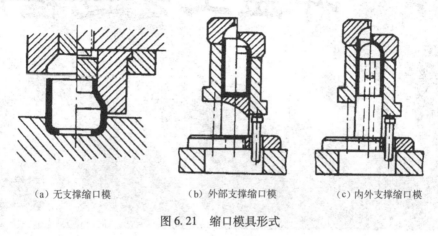

（a）无支撑缩口模　　　　（b）外部支撑缩口模　　　　（c）内外支撑缩口模

图 6.21　缩口模具形式

练习与思考题

6-1　什么是胀形工艺？有何特点？

6-2　胀形的方法有哪几种？

6-3　什么是孔的翻边系数 K？影响孔极限翻边系数大小的因素有哪些？

6-4　什么是缩口？缩口有何特点？

6-5　如图 6.22 所示的工件，请判断该零件内形是否可以冲底孔、翻边成形？计算底孔冲孔尺寸及翻边凸、凹模工作部分的尺寸？材料为 10 钢。

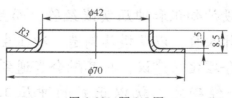

图 6.22　题 6.5 图

项目7 冲压工艺过程设计

通过本项目的学习要了解制订冲压工艺设计过程的原始资料；并通过实例掌握冲压工艺过程制订的步骤及方法。

冲压工艺规程是指导冲压件生产过程的工艺技术文件。编制冲压工艺规程通常针对某一具体的冲压零件，根据其结构特点、尺寸精度要求，以及生产批量，按照现有设备和生产能力，拟订出最为经济合理、技术上切实可行的生产工艺方案。方案包括模具结构形式、使用设备、检验要求、工艺定额等内容。

为了能编制出合理的冲压工艺规程，不仅要求工艺设计人员本身应具备丰富的冲压工艺设计知识和冲压实践经验，而且还要在实际工作中，与产品设计、模具设计人员，以及模具制造、冲压生产人员紧密结合，及时采用先进的经验和合理化的建议，将其融会贯通到工艺规程中。

冲压工艺规程一经确定，就以正式的冲压工艺文件形式固定下来。冲压工艺文件一般指冲压工艺过程卡片，是模具设计和指导冲压生产工艺过程的依据。冲压工艺规程的编制，对于提高生产效率和产品质量，降低损耗和成本，以及保证安全生产等具有重要的意义。

7.1 冲压工艺设计内容与流程

冲压工艺设计是针对具体的冲压零件的，首先从其生产批量、形状结构、尺寸精度、材料等方面入手，进行冲压工艺性审查，必要时提出修改意见；然后根据具体的生产条件，并综合分析研究各方面的影响因素，制订出技术经济性好的冲压工艺方案。其设计流程如图7.1所示，它主要包括冲压件的工艺分析和冲压工艺方案制订两大方面的内容。

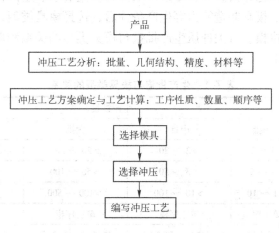

图7.1 设计流程图

冲压工艺设计一般按以下流程步骤进行。

1. 收集并分析有关设计的原始资料

冲压工艺设计的原始资料主要包括冲压件的产品图及技术条件；原材料的尺寸规格、性能及供应状况；产品的生产批量；工厂现有的冲压设备条件；工厂现有的模具制造条件及技术水平；其他技术资料等。其中，产品图是工艺设计最直接的原始依据；其他技术资料是冲压模设计的参考资料；而其余原始资料对确定冲压件的加工方法、制订冲压工艺方案和选择模具的结构类型均有着直接影响。

2. 分析冲压件的工艺性

冲压工艺性是指冲压件对冲压工艺的适应性，即冲压件的结构形状、尺寸大小、精度要求及所用材料等方面是否符合冲压加工的工艺要求。一般来说，工艺性良好的冲压件，既可保证材料消耗少，工序数目少，模具结构简单，产品质量稳定，成本低，还能使技术准备工作和生产的组织管理做到经济合理。冲压工艺性分析的目的就是了解冲件加工的难易，为制订冲压工艺方案奠定基础。

在产品零件冲压工艺性分析之前，应先进行冲压生产经济性分析。因为模具成本较高，约占冲压件总成本的10%～30%，因此冲压加工的优越性主要体现在批量生产情况下，当生产量小时，采用其他加工方法可能比冲压方法更经济。因此零件的生产批量是决定零件采用冲压加工是否较为经济合理的重要因素。

3. 制订冲压工艺方案

冲压工艺方案的制订是工艺设计中最重要的工作。在对冲压件进行工艺分析的基础上，拟订出几套可能的冲压工艺方案，通过对各种方案综合分析和相互比较，从企业现有的生产技术条件出发，确定出经济上合理、技术上切实可行的最佳工艺方案。

4. 选择模具类型

根据已确定的冲压工艺方案，综合考虑冲压件的质量要求、生产批量大小、冲压加工成本，以及冲压设备情况、模具制造能力等生产条件后，选择模具类型，最终确定是采用单工序模，还是复合模或级进模。有关冲压生产批量与模具类型的关系和单工序模、级进模、复合模的比较可参见表7.1。

表7.1　生产批量与模具类型的关系　　　　　　　　单位：千件

项目	生产批量				
	单件	小批	中批	大批	大量
大型件	1	1～2	>2～20	>20～300	>300
中型件	1	1～5	>5～50	>50～100	>1000
小型件	1	1～10	>10～100	>100～500	>5000
模具类型	单工序模	单工序模	单工序模	单工序模	级进模、复合模、自动模
	组合模	组合模	级进模、复合模	级进模、复合模	
	简易模	简易模	半自动模	自动模	

注：表内数字为每年班产量数值。

5. 选择冲压设备

冲压设备的选择是工艺设计中的一项重要内容，它直接关系到设备的合理使用、安全、产品质量、模具寿命、生产效率及成本等一系列重要问题。设备选择主要包括设备类型和规格两个方面的选择。

设备类型的选择主要取决于冲压的工艺要求和生产批量。在设备类型选定之后，应进一步根据冲压工艺力（包括卸料力、压料力等）、变形功、模具闭合高度和模板平面轮廓尺寸等确定设备规格。设备规格主要指压力机的公称压力、滑块行程、装模高度、工作台面尺寸及滑块模柄孔尺寸等技术参数。设备规格的选择与模具设计关系密切，必须使所设计的模具与所选设备的规格相适应。有关设备类型和规格的选择详见附录A。

6. 冲压工艺文件的编写

冲压工艺文件一般以工艺卡的形式表示，它综合地表达了冲压工艺设计的具体内容，包括工序序号、工序名称或工序说明、工序草图、模具的结构形式和种类、选定的冲压设备、工序检验要求、工时定额、板料的规格，以及毛坯的形状尺寸等。

工艺卡片是生产中的重要技术文件，它不仅是模具设计的重要依据，而且也起着生产的组织管理、调度、各工序间的协调，以及工时定额的核算等作用。目前工艺卡片尚未有统一的格式，生产中常见的冲压工艺卡片的格式见表7.2（见后文）。

7.2 冲压工艺方案的确定

在对冲压件进行工艺分析的基础上，拟订出可能的几套冲压工艺方案，然后根据生产批量和企业现有的生产条件，通过对各种方案的综合分析和比较，确定一个技术经济性最佳的工艺方案。

制订冲压工艺方案主要包括：通过分析和计算，确定冲压加工的工序性质、数量、排列顺序和工序组合方式、定位方式；确定各工序件的形状及尺寸；安排其他非冲压辅助工序等。

1. 冲压工序性质的确定

冲压件的工序性质是指该零件所需的冲压工序种类，如落料、冲孔、切边、弯曲、拉深、翻孔、翻边、胀形、整形等，都是冲压加工中常见的工序。不同的冲压工序有其不同的变形性质、特点和用途。冲压工序性质应根据冲压件的结构形状、尺寸和精度要求，各工序的变形规律，以及某些具体条件的限制予以确定。通常来说，在确定工序性质时，可从以下三方面考虑。

1）从零件图上直观地确定工序性质

有些冲压件可以从图样上直观地确定其冲压工序性质，如弯曲件一般采用冲裁工序制出坯料后用弯曲模进行弯曲成形，相对弯曲半径较小时要增加整形工序；平板件冲压加工时，常采用剪裁、落料、冲孔等冲裁工序；空心件多采用剪裁、落料、拉深和切边等工序。

2）通过对零件图进行计算、分析比较后，确定工序性质

如图7.2（a）所示的零件，材料为08F，料厚为1.5mm，从形状上初步判断可用落料、冲孔与翻边三道工序或落料冲孔与翻边两道工序完成。但经过计算分析后发现，由于翻边系数小于极限翻边系数，使翻边高度达不到零件的要求，因而应改用落料、拉深、冲孔和翻边四道工序成形，如图7.2（b）所示。

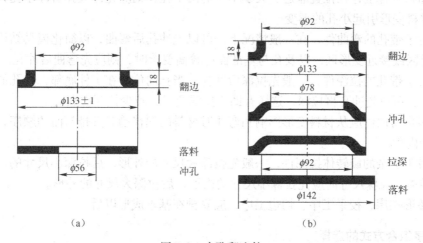

图7.2 内孔翻边件

3）有时为了改善冲压变形条件或方便工序定位，需增加附加工序

如图7.3所示的零件，零件的几何形状不对称，为便于冲压成形和定位，生产中常采用成对冲压的方法进行成形，成形后再增加一道剖切或切断工序截成两个零件。此工艺由于增加了一道剖切或切断工序，改善了材料的变形条件，防止了坯料偏移，因而在生产中得到了广泛应用。

2. 工序数量的确定

冲压工序数量是指同一性质工序重复进行的次数。工序数量确定的基本原则：在保证工件质量的前提下，考虑生产率和经济性的要求，适当减少或不用辅助工序，把工序数量控制到最少。

工序数量的确定主要取决于零件材料的冲压成形性能、几何形状复杂程度、尺寸精度要求、模具强度等，并与冲压工序性质有关，工序性质不同，确定工序数量的依据也不同，如冲裁次数则主要取决于零件形状的复杂程度及零件上孔的距离；拉深成形时，拉深次数主要由拉深系数和相对高度等决定；弯曲次数主要由零件弯曲角的多少及其相互位置决定；其他成形件也主要是根据具体形状和尺寸等因素来决定的。

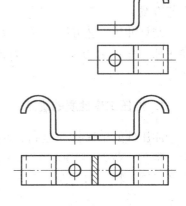

图7.3 成对弯曲

3. 工序顺序的确定

冲压工序顺序的确定主要取决于冲压变形规律和零件质量要求，其次要考虑到操作方便、毛坯定位可靠、模具结构简单等因素。

工序顺序的确定一般应遵循以下原则。

（1）对于带孔或有缺口的冲压件，选用单工序模时，通常先落料再冲孔或缺口，选用级进模时，则落料安排为最后工序。

（2）如果工件上存在位置靠近、大小不一的两个孔，则应先冲大孔后冲小孔，以免大孔冲裁时的材料变形引起小孔的形变。

（3）对于带孔的弯曲件，在一般情况下，可以先冲孔后弯曲，以简化模具结构。当孔位于弯曲变形区或接近变形区，以及孔与基准面有较高要求时，则应先弯曲后冲孔。

（4）对于带孔的拉深件，一般先拉深后冲孔。当孔的位置在工件底部，且孔的尺寸精度要求不高时，可以先冲孔再拉深，这样有助于拉深变形，减少拉深次数。

（5）多角弯曲件应从材料变形影响和弯曲时材料的偏移趋势安排弯曲的顺序，一般应先弯外角后弯内角。

（6）对于复杂的旋转体拉深件，一般先拉深大尺寸的外形，后拉深小尺寸的内形。对于复杂的旋转体，拉深尺寸时应先拉深小尺寸的内形，后拉深大尺寸的外形。

（7）整形工序、校平工序、切边工序，应安排在基本成形以后。

4. 工序组合方式的选择

一件冲压零件往往需要多道工序才能完成，因此制订工艺方案时必须考虑是采用单工序模

分散冲压还是把多个工序合并成一道工序用连续模或复合模进行生产。一般来说，工序组合能否实现及组合的程度如何主要取决于零件的生产批量、形状尺寸、质量精度要求，其次要考虑模具结构、模具强度、模具制造维修，以及现场设备能力等。也就是说，根据生产批量考虑工序组合的必要性和进行经济性分析；从零件形状、尺寸、精度及模具结构和强度出发考虑工序组合的可能性；从模具制造与维修能力及现场设备能力方面考虑工序组合的可行性。

通常在大批量生产时应该尽可能地把工序集中起来，以提高生产率、降低成本；在小批量生产的情况下宜采用结构简单、造价低的单工序模，以缩短模具的制造周期，提高经济效益。但为了操作安全方便或减小工件占地面积、工序周转的运输费用和劳动量，对于不便取拿的小件和大型冲压件，批量小时也可以使工序适当组合。

确认工序有组合的必要后，在选择复合冲压和级进冲压这两种组合方式时，要根据零件的尺寸、精度、冲压设备、制模条件及生产安全性等具体情况而定，并且工序的组合方式与所采用的模具类型（单工序模、复合模与级进模）是对应的。

5. 工序定位基准与定位方式的选择

工序的定位，就是使坯料或工序件在各自工序的模具中占有确定位置。合理地选择定位基准和定位方式，不仅是保证冲压件质量及尺寸精度的基本条件，而且对稳定冲压工艺过程、方便操作及安全生产有着直接的影响。

1）定位基准的选择

定位基准的选择应遵循基准重合、基准统一和基准可靠原则。

基准重合原则就是尽可能使定位基准与零件设计基准相重合。基准重合时定位误差接近于零，同时避免了烦琐的工艺尺寸链计算和由此所产生的误差。

基准统一原则是指当采用多工序在不同模具上分散冲压时，应尽可能使各个工序都采用同一个定位基准。这样，既可以消除由不同定位基准而引起的多次定位误差，提高零件尺寸精度，又能够保证各个模具上的定位零件一致，简化了模具的设计与制造。

基准的可靠性是为了保证冲压件质量的稳定性。要做到基准可靠，首先所选择的定位基面位置、尺寸及形状都必须有较高精度，其次该基准面最好是冲压过程中不参与变形和移动的表面。

2）定位方式的选择

冲压工序基本的定位方式可分为孔定位、平面定位和形体定位三种。由于零件结构形状不同，其定位方式也不相同。在选择定位方式时通常从定位的可靠性、方向性及操作的方便与安全性方面进行考虑。

6. 冲压工序件形状与尺寸的确定

冲压工序件是坯料与成品零件的过渡件，它的形状与尺寸对每道冲压工序及冲压件质量都有重要影响，因此必须满足冲压变形的要求。一般说来，工序件形状与尺寸的确定应遵循下述基本原则。

（1）根据冲压工序的极限变形参数确定工序件的尺寸。应从实际出发，合理确定变形参数值，计算出工序件的尺寸。例如，多次拉深时每道工序的工序件拉深直径多次缩口时各道工序的半成品缩口直径，以及在平板或拉深件底部冲孔翻边时的预冲孔直径，都应分别根据极限拉深系数、极限缩口系数和极限翻边系数来确定。除拉深之外，还有缩口、胀形、翻孔等加工工序的变形参数，都应根据需要和变形程度加以确定。

（2）工序件的形状与尺寸应有利于下道工序的冲压成形。例如，盒形件、曲面零件等拉深件的圆角和锥角等尺寸前、后两道工序均应有合理的分配。

（3）工序件的形状与尺寸必须考虑冲压件的表面质量。工序件的尺寸有时会直接影响到成品零件的表面质量，例如，加工多次拉深的工序件时，当工件底部或凸缘处的圆角半径过小时，成品零件表面圆角处会留下变薄的痕迹，导致制件质量下降。又如深锥形件，采用阶梯形状过渡进行拉深时所得的锥形件壁厚不均匀，表面会留有明显的印痕，质量较差，而采用锥面逐步成形法或锥面一次成形法，则能获得较好的成形效果。

（4）工序件的形状与尺寸应根据等面积原则确定。如图7.4所示的出气阀罩盖（H62材料，厚度为0.3mm）的冲压工艺过程，第二道拉深工序中$\phi16.5$mm的圆筒形部分与成品零件相同，在后序加工中不再变形，被圆筒形部分隔开的内、外部分的表面积应能满足以后各道工序成形的要求，不能出现金属不足或过剩。

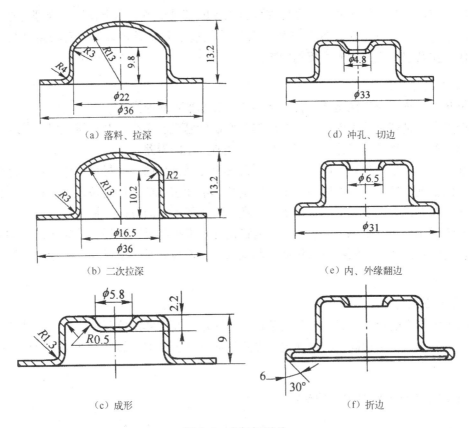

图7.4　出气阀罩盖

成形第三道工序的凹坑（$\phi5.8$mm）时，若采用平底的筒形工序件胀形进行加工，则工件产生局部胀形，使材料变薄严重，从而导致开裂，因此生产中采用将第二道工序后的工序件底部做成球形状，以便在拉深成形凹坑的相应部位上储存所需要的材料。储料部位的形状和尺寸以顺利成形零件相应部位的形状和尺寸为原则。

综合实例 1 托架冲压件工艺设计

如图 7.5 所示零件，材料为 08 钢，厚度为 $t=1.5\text{mm}$，年产 2 万件，要求表面不允许有明显的划痕，孔不允许变形，试制订其工艺方案。

1. 冲压件的工艺分析

1) 零件的功用与经济性分析

该零件是某机械产品上的一件支撑托架，托架的中心孔装有心轴，通过四个 $\phi5\text{mm}$ 孔为机身连接的螺钉孔，五个孔的精度均为 IT9 级。零件工作时受力不大，对其强度和刚度的要求不高；年产 2 万件，属于中批量生产，外形简单对称，材料为一般冲压用钢，因此零件可采用冲压方法进行加工。

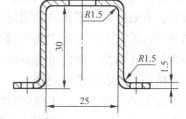
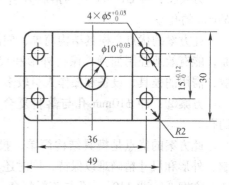

图 7.5 托架零件

2) 零件的工艺性分析

经分析可知，托架各孔的尺寸精度在冲裁允许的范围内，而且孔径均大于允许的最小孔径，因此可以进行冲裁。由于四个 $\phi5\text{mm}$ 孔的孔边离圆角变形区较近，冲裁时容易使孔变形，因此四个 $\phi5\text{mm}$ 孔应在弯曲后进行加工。$\phi10\text{mm}$ 孔离圆角变形区较远，为简化模具结构，同时也利于弯曲时坯料的定位，应在弯曲前进行加工。弯曲部位的相对弯曲半径为 1，大于最小相对弯曲半径值，可以弯曲。08 钢的冲压成形性能较好，因此托架冲压工艺性好，能顺利冲压成形。

2. 工艺方案的分析和确定

此零件从形状结构和要求来看，所需的基本工序为落料、冲孔、弯曲三种，弯曲方式大致可用三种方式实现（见图 7.6）。

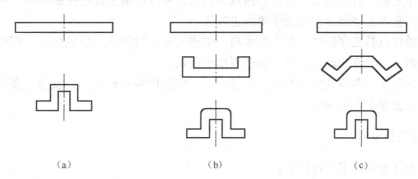

图 7.6 托架弯曲变形方式

第一种弯曲方式用一副弯曲模就可完成成形。此方式优点是投入较少，生产效率较高；缺点是弯曲半径较小（$R=1.5\text{mm}$），导致材料在凹模口容易被划伤，凹模口也容易磨损，降低模具的使用寿命。另外，由于没有有效利用过弯曲和校正弯曲，零件的回弹较严重。

第二种弯曲方式是将弯曲工序分两次完成。第一次将零件两端弯曲成90°，第二次再将零件中间部分弯曲成90°。此方式的优点是弯曲的变形程度比第一种方式要缓和得多，弯曲力也较小，有效提高了模具的使用寿命，缺点是回弹不能控制，投入也增加。

第三种弯曲方式是先将中间与两端材料欲弯成45°，再用一副弯曲模将其弯曲成90°。此方式采用了校正弯曲，因此可得到尺寸精确的零件。模具工作条件也较好，可有效提高其寿命，也可防止零件表面产生划伤。

根据以上的弯曲方式，可编制出零件的冲压工艺，大致有以下六种。

方案①：冲$\phi 10\text{mm}$孔与落料复合→弯曲两端与中间成45°→弯曲中间成90°→冲$4\times\phi 5\text{mm}$的孔。

此方案的优点是模具结构简单，使用寿命长，制造周期短，投产快；零件能实现校正弯曲，能有效地控制回弹，保持外形和尺寸精确，表面质量也能得到保证。缺点是工序较分散，需用的模具、设备和操作人员较多，劳动强度也大。

方案②：冲$\phi 10\text{mm}$孔与落料复合→弯曲两端成90°→弯曲中间成90°→冲$4\times\phi 5\text{mm}$的孔。

此方案的优点是模具结构简单，投产快，使用寿命长，但零件的回弹不能得到有效控制，外形和尺寸精确难以保持，同时还具有与方案①相同的缺点。

方案③：冲$\phi 10\text{mm}$孔与落料复合→四点弯曲成90°→冲$4\times\phi 5\text{mm}$的孔。

此方案工序集中，可减少设备及操作人员，但弯曲摩擦较大，模具寿命短，零件的质量较难控制。

方案④：冲$\phi 10\text{mm}$孔、切断与四点弯曲成90°连续冲压→冲$4\times\phi 5\text{mm}$的孔。

此方案本质上与方案③相同，只是采用了结构更为复杂的级进模。

方案⑤：冲$\phi 10\text{mm}$孔、切断与弯曲两端连续冲压→弯曲中间成90°→冲$4\times\phi 5\text{mm}$的孔。

此方案工序集中，但模具结构较复杂。从零件成形的角度来看与方案②基本相同。可减少设备及操作人员，但弯曲摩擦较大，模具寿命短，零件的质量较难控制。

方案⑥：全部工序组合，采用带料级进冲压。

此方案的优点是工序集中，生产效率高，操作安全，适用于大批量生产，但模具结构复杂，安装、调试与维修均较为困难，制造周期也较长。

综合上述分析，考虑到零件的生产批量不大，零件的精度较高，以及为了获得较好的经济效益，选用方案①较为合适。

3. 编制工艺卡片

表7.2为托架冲压工艺过程卡。

表7.2 托架冲压工艺过程卡

××× 冲压工艺过程卡		产品型号		零(部)件名称		托架		共 页	
		产品名称		零(部)件型号				第 页	
材料牌号及规格/mm		材料技术要求		坯料尺寸/mm		每个坯料可加工的零件数		坯料质量	辅助材料
08F 钢 1.5±0.11×1800×900				条料 1.5×108×1800		57 件			
工序号	工序名称	工序内容		加工简图			设备	工艺装备	工时
1	下料	剪床上裁板 108×1800							
2	冲孔落料	冲 φ10mm 孔与落料复合					J23-25	冲孔落料复合模	
3	弯曲	弯两端并使两内角预弯45°					J23-16	弯曲模	
4	弯曲	弯两内角					J23-16	弯曲模	
5	冲孔	冲 4×φ5mm 的孔					J23-16	冲孔模	
6	检验	按零件图样检验							
						编制(日期)	审核(日期)	会签(日期)	
标记	处数	更改文件号	签字	日期	标记	处数	更改文件号	签字	日期

综合实例2 片状弹簧冲压件工艺设计

如图7.7所示的零件，材料为黄铜H68，厚度为1mm，零件精度尺寸为IT14级，年产量为20万件，确定其冲压工艺方案。

1. 工艺分析

该零件形状较为简单，尺寸也较小，厚度为1mm，年产20万件，属于普通冲压。

此零件在冲压过程中应注意以下事项：

（1）$2\times\phi3.5mm$ 的孔较小，两孔壁距为2.5mm，两孔与周边距为2.25mm，这给模具设计带来了不便，在设计模具时应特别注意。

（2）零件头部有15°的非对称弯曲，回弹应严格控制。

（3）零件较小，需考虑操作人员的安全性。

（4）有一定的批量，在模具设计过程中应注意模具材料与结构的选用，保证模具的使用寿命。

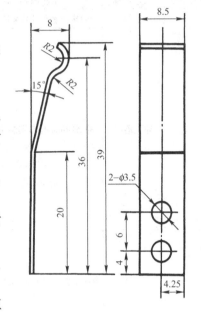

图7.7 片状弹簧

2. 工艺方案的确定

从零件的结构和形状分析，采用冲孔、弯曲和落料三种基本工序可满足要求。按其先后顺序可设计出以下几种方案：

方案①：落料→弯曲→冲孔，单工序冲压；

方案②：落料→冲孔→弯曲，单工序冲压；

方案③：冲孔→切口→弯曲→落料，单件复合冲压；

方案④：冲孔→切口→弯曲→切断→落料，两件连冲复合；

方案⑤：冲孔→切口→弯曲→切断，两件连冲级进冲压。

方案①、②属于单工序冲压。由于此零件生产批量较大，零件外形尺寸较小，这两种生产方案生产效率较低，操作也不安全，因此不宜采用。

方案③、④属于复合式冲压。由于零件外形尺寸较小，复合模装配较为困难，模具强度也会受到影响，降低了模具的使用寿命，又因冲孔在前，落料在后，在加工零件过程中有可能使$\phi3.5mm$凸模纵向变形，因此这两种方案使用价值不高，加工此零件不合适。

方案⑤属于级进冲压。此方案解决了方案①、②、③和④存在的问题，故采用此方案为最佳方案。

3. 模具结构形式的确定

因制件材料较薄，为保证制件平整，采用弹压卸料装置。为方便操作和取件，选用双柱可倾压力机，纵向送料。由于制件薄而窄，故应采用侧刃定位，不仅可提高生产率，还可以节约材料。

4. 编写工艺过程卡（见表7.3）

表7.3 冲压工艺过程卡

××× 冲压工艺过程卡		产品型号		零（部）件名称		片状弹簧		共 页
		产品名称		零（部）件型号				第 页
材料牌号及规格/mm		材料技术要求	坯料尺寸/mm		每个坯料可加工的零件数		坯料质量	辅助材料
H68 1500×600×1			条料 600×90		50件			
工序号	工序名称	工序内容	加工简图			设备	工艺装备	工时
1	下料	剪床上裁板 600×90				J23-25	冲孔弯曲级进模	
2	冲压	冲孔、切口弯曲、切断连续弯曲						
3	检验	按零件图样检验						
4								
						编制（日期）	审核（日期）	会签（日期）
标记	处数	更改文件号	签字	日期	标记	处数	更改文件号	签字	日期

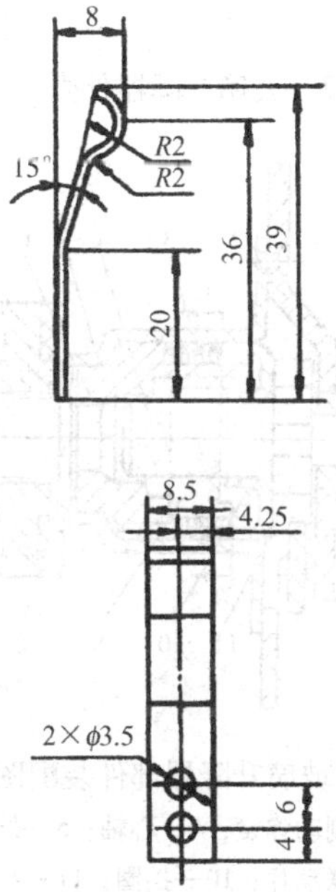

综合实例3 玻璃升降器外壳件冲压件工艺设计

汽车车门玻璃升降器外壳件的形状尺寸如图7.8所示，材料为08钢板，板厚为1.5mm，中批量生产，打算采用冲压生产，要求编制冲压工艺。

1. 冲压件的工艺分析

此零件是汽车车门上的玻璃升降器外壳件，玻璃升降器部件装配简图如图7.9所示，本

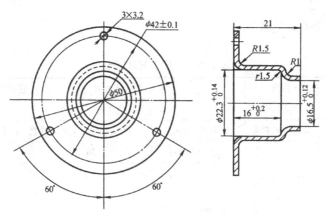

图7.8 玻璃升降器外壳

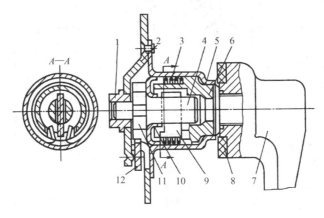

图7.9 玻璃升降器部件装配图

1—轴套；2—座板；3—制动弹簧；4—心轴；5—外壳；6—传动轴；
7—手柄；8—油毛毡；9—联动片；10—挡圈；11—小齿轮；12—大齿轮

冲压件为其中的外壳5。升降器的传动机构装在外壳内，通过外壳凸缘上三个均布的小孔$\phi 3.2$mm以铆钉铆接在车门座板2上，传动轴6与外壳承托部为$\phi 16.5$mm的配合，此配合为间隙配合，公差等级为IT11级，传动轴通过制动弹簧3、联动片9及心轴4与小齿轮11连接，摇动手柄7时，传动轴将动力传递给小齿轮，然后带动大齿轮12，推动车门玻璃升降。

该冲压件采用1.5mm的钢板冲压而成，可保证足够的刚度与强度。外壳内腔的主要配合尺寸$\phi 16$mm、$\phi 16.5$mm及$\phi 22.3$mm为IT11～IT12级精度。为确保在铆合固定后保证外壳承托部位与轴套的同轴度，三个$\phi 3.2$mm小孔与$\phi 16.5$mm间的相对位置要准确，小孔中心圆直径（$\phi 42\pm 0.1$）mm为IT10级精度。

此零件是一个带凸缘的圆筒形旋转体，其主要的形状、尺寸可以由拉深、翻边、冲孔等冲压工序获得。作为拉深成形尺寸，其相对值d_t/d、h/d都比较合适，因此拉深工艺性较好。$\phi 16$mm、$\phi 16.5$mm及$\phi 22.3$mm的公差要求偏高，拉深件底部及口部的圆角半径$R1.5$mm也偏小，故应在拉深之后另加整形工序，并用制造精度较高、间隙较小的模具来达到要求。三个小孔$\phi 3.2$mm的中心圆直径（$\phi 42\pm 0.1$mm）的精度要求较高，按冲裁件工艺性分析，应以$\phi 22.3$mm的内径定位，用高精度（IT7级以上）冲模在一道工序中同时冲出。

2. 冲压工艺方案的分析和确定

1) 工序性质与数量的确定

图7.8所示零件的形状表明，属带凸缘的拉深件，所以该零件以拉深为基本工序。凸缘上三个小孔由冲孔工序完成。该零件 $\phi16.5mm$ 部分的成形可以有三种方法：第一种可以采用阶梯拉深后车去底部；第二种可以采用阶梯拉深后冲去底部；第三种可以采用拉深后冲底孔，再翻边的方法，如图7.10所示。

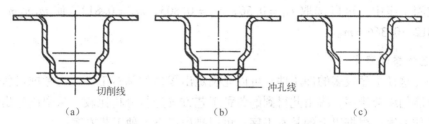

图7.10 外壳底部成形方法

第一种方法车底的质量较高，但生产率低，在零件底部要求不高的情况下，不易采用；第二种方法效率比第一种高，但要求底部圆角半径接近于零，因此需要增加一道整形工序，而且口部较锋利，质量不易保证；第三种方法虽然翻边的端部质量不及前两种好，但生产效率高，而且省料，由于外壳高度尺寸21mm的公差要求不高，翻边工艺完全可以保证零件的技术要求，故采用拉深后再冲孔翻边的方案还是比较合理的。

翻边次数的确定如下。

翻边系数 K 为：

$$K = 1 - \frac{D}{2}(H - 0.43r - 0.72t) \tag{7-1}$$

将 $H=5mm$，$t=1.5mm$，$r=1mm$，$D=18mm$ 代入上式可得：

$$K = 1 - \frac{2}{18}(5 - 0.43 \times 1 - 0.72 \times 1.5) = 0.61 \tag{7-2}$$

预冲孔孔径 $d=11mm$，由 $d/t=11/1.5=7.3$，查翻边系数极限值表知，当用圆柱形凸模预冲孔时，极限翻边系数 $[k]=0.50$，现 $0.61>0.50$，故能一次翻边成形。翻边前的拉深件形状与尺寸如图7.11（a）所示，图中凸缘直径 $\phi54mm$ 是由零件凸缘直径 $\phi50mm$ 加上拉深后切边的余量（查表为1.8mm，实际取2mm）确定的。

拉深次数确定如下。

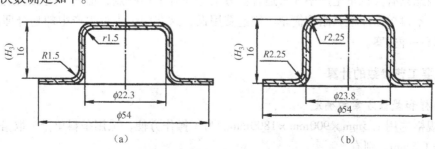

图7.11 翻孔前工序尺寸和形状

为了计算毛坯尺寸,还需确定切边余量。因为凸缘直径 $d = 50$mm,拉深直径 $d = 23.8$mm,查表可得切边余量为 1.8mm,d_t 约为 54mm,所以 $d_t/d = 54/23.8 = 2.26$,$t/D = 1.5/65 \times 100\% = 2.3\%$,从《冲压手册》中查表可得极限拉深系数 $[m_1] = 0.44$,$[m_2] = 0.75$,所以 $[m_1][m_2] = 0.44 \times 0.75 = 0.33$,所以 $m_总 > [m_1][m_2]$,需要两次拉深,取 $D = 2$。考虑到两次拉深时均接近极限拉深系数,为了保证零件质量,宜采用三次拉深,并在三次拉深时兼整形工序,以得到更小的口部、底部圆角半径,提高工艺的稳定性。

在实际应用中采用三道拉深工序,依次减小拉深圆角半径,总拉深系数 $m_总 = 0.866$ 分配到三道拉深工序中,可以选取 $m_1 = 0.56$,$m_2 = 0.805$,$m_3 = 0.812$,使 $m_1 m_2 m_3 = 0.56 \times 0.805 \times 0.812 = 0.366 = m$。

2)工艺方案的确定

对于外壳这样工序较多的冲压件,可以先确定出零件的基本工序,再考虑对所有的基本工序进行可能的组合排序,将由此得到的各种工艺方案进行分析比较,从中确定出适合于生产实际的最佳方案。根据以上的基本工序,可以排出以下 5 种工艺方案。

方案①:落料与首次拉深复合,其余按基本工序,如图 7.12 所示。

方案②:落料与首次拉深复合,冲 ϕ11mm 底孔与翻边复合(见图 7.13(a))→冲三个 ϕ3.2mm 的小孔与切边复合(见图 7.13(b)),其余按基本工序。

方案③:落料与首次拉深复合,冲 ϕ11mm 底孔与冲三个 ϕ3.2mm 小孔复合(见图 7.14(a))→翻边与切边复合(见图 7.14(b)),其余按基本工序。

方案④:落料、首次拉深与冲 ϕ11mm 底孔复合(见图 7.15),其余按基本工序。

方案⑤:采用级进模或在多工位自动压力机上冲压。

分析比较上述五种方案可以看出:

方案②中冲 ϕ11mm 底孔与翻边复合,由于模壁厚度较小(为 2.75mm),小于凸凹模之间的最小壁厚 3.8mm,模具极易损坏。冲三个 ϕ3.2mm 小孔也存在模壁太薄的问题,因此不宜采用。

方案③虽解决了上述模壁太薄的矛盾,但冲 ϕ11mm 底孔与冲三个 ϕ3.2mm 小孔复合及翻边与切边复合时,它们的刃口都不在同一平面上,而且磨损快慢也不一样,这会给修磨带来不便,修磨后要保持相对位置也有困难。

方案④中落料、首次拉深与冲 ϕ11mm 底孔复合,冲孔凹模与拉深凸模做成一体,也会给修磨造成困难。特别是冲底孔后再经二次和三次拉深,孔径一旦变化,将会影响翻边的高度尺寸和翻边口部的质量。

方案⑤采用级进模或多工位自动送料装置,生产效率高,模具结构复杂,制造周期长,成本高,因此只有大批量生产中才较适合。方案①没有上述缺点,但工序复合程度低、生产效率也低,不过单工序模具结构简单、制造费用低,这在中、小批生产中却是合理的,因此决定采用第一种方案。

3. 主要工艺参数的计算

1)排样和裁板方案的确定

板料规格选用 1.5mm×900mm×1800mm。为了操作方便,采用条料单排。取搭边值 $a = 2$mm,$a_1 = 1.5$mm,则有

项目 7 冲压工艺过程设计

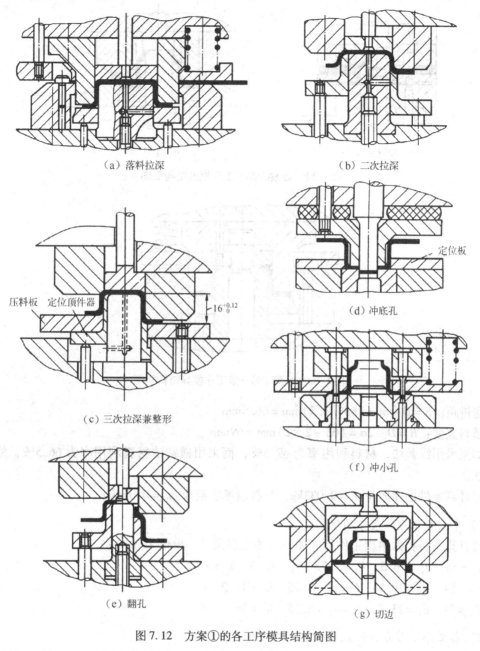

(a) 落料拉深
(b) 二次拉深
(c) 三次拉深兼整形
压料板　定位顶件器　$16_{0}^{+0.12}$
(d) 冲底孔
定位板
(e) 翻孔
(f) 冲小孔
(g) 切边

图 7.12　方案①的各工序模具结构简图

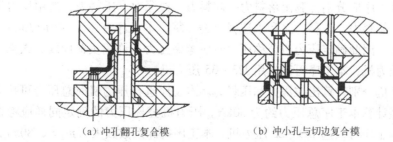

(a) 冲孔翻孔复合模
(b) 冲小孔与切边复合模

图 7.13　方案②部分工序模具结构简图

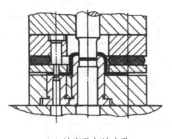
(a) 冲底孔与冲小孔

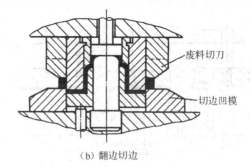
(b) 翻边切边

图7.14　方案③部分工序模具结构简图

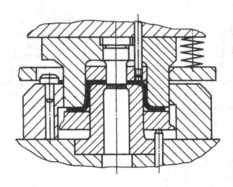

图7.15　方案④第一道工序模具结构简图

送进距：$S = D + a_1 = (65 + 1.5)\,\text{mm} = 66.5\,\text{mm}$

条料宽度：$B = D + 2a = (65 + 2 \times 2)\,\text{mm} = 69\,\text{mm}$

如果采用纵裁法，材料利用率为69.5%，而采用横裁法材料利用率为66.5%，故采用纵裁法。

经计算零件的净质量 $m = 0.033\,\text{kg}$，材料消耗定额为 $m_0 = 0.054\,\text{kg}$。

2）中间各工序件尺寸的确定

经计算，各拉深道次工件尺寸如下（中心层尺寸，单位为 mm）：

$d_{t1} = 54 \quad d_1 = 36.5 \quad R_1 = 5.75 \quad r_1 = 4.75 \quad h_1 = 13.5$

$d_{t2} = 54 \quad d_2 = 29.5 \quad R_2 = r_2 = 3.25 \quad h_2 = 13.9$

$d_{t3} = 54 \quad d_3 = 23.8 \quad R_3 = r_3 = 2.25 \quad h_3 = 16$

3）各工序变形力的计算与压力机的选用

落料拉深复合工序应分别计算出落料力、卸料力、拉深力、压料力，选用压力机时的总压力可按落料力、卸料力、压料力之和来选择。经计算，本工序总压力约为130kN。因本工序是落料拉深复合，因此确定压力机公称压力时应考虑压力机许用负荷曲线，根据工厂现有设备选择合适的压力机，本工序可以选用J23-35压力机。

二次拉深工序应分别计算出拉深力和压料力。本工序选择压力机时总压力可按以上两种力之和来选择。经计算本工序总压力约为30kN。压力机公称压力的确定同样应考虑压力机许用负荷曲线。本工序可以选J23-25压力机。本工序拉深系数较大（$m_2 = 0.805$），坯料相对厚度也较大（$t/d_1 \times 100\% = 1.5/36.5 \times 100\% = 4.1\%$），可以不用压料，这里的压料圈实际上是作为定位和顶件之用的。

第三次拉深兼整形工序应分别计算拉深力、整形力和顶件力。顶件力可取拉深力的10%。由于本工序整形力比拉深力大得多（整形力约160kN，而拉深力约23kN），所以可按整形力选用压力机。本工序可选 J23-35 压力机。

冲 $\phi 11mm$ 底孔工序应分别计算冲孔力、卸料力和推件力。选用压力机时，总压力按以上三种力之和来选择。经计算总压力约为30kN，可以选 J23-25 压力机。

翻孔工序在翻孔变形结束时有整形作用，因而应分别计算翻孔力、整形力和顶件力。经计算整形力约15kN，比其他两种力大得多，所以按整形力选择压力机。这里可以选 J23-25 压力机。

冲三个 $\phi 3.2mm$ 孔工序应分别计算冲孔力、卸料力和推件力。总压力为以上三种力之和。经计算总压力约为23kN，可以选用 J23-25 压力机。

切边工序应分别计算切边力、废料刀的切断力。总压力可以等于两力之和。经计算本工序总压力约为95kN，可以选用 J23-25 压力机。

选用设备时还需要考虑模具轮廓尺寸和封闭高度，以及设备负荷等因素。

4. 冲压工艺过程卡的编写（见表7.4）

表7.4 冲压工艺过程卡

××× 冲压工艺过程卡		产品型号		零（部）件名称	玻璃升降器外壳	共 页
		产品名称		零（部）件型号		第 页
材料牌号及规格/mm		材料技术要求	坯料尺寸/mm	每个坯料可加工的零件数	坯料质量	辅助材料
08钢 1.5±0.11×1800×900			条料 1.5×69×1800	27件		
工序号	工序名称	工序内容	加工简图	设备	工艺装备	工时
1	下料	剪床上裁板 69×1800				
2	落料拉深	落料与首次拉深复合		J23-35	落料拉深复合模	
3	拉深	二次拉深		J23-25	拉深模	
4	拉深	三次拉深（兼整形）		J23-35	拉深模	
5	冲孔	$\phi 11mm$ 底孔		J23-35	冲孔模	
6	翻边	翻边孔（兼整形）		J23-25	翻边模	

续表

××× 冲压工艺过程卡		产品型号		零（部）件名称	玻璃升降器外壳	共 页
		产品名称		零（部）件型号		第 页
材料牌号及规格/mm		材料技术要求	坯料尺寸/mm		每个坯料可加工的零件数	坯料质量	辅助材料
08 钢 1.5±0.11×1800×900			条料 1.5×69×1800		27 件		
工序号	工序名称	工序内容	加工简图			设备	工艺装备	工时
7	冲孔	冲 3 个 φ3.2 的小孔				J23-25	冲孔模	
8	切边	切凸缘边达到技术要求				J23-25	切边模	
9	检验	按零件图样检验						
				编制（日期）	审核（日期）	会签（日期）		
标记	处数	更改文件号	签字	日期	标记	处数	更改文件号	签字	日期

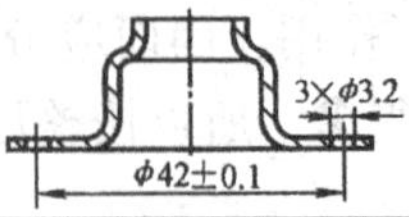

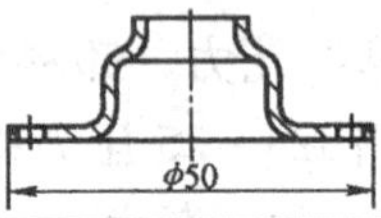

练习与思考题

7-1 冲压工艺过程制订的一般步骤有哪些？

7-2 确定冲压工序的性质、数目与顺序的原则是什么？

7-3 确定冲压模具的结构形式的原则是什么？

7-4 怎样确定工序件的形状和尺寸？

7-5 制订如图 7.16 所示制件的冲压工艺过程，材料为 08 钢，厚度为 0.9mm，制件精度为 IT14 级，大批量生产。

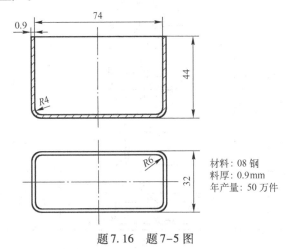

材料：08 钢
料厚：0.9mm
年产量：50 万件

题 7.16 题 7-5 图

附录 A 常用冲压设备的规格

表 A.1 压力机的主要技术参数

名称		开式双柱可倾式压力机	单柱固定台压力机	开式双柱固定台压力机	闭式单点压力机	闭式双点压力机	闭式双动拉深压力机	摩擦压力机
型号		J23-6.3	JH23-40	JG23-40	J11-50	JD21-100	JA31-160B	J36-250	JA45-100	J53-63
公称压力/kN		63	400	400	500	1000	1600	2500	内滑块1000 外滑块63	630
滑块行程/mm		35	50 压力行程 3.17	100 压力行程 7	10～90	10～120	160 压力行程 8.16	400 压力行程 11	内滑块420 外滑块260	270
行程次数/(次/min)		170	150	80	90	75	32	17	15	22
最大闭合高度/mm		150	220	300	270	400	480	750	内滑块580 外滑块530	最小190
最大装模高度/mm		120	180	220	190	300	375	590	内滑块480 外滑块430	
闭合高度调节量/mm		35	45	80	75	85	120	250	100	
立柱间距/mm		150	220	300		480	750		950	
导轨间距/mm							590	2640	780	350
工作台尺寸/mm	前后	200	300	150	450	600	790	1250	900	450
	左右	310	450	300	650	1000	710	2780	950	400
垫板尺寸/mm	厚度	30	40	80	80	100	105	160	100	
	孔径	140	210	200	130	200	430×430		555	80
模柄孔尺寸/mm	直径	30	40	50	50	60	打料孔 φ75		50	60
	深度	55	60	70	80	80			60	80
电动机功率/kW		0.75	1.5	4	5.5	7.5	12.5	33.8	22	4

表 A.2　液压机的主要技术参数

常用液压机的型号	液压部分			活动横梁、工作台部分			顶出部分		
	公称压力	回程压力	工作液最大压力	动梁至工作台最大距离	动梁最大行程	动梁、工作台尺寸	顶出杆最大顶出力	顶出杆回程力	顶出杆最大行程
	kN	kN	MPa	mm	mm	mm×mm	kN	kN	mm
YA71-45	450	60	32	750	250	400×360	120	35	175
YA71-45A	450	60	32	750	250	400×360	120		175
SY71-45	450	60	32	750	250	400×360	120	35	175
YX(D)-45	450	70	32	330	250	400×360			150
Y32-50	500	105	20	600	400	790×490	75	37.5	150
YB32-63	630	133	25	600	400	790×490	95	47	150
BY32-63	630	190	25	600	400	790×490	180	100	130
Y31-63	630	300	32		300		3（手动）		130
Y71-63	630	300	32	600	300	500×500	3（手动）		130
YX-100	1000	500	32	650	380	600×600	200		165自动 280手动
Y71-100	1000	200	32	650	380	600×600	200		同上
Y32-100	1000	230	20	900	600	900×580	150	80	180
Y32-100A	1000	160	21	850	600		165	70	210
ICH-100	1000	500	32	650	380	600×600	200		165自动 250手动
Y32-200	2000	620	20	1100	700	1320×760	300	82	250
YB32-200	2000	620	20	1100	700	1320×760	300	150	250
YB71-250	2500	1250	30	1200	600	1000×1000	340		300
ICH-250	2500	1250	30	1200	600	1000×1000	630		300
SY-250	2500	1250	30	1200	600	1000×1000	340		300
Y32-300 YB32-300	3000	400	20	1240	800	1700×1210	300	82	250
Y33-300	3000		24	1000	600				
Y71-300	3000	1000	32	1200	600	900×900	500		250
Y71-500	5000		32	1400	600	1000×1000	1000		300
YA71-500	5000	160	32	1400	1000	1000×1000	1000		300

附录 B 冲压模具零件的常用公差配合及表面粗糙度

表 B.1 冲压模具零件的加工精度与配合

配合零件名称	精度及配合	配合零件名称	精度及配合
导柱与下模座	$\dfrac{H7}{r6}$	固定挡料销与凹模	$\dfrac{H7}{n6}$ 或 $\dfrac{H7}{m6}$
导柱与上模座	$\dfrac{H7}{r6}$	活动挡料销与卸料板	$\dfrac{H9}{h8}$ 或 $\dfrac{H9}{h9}$
导柱与导套	$\dfrac{H6}{h5}$ 或 $\dfrac{H7}{h6}$、$\dfrac{H7}{f6}$	圆柱销与凸模固定板、上下模座	$\dfrac{H7}{n6}$
模柄（带法兰盘）与上模座	$\dfrac{H8}{h8}$ 或 $\dfrac{H9}{h9}$	螺钉与螺杆孔	0.5～1mm（单边）
凸模与凸模固定板	$\dfrac{H7}{m6}$ 或 $\dfrac{H7}{k6}$	卸料板与凸模或凸凹模	0.1～0.5mm（单边）
		顶件板与凹模	0.1～0.5mm（单边）
凸模（凹模）与上、下模座（镶嵌式）	$\dfrac{H7}{h6}$	推杆（打杆）与模柄	0.5～1mm（单边）
		推销（顶销）与凸模固定板	0.2～0.5mm（单边）

表 B.2 冲压模具零件表面粗糙度

表面粗糙度 $R_a/\mu m$	使用范围	表面粗糙度 $R_a/\mu m$	使用范围
0.2	抛光的成形面及平面	1.6	(1) 内孔表面（在非热处理零件上配合用）； (2) 底板平面
0.4	(1) 压弯、拉深、成形的凸模和凹模工作表面； (2) 圆柱表面和平面刃口； (3) 滑动和精确导向的表面	3.2	(1) 磨削加工的支撑、定位和紧固表面（在非热处理零件上配合用）； (2) 底板平面
0.8	(1) 成形的凸模和凹模刃口； (2) 凸模、凹模镶块的接合面； (3) 过盈配合和过渡配合的表面（用于热处理零件）； (4) 支承定位和紧固表面（用于热处理零件）； (5) 磨削加工的基准平面； (6) 要求准确的工艺基准表面	6.3～12.5	不与冲压件及模具零件接触的表面
		25	粗糙的不重要的表面

附录 C 冲压常用材料的性能和规格

表 C.1 黑色金属的力学性能

材料名称	牌号	材料状态	抗剪强度 τ/MPa	抗拉强度 σ_b/MPa	伸长率 δ_{10}/%	屈服强度 σ_s/MPa
电工纯铁	DT1、DT2、DT3	已退火	180	230	26	—
电工硅钢	D11、D12、D21 D31、D32、D41～48 D310～340	已退火	190	230	26	—
		未退火	560	650	—	—
普通碳素钢	Q195	未退火	260～320	320～400	28～33	—
	Q215		270～340	340～420	26～31	220
	Q235		310～380	380～470	21～25	240
	Q255		340～420	420～520	19～23	260
	Q275		400～500	500～620	15～19	280
优质碳素结构钢	05F	已退火	200	230	28	—
	05		210～300	260～380	32	—
	08F		220～310	280～390	32	180
	08		260～360	330～450	32	200
	10F		220～340	280～420	30	190
	10		260～340	300～440	29	210
	15F		250～370	320～460	28	—
	15		270～380	340～480	26	230
	20F		280～390	340～480	26	230
	20		280～400	360～510	25	250
	25		320～440	400～550	24	280
	30		360～480	450～600	22	300
	35		400～520	500～650	20	320
	40		420～540	520～670	18	340
	45		440～560	550～700	16	360
	50		440～580	550～730	14	380
	55	已正火	550	≥670	14	390
	60		550	≥700	13	410
	65		600	≥730	12	420
	70		600	≥760	11	430
	65Mn	已退火	600	750	12	400

附录C 冲压常用材料的性能和规格

续表

材料名称	牌号	材料状态	抗剪强度 τ/MPa	抗拉强度 σ_b/MPa	伸长率 δ_{10}/%	屈服强度 σ_s/MPa
碳素工具钢	T7～T12（T7A～T12A）	已退火	600	750	10	—
	T13、T13A	已退火	720	900	10	—
	T8A、T9A	冷作硬化	600～950	750～1200	—	—
锰钢	10Mn2	已退火	320～460	400～580	22	230
合金结构钢	25CrMnSi、25CrMnSiA	已低温退火	400～560	500～777	18	—
	30CrMnSi、30CrMnSiA		440～600	550～750	16	—
弹簧钢	60Si2Mn、60Si2MnA、60Si2MnWA	已低温退火	720	900	10	—
		冷作硬化	640～960	800～1200	10	—
不锈钢	1Cr13	已退火	320～380	400～470	21	—
	2Cr13	已退火	320～400	400～500	20	—
	3Cr13	已退火	400～480	500～600	18	480
	4Cr13	已退火	400～480	500～600	15	500
	1Cr18Ni9、2Cr18Ni9	经热处理	460～520	580～640	35	200
		碾压冷作硬化	800～880	1000～1100	38	220
	1Cr18Ni9Ti	热处理退软	430～550	540～700	40	200

表C.2 有色金属的力学性能

材料名称	牌号	材料状态	抗剪强度 τ/MPa	抗拉强度 σ_b/MPa	伸长率 δ_{10}/%	屈服强度 σ_s/MPa
铝	1070A（L2）、1050A（L3）、1200（L5）	已退火	80	75～110	25	50～80
		冷作硬化	100	120～150	4	—
铝锰合金	3A21（LF21）	已退火	70～100	110～145	19	50
		半冷作硬化	100～140	155～200	13	130
铝镁合金 铝铜镁合金	5A02（LF2）	已退火	130～160	180～230	—	100
		半冷作硬化	160～200	230～280	—	210
高强度铝 铜镁合金	7A04（LC4）	已退火	170	250	—	—
		淬硬并人工时效	350	500	—	460
镁锰合金	MB1	已退火	120～240	170～190	3～5	98
	MB8	已退火	170～190	220～230	12～14	140
		冷作硬化	190～200	240～250	8～10	160
硬铝（杜拉铝）	2A12（LY12）	已退火	105～150	150～215	12	—
		淬硬并自然时效	280～310	400～440	15	368
		淬硬后冷作硬化	280～320	400～460	10	340

续表

材料名称	牌号	材料状态	抗剪强度 τ/MPa	抗拉强度 σ_b/MPa	伸长率 δ_{10}/%	屈服强度 σ_s/MPa
纯铜	T1、T2、T3	软态	160	200	30	7
		硬态	240	300	3	—
黄铜	H62	软态	260	300	35	
		半硬态	300	380	20	200
		硬态	420	420	10	—
	H68	软态	240	300	40	100
		半硬态	280	350	25	—
		硬态	400	400	15	250
铅黄铜	HPb59-1	软态	300	350	25	145
		硬态	400	450	5	420
锰黄铜	HMn58-2	软态	340	390	25	170
		半硬态	400	450	15	—
		硬态	520	600	5	—
锡磷青铜 锡锌青铜	QSn6.5～2.5 QSn4-3	软态	260	300	38	140
		硬态	480	550	3～5	—
		特硬态	500	650	1～2	546
铝青铜	QA17	退火	520	600	10	186
		未退火	560	650	5	250
铝锰青铜	QA19-2	软态	360	450	18	300
		硬态	480	600	5	500
硅锰青铜	QSi3-1	软态	280～300	350～380	40～45	239
		硬态	480～520	600～650	3～5	540
		特硬态	560～600	700～750	1～2	—
铍青铜	QBe2	软态	240～480	300～600	30	250～350
		硬态	520	660	2	—
钛合金	BT1-1	退火	360～480	450～600	25～30	
	BT1-2		440～600	550～750	20～25	
	BT5		640～680	800～850	15	
镁合金	MB1	冷态	120～140	170～190	3～5	120
	MB8		150～180	230～240	14～15	220
	MB1	预热300℃	30～50	30～50	50～52	—
	MB8		50～70	50～70	58～62	—

参 考 文 献

[1] 赵孟栋. 冷冲模设计 [M]. 北京：机械工业出版社，2007.
[2] 王树勋，林法禹. 魏华光主编 [M]. 实用模具设计与制造. 长沙：国防科技大学，1992.
[3] 钟毓斌. 冲压工艺与模具设计 [M]. 北京：机械工业出版社，2001.
[4] 徐政坤. 冲压模具及设备 [M]. 北京：机械工艺出版社，2007.
[5] 史铁梁. 模具设计指导 [M]. 北京：机械工艺出版社，2007.
[6] 翁其金. 冲压工艺与模具设计 [M]. 北京：机械工艺出版社，2005.
[7] 刘建超，张宝忠. 冲压模具及设计制造 [M]. 北京：高等教育出版社，2007.
[8] 模具设计手册编写组. 冲模设计手册 [M]. 北京：机械工业出版社，1990.
[9] 肖景容，周士能，肖祥芷. 板料冲压 [M]. 武汉：华中理工大学出版社，1995.
[10] 姜奎华. 冲压工艺与模具设计 [M]. 北京：机械工业出版社，2002.
[11] 翁其金. 冲压工艺与冲模设计 [M]. 北京：机械工业出版社，2001.
[12] 王芳. 冷冲压模具设计指导 [M]. 北京：机械工业出版社，2004.
[13] 王孝培. 冲压手册 [M]. 北京：机械工业出版社，1990.
[14] 冲模设计手册编写组. 冲模设计手册 [M]. 机械工业出版社，1988.
[15] 国家标准总局. 冷冲模（GB2851～2875—81）[M]. 北京：中国标准出版社，1984.
[16] 国家技术监督局. 冲模模架 [M]. 北京：中国标准出版社，1991.
[17] 姜伯军. 级进冲模设计与模具结构实例 [M]. 北京：机械工业出版社，2007.
[18] 刘华刚. 冲压工艺及模具 [M]. 北京：化学工业出版社，2007.
[19] 徐政坤. 冲压模具设计与制造 [M]. 北京：化学工业出版社，2003.
[20] 杜东福. 冷冲压工艺及模具设计 [M]. 湖南：湖南科学技术出版社，2000.
[21] 徐政坤. 冲压模具设计与制造 [M]. 北京：化学工业出版社，2003.
[22] 李奇. 模具设计与制造 [M]. 北京：人民邮电出版社，2006.
[23] 王平. 冲压加工设备及自动化 [M]. 武汉：华中科技大学出版社，2006.
[24] 刘华刚. 冲压工艺及模具 [M]. 北京：化学工业出版社，2007.

《冲压成形工艺与模具设计》读者意见反馈表

尊敬的读者：

　　感谢您购买本书。为了能为您提供更优秀的教材，请您抽出宝贵的时间，将您的意见以下表的方式（可从 http://www.huaxin.edu.cn 下载本调查表）及时告知我们，以改进我们的服务。对采用您的意见进行修订的教材，我们将在该书的前言中进行说明并赠送您样书。

姓名：_____　　电话：_____
职业：_____　　E-mail：_____
邮编：_____　　通信地址：_____

1. 您对本书的总体看法是：
　　□很满意　　□比较满意　　□尚可　　□不太满意　　□不满意
2. 您对本书的结构（章节）：□满意　□不满意　改进意见_____
_____
_____

3. 您对本书的例题：　　□满意　□不满意　改进意见_____
_____
_____

4. 您对本书的习题：　　□满意　□不满意　改进意见_____
_____
_____

5. 您对本书的实训：　　□满意　□不满意　改进意见_____
_____
_____

6. 您对本书其他的改进意见：
_____
_____
_____

7. 您感兴趣或希望增加的教材选题是：
_____
_____
_____

请寄：100036　　北京市海淀区万寿路173信箱职业教育分社　　陈健德　收
电话：010-88254585　　　E-mail：chenjd@phei.com.cn